銷售服務公司集團管控探討
—— 基於信息視角

李倩、謝付杰 著

摘 要

在集團管控能力方面，國內的大型企業集團與西方發達國家的企業集團相比，還有很大的差距。通過研究沃爾瑪、摩托羅托、GE、HP、PHILIPS 等西方企業集團的管控模式不難發現，西方發達國家由於信息化建設工作起步較早，其企業集團的信息化建設經過 40 多年甚至更長時間，一般都經歷了從獨立的部門信息化建設到 MRP 和 ERP 時代，因此其集團管控能力都得到了管理信息系統的有力支撐。同時，國外市場上也已經形成了許多非常成熟的企業管理軟件廠商，比如德國的 SAP 和美國的 Oracle、IBM 等公司，為國外企業集團信息化提供了全面解決方案。國際著名的諮詢公司麥肯錫也在報告中明確指出：「跨國公司與中國企業相比最大的進步之一就是實現了集中管理。」

與西方國家企業集團大多是在市場經濟中通過資本紐帶逐步形成的途徑不同，國內許多大型企業集團則是近幾年在原有的國家部委等政府機構的基礎上改制形成的，如中國航天科技集團公司就是在原來的國家航空航天部的基礎上重組、改制而成的。由於長期處於計劃經濟體制環境下，這些企業集團最鮮明的特點是「先有子公司、后有母公司」「大而不強」，母子公司的產權關係和管理模式不清晰，因此集團公司對於下屬單位的管控能力非常弱，在管理上比較松散，營運風險較大。

近幾年，一些大型集團型企業由於對子公司的管控力度弱而造成巨額損失甚至破產，如眾所周知的中航油事件、中信泰富事件等，引起國家有關部門的高度重視。由於企業規模龐大、分佈地域廣，母子公司間存在「委託—代理」機制和「信息不對稱」問題，要想加強集團公司的管控能力，通過建立強大的集中式管理信息系統是一個非常有效的途徑。

本書以一家典型銷售企業為案例分析了在信息化背景下，對於銷售連鎖營運管控的建設方案和路徑選擇。以期對於類似企業在進行信息化建設或者集團管控方案選擇時，具有參考借鑑作用。

全文主要分成四個部分：

第一部分，理論部分，梳理關於集團管控的一些基本理論。

第二部分，針對「ZSF」項目進行分析和理解，據此提出系統設計目標。

第三部分，對「ZSF」的戰略、模式進行理解和分析，對業務流程和管理需求進行梳理和分析，提出「ZSF」流程諮詢的方法，以及「ZSF」需要重點改進的流程和問題；最后推導出「ZSF」的信息化整體藍圖，並提出「ZSF」信息化的建設規劃。

第四部分，根據第三部分的分析，提出「ZSF」連鎖營運管控平臺的系統解決方案。我們遵循整體規劃、分步實施的原則，將「ZSF」的整體信息化步驟分成三期，並對每一期的建設方案進行了闡述，尤其是針對第一期的內容，從系統解決方案、關鍵業務管理、應用價值等角度進行了詳細闡述，確保做到「前臺簡單、后臺縝密」。

由於時間和筆者水平的限制，本書肯定存在某些不足和疏忽的地方，懇請讀者給予指正，為謝！

目　錄

1　集團管控理論概述／1
 1.1　集團管控的含義／1
 1.2　通過劃分權責確定管理深度／1
 1.3　集團管控模式選擇與構建的影響因素／2
  1.3.1　外部影響因素／2
  1.3.2　內部影響因素分析／5
 1.4　集團管控的基本管控模式／5
  1.4.1　「三分法」管控模式／5
  1.4.2　「四分法」管控模式／6
 1.5　企業集團管控分析框架／7
  1.5.1　集團業務組合分析及管控模式選擇／7
  1.5.2　管控模式選擇／8
  1.5.3　管控導向的確定／9

2　「ZSF」項目背景與目標理解／11
 2.1　對「ZSF」營運管控平臺項目背景的理解／11
  2.1.1　「ZSF」經營網路規劃及佈局／11
  2.1.2　「ZSF」經營網路發展的目標／12
  2.1.3　「ZSF」管理現狀分析／12
 2.2　對「ZSF」營運的管控目標／13
  2.2.1　總體目標／13

2.2.2 「ZSF」項目的具體目標與內容 ／ 14

3 「ZSF」連鎖營運 IT 諮詢方案 ／ 15

3.1 「ZSF」IT 諮詢方法論 ／ 15
　　3.1.1 IT 諮詢「四元屋」模型 ／ 15
　　3.1.2 IT 諮詢建設過程方法論 ／ 16
　　3.1.3 IT 諮詢風險控制方法論 ／ 17
　　3.1.4 IT 系統規劃建設方法論 ／ 18

3.2 「ZSF」戰略理解與經營管理模式分析 ／ 19
　　3.2.1 「ZSF」戰略體系理解 ／ 20
　　3.2.2 「ZSF」業務模式分析 ／ 22
　　3.2.3 「ZSF」連鎖營運管控模式分析 ／ 26

3.3 「ZSF」連鎖經營業務管理需求分析與建議 ／ 32
　　3.3.1 業務流程諮詢和優化方法 ／ 32
　　3.3.2 「ZSF」業務流程分析 ／ 37
　　3.3.3 「ZSF」業務流程優化建議 ／ 41

3.4 「ZSF」連鎖營運管控平臺設計框架與建設路徑 ／ 45
　　3.4.1 「ZSF」信息化支撐點分析 ／ 45
　　3.4.2 「ZSF」信息化整體藍圖設計 ／ 47
　　3.4.3 「ZSF」連鎖營運管控平臺關鍵功能設計 ／ 48
　　3.4.4 「ZSF」連鎖營運管控平臺分期建設規劃 ／ 50

4 「ZSF」連鎖營運管控平臺解決方案 ／ 52

4.1 一期關注業務經營、實現門店連鎖一體化 ／ 52
　　4.1.1 「ZSF」渠道管理系統解決方案設計 ／ 52
　　4.1.2 「ZSF」全國式協同的供應鏈管理解決方案 ／ 83
　　4.1.3 「ZSF」精益物流管理解決方案 ／ 109
　　4.1.4 「ZSF」集團財務集中核算解決方案 ／ 119
　　4.1.5 「ZSF」系統集成應用方案 ／ 131

4.2 二期強化業務管控、實現前端后端一體化 / 134

    4.2.1 「ZSF」總部業務管理 / 134

    4.2.2 「ZSF」DMS 擴展應用 / 156

    4.2.3 「ZSF」連鎖經營擴展應用 / 181

    4.2.4 「ZSF」集團資金管理 / 185

    4.2.5 「ZSF」全面預算管理 / 192

    4.2.6 「ZSF」人力資源管理 / 201

參考文獻 / 219

1 集團管控理論概述

1.1 集團管控的含義

集團管控是指大型企業的總部或者高級管理層為了實現集團的戰略目標，在集團規模擴張過程中，通過對下屬企業或部門採用層級的管理控制、合理配置資源、控制經營風險等策略，使得集團的業務流程和組織架構達到最佳運作效率的一種管理體系。

集團管控的概念起源於 20 世紀 80 年代，目前也沒有較為精準的定義，有些諮詢機構也把集團管控稱為「管理」中的管理等。集團公司管控體系主要有放權和收權兩個建設方向。第一，放權。集團公司一般情況下是從一個核心子公司發展起來的，集團公司的管控體系隨著集團公司所依託的核心主業的發展而逐步放權。第二，收權。在新的實質性集團公司誕生後，就需要加強對體系內成員單位的管理。建立一個高效營運的集團管理體系是放權和收權的一致目的。集團管控主要有以下三種形式：

（1）母公司對子公司的管控，如一汽集團對一汽吉林汽車的管控；
（2）母公司對分公司的管控；
（3）母公司對供應鏈、聯盟的管控，如沃爾瑪對供應鏈的管控。

1.2 通過劃分權責確定管理深度

集團公司在確定了相應的管理內容和管控點之後，就可以依據組織結構和管理層級來確定集團公司和下屬各級子公司或業務單元之間的權責劃分，因此

要先明確集團公司的組織結構和管理層級，然后再進行權責劃分。

（1）集團組織結構層級原則上最多三級。根據國資委的要求，集團公司的組織層級一般盡量控制在三級以下，若超過三級就容易出現集團管控失控的情況。集團公司在設置組織結構層級時，不但要實施管理權層級的原則，而且一定要摒棄股權層級的原則。也就是說，為了避免出現集團公司組織結構的層級太長而導致集團管控失效的局面，集團公司內部需要將下屬企業按照管理組織結構層級進行劃分。

（2）設置權、責、利完整的集團組織結構。直線職能制是集團公司的組織結構設置的一般形式，而法人治理結構則按照三會一層的標準進行實施和建設。比如汽車行業，各大企業集團為了使自主品牌及各專業化車型發展壯大，都紛紛成立了事業部，將自主品牌、乘用車以及商用車分別進行對標發展。

（3）選擇準確的管控點，完善權責的劃分。明確集團公司組織結構和管理層級后（如集團公司幹部管理權限），集團公司對三級單位幹部如董事、總經理有任免權，三級單位可以依據相關管理規定自行決定人員的任免。

1.3　集團管控模式選擇與構建的影響因素

集團管控模式的影響因素歸納起來可以分為兩類。第一類是企業內部的影響因素即管控模式的限制性因素，包括企業發展歷程、企業人員以及企業規模。第二類是企業外部的影響因素即管控模式的主導性因素，主要是指外部環境和相對應的企業戰略。集團管控模式服務的主要目標是集團總體戰略的實施，而且是集團戰略實施的重要組成部分。決定管控模式與戰略實施合理性的一個根本標準就是契合度。

1.3.1　外部影響因素

集團管控的重要任務就是使得產業單位能夠更好地適應外部環境。外部因素根據企業外部環境的不確定性分為四種類型，如表1.1所示。

表 1.1　　　　　　　　　環境不確定性分類

	簡單	複雜
確定	簡單+穩定=低度不確定 外部因素的數量少 各因素保持不變或變化緩慢	複雜+穩定=中低度不確定性 外部因素的數量多 各因素保持不變或變化緩慢
不確定	簡單+不穩定=中高度不確定 外部因素的數量少 各因素變化頻繁，不可預見，且會產生反作用	複雜+不穩定=高度不確定性 外部因素的數量多 各因素變化頻繁，不可預見，且會產生反作用

一般說來，企業戰略分為總體戰略、競爭戰略和職能戰略三個層次。影響集團管控模式的因素主要是總體戰略和競爭戰略。本書將從四個方面來分析戰略的影響：

（1）戰略階段對管控模式的影響。研究發現，多數大公司的發展都會經歷四個階段：數量擴大階段、地域擴散階段、縱向一體化階段和多種經營階段。如表 1.2 所示，每一個階段都有對應的組織結構和管控模式。

表 1.2　　　　　　　企業不同戰略階段的組織特徵

戰略階段	組織結構特徵	集權與分權
數量擴大階段	企業的組織結構比較簡單，往往只有一個辦公室，執行單純的生產或銷售功能。	集權
地域擴散階段	要求把分佈在不同地區的各個辦公室統一組織起來，產生了協調、標準化和專業化的問題，單純的一個辦公室已不適應。產生新的組織結構，即單一辦公室分解為帶有數個功能科室的組織形式。	集權
縱向一體化階段	在企業中出現了中心辦公機構及眾多功能部門，各生產單位之間具有很強的生產技術聯繫，管理權力集中在上層，形成了集權的職能制結構。	集權
多種經營階段	企業經營跨越多種行業，與此相適應，實行分權的事業部制組織結構。	分權

（2）經營戰略對管控模式的影響。企業戰略如果按照企業經營領域劃分，可以分為單一經營戰略和多種經營戰略兩種。如表 1.3 所示，不同的經營戰略對應不同的組織結構。

表1.3　　　　　　　經營戰略與組織結構的對應關係

經營戰略	組織結構	集權與分權
單一經營	直線職能制	集權
副產品型多種經營	職能控股制	部分集權
相關型多種經營	事業部制	分權
相連型多種經營	混合結構	部分分權
非相關型多種經營	母子公司制	分權

（3）競爭戰略對管控模式的影響。邁克爾・波特將競爭戰略分為成本領先戰略、差異化戰略和集中化戰略。這三種競爭戰略對企業集團的要求如表1.4所示。

表1.4　　　　　　　競爭戰略與組織結構的對應關係

競爭戰略	組織特徵	集權與分權
成本領先戰略	高度的中央集權 標準的操作程序 高效的採購和分銷系統 容易掌握的製造技術 密切監督，有限的雇員授權 經常的和詳細的控制報告	集權
差異化戰略	有機的、寬鬆方式的行動 加強基礎研究能力 加強市場能力 協調性強 獎勵雇員的創新 公司名譽依靠質量和技術領先	分權
集中化戰略	高層指導性政策在特定戰略目標上結合 獎勵和報酬制度靈活 客戶忠誠度高 加強雇員與客戶接觸的授權 衡量提供服務和維護的成本	集權

（4）戰略風格對管控模式的影響。企業戰略分為保守型戰略、風險型戰略及分析型戰略三大類。如表1.5所示的是與戰略風格相對應的組織結構。

表 1.5　　　　　　戰略風格與組織結構的對應關係

結構特徵	保守型戰略	風險型戰略	分析型戰略
主要結構形式	職能制	事業部制	矩陣制
集權與分權	集權為主	分權為主	適當結合
計劃管理	嚴格	粗泛	有嚴格也有粗泛
高層管理人員構成	工程師、成本專家	行銷、研究開發專家	聯合組成
信息溝通	縱向為主	橫向為主	有縱向也有橫向

1.3.2　內部影響因素分析

內部因素對集團管控模式的影響主要集中在對企業治理結構的影響和對企業組織結構的影響兩個方面。

（1）內部因素對企業治理結構的影響。內部因素對企業治理結構的影響一般來說主要考慮三個方面：第一，企業發展歷程；第二，創業者或企業領袖的感召力；第三，企業的股權結構。在現代企業發展中，企業領袖的感召力至關重要。

（2）內部因素對企業組織結構的影響。內部因素對於企業組織結構的影響主要考慮企業人員素質、企業規模和企業生命週期三個方面。企業規模越大，一般來說與之所對應的組織結構就會越複雜，從而對分權的要求也就會越高。

1.4　集團管控的基本管控模式

1.4.1　「三分法」管控模式

集團管控模式「三分法」是比較常用的一種方法，當然也遭到眾多非議，但是它為我們提供了一個思考的角度，因而還是很有借鑑意義的。集團總部為了保證公司穩定的現金流，謹防財務風險，在財務管理和投資管理方面必須加大控制力度；在戰略型管控中，對下屬公司在整體人才培養、行銷管理、危機公關等方面的一致性得到了加強；操作型管控比較細緻，從上至下，一管到

底，事無鉅細。

（1）財務管控型。在財務管控型模式下，集團總部對集團整體的財務收支狀況和資產營運情況實施監控，做出相應的投資決策，並對整個實施過程進行監管，還實施對外部企業的兼併、收購等過程；而下屬企業則只要求在集團總部的控制下，完成其每年既定的財務目標。

（2）戰略管控型。在戰略管控型模式下，集團總部對集團整體的財務收支狀況和資產營運情況實現監控，進行整體的財務目標設定和財務規劃；而各下屬企業也根據本身的營運情況制訂相應的業務發展規劃，並進行合理的資源預算安排，以確保目標的實現。目前世界上大部分集團公司都採用或正準備採用戰略管控型模式。

（3）操作管控型。在操作管控型模式下，集團總部從戰略規劃制訂到實施各個方面都會涉及，面面俱到，對集團的各種職能管理非常深入。

在操作管控型模式下，集團中各下屬企業的業務必須具有相似性。因為在這種模式下要求下屬企業的業務之間具有較高程度的相似相關性，以確保集團總部的資源狀況、管理經驗和技能工藝能滿足管控整個集團企業的需要。

1.4.2 「四分法」管控模式

因為「三分法」對集團的管控行為分割過於簡單，而集團往往採用混合式的管控模式，不可能採取單一的管控模式，並且管控行為也不能簡單地劃歸到某一個模式。所以，「四分法」可以對集團管控進行更加細緻的解讀。雖然「四分法」在某種程度上也存在著一定的片面性，但是與「三分法」相比可以對集團行為有更加準確地解讀。

（1）孵化財務型。這種模式和財務管控型相似，集團成立新公司，一般通過購並、整合、拆分和內部培養等方式，集團比較重視下屬公司的資產情況和財務狀況等，只要下屬單位完成既定的財務指標即可。集團只需要負責孵化出新的企業，剝離瘦狗企業。

（2）戰略指導型。戰略指導型模式對集團下屬單位的業務相關性要求不是很高，具體的業務營運只需要下屬單位自行決策實施，可以對集團進行審批、備案等，集團只要從戰略指引、風險規避等方面進行管控。

（3）戰略協同型。在這種模式下，集團為了發揮「1+1>2」的協同效應，對下屬單位的業務相關性要求比較高，這樣才能使各下屬單位的資源優勢和經營優勢得到充分利用，從而可以使整個集團的核心競爭力提高。戰略協同型需

要集團的職能管理和協作水平處於一個很高的水平。

（4）營運操作型。營運操作型和操作管控型很相似，強調集團的智能管理，最好做到面面俱到，對下屬單位和部門的管理涉及方方面面，事無鉅細，除了對集團行銷、危機公關、人才培養等方面要加強管理外，還需要對下屬公司的銷售管理、營運管理、渠道管理以及人力資源管理等加強監督與管理。

1.5　企業集團管控分析框架

企業集團管控包含了一個非常複雜的跨層次系統，筆者的研究從有利於組織和員工能力提升的視角出發來進行探討，關注集團從管理決策層到下屬實施層和內外部監督層各個層級的工作，總結出企業集權管理控制過程中的十項工作內容，包括組織結構設計、業務管理與流程組合、職責權限劃分、全面預算核查、業績考核與系統、戰略規劃、規章制度制定、工作任務部署、配套服務支撐、風險防護措施。這十項工作相互交叉、相互影響，每項工作本身又包含了一個具體而複雜的體系。本書在這裡只討論前六個方面。這六個方面的工作構成了集團管控的主要方面，其中集團職責權限劃分是管控工作的核心內容。只有整個集團在職責權限上劃分明確且被員工接受，才能充分發揮出集團組織和員工的能力，從而提高整個集團的運行效率。

1.5.1　集團業務組合分析及管控模式選擇

業務工作的開展是一個企業存在和發展的前提與必要條件。熟悉業務，並深入瞭解企業所處行業狀況和整個宏觀經濟的背景環境，才能更好地對企業進行管理，從而做出有利於企業發展的正確決策。企業諮詢人員在對業務進行瞭解和分析的時候更是需要謹慎，抓住業務發展的核心內容和方向，才能使企業得以成長。我們通常用波士頓矩陣或 GE 矩陣對企業的業務組合進行合理分析。GE 矩陣是用企業業務競爭力與市場吸引力兩個維度的不同組合來表示不同的業務實力，再進一步將集團現有業務板塊在矩陣中進行分佈，分析集團不同業務的發展狀況。集團打入市場初期所使用的業務組合一般都位於雙高水平地帶，即擁有較高競爭力和較強的市場吸引力，這些業務由於發展時間相對較長，能獲得一定的資金和技術等資源傾斜，一般發展成了集團的核心業務。因此，對這部分業務應該採取營運操作型管控模式，要最大限度地發揮投入資源

效用，使業務的生命週期延長，更長久地在市場上占據一席之地；同時可以通過技術改進和創新、開發新市場、研究新產品，增強業務發展能力，進入新的成長階段。在研究這類型業務板塊的組織模式的時候，要充分考慮其業務發展較成熟、風險防護能力強和資金豐富、技術水平高等特點，選擇事業部制的結構，以促進規模經濟，增加靈活性，提高管理效率。同時，可以選擇成立全資子公司，在整個集團中使用操作型管控模式，子公司由集團總部全面管控。

對於處於中間水平地帶的業務板塊，由於其競爭力和市場吸引力都處於中間水平，需要另外考慮其與主業的協調一致性，如在資源和發展要素上要與主業相互配合，在整個集團內部的戰略定位處於什麼水平，其發展應該經歷哪些階段。在這些業務的生命週期的不同階段，所需要的管控模式應該是不同的，如在發展的初期階段，在市場上的地位還未穩定，風險較大，需要選擇營運操作型管控模式。而在成長階段和成熟階段，又可以根據這些業務在整個集團中所處戰略地位的高低來設定不同的管控模式，如戰略地位較低的業務，應該選擇孵化財務管控型，在整個集團中進一步合理分配企業資源。但若戰略地位不高但與主業的資源存在較高的相關性，同時集團內部存在較多的下屬單位和部門，且業務繁多且複雜的時候，則應該選擇戰略協同型管控模式；資源相關性較高，但是集團業務不多的時候，則應該採取戰略指導型管控模式。

對於處於雙低水平地帶的業務板塊，由於其在市場上的競爭能力較差，且吸引力水平不高，集團可以通過將此類業務拆分或者剝離出去的方式，來保證資源合理分配和提高資源使用效率。

對於其他存在相反屬性的業務板塊，如在市場上的競爭能力較差但吸引力較強的業務，或在市場上具有較強競爭能力但吸引力不高的業務。出於充分利用集團內部豐富的人力資源，以及集團控制下寬闊的行銷渠道，達到增強競爭力或者市場吸引力的目的，在選擇管控模式的時候，首先應該想到的是營運操作型管控模式；然後，考慮該類業務在集團所處戰略地位的未來發展，根據該類業務能否在未來的發展中處於戰略核心地位，而選擇戰略型管控模式（包括戰略指導型和戰略協同型），或者孵化財務型管控模式。

1.5.2 管控模式選擇

對於管控的模式在進行選擇時，需要考慮的主要維度如下：

（1）戰略地位。該維度以集團對業務板塊的需求程度和重要程度為依據，將業務板塊的戰略地位分為三個層次：「戰略核心」表示該業務處於支柱核心

地位，「戰略重點」表示該業務作為集團重點培育，「戰略從屬」表示該業務應該依附前兩個層次的業務而存在。最後依據這三個層次的戰略地位來進行集團總部與各單位的權利劃分，以確定總部集權與權力下放的程度。該維度涉及「需不需要」集權管理的問題，業務所處的戰略地位越高，需要選擇集中管理模式的可能性就越大。

（2）資源相關性。該維度從各類資源，包括市場資源、人力資源、資金和技術等資源，與主業甚至是整個集團所需要資源的協調相關性角度，來進行集團總部與各單位的權力劃分，以確定總部集權與權力下放的程度。該維度涉及「能不能夠」集權管理的問題，資源相關性程度與能夠選擇集權管理模式呈正相關。

（3）發展階段。該維度依據各項業務生命發展週期，起步、成長、成熟時期各自不同的風險防護能力的特點，來進行集團總部與各單位的權力劃分，以確定總部集權與權力下放的程度。該維度涉及「應不應該」集權管理的問題，業務所處的發展階段越早，就越應該選擇集權的管理模式。

集團在選擇管控模式的時候，首先要根據各業務的成熟度和未來發展能力、風險防護與規避能力、市場佔有率和對集團做出的業績貢獻等指標來對各業務板塊的戰略地位進行綜合評判。然後根據不同的戰略地位，將各業務單位在由資源相關性和發展階段所表示的二維表中反應出來，以確立其管控模式，從而進一步得出業務單位所屬的戰略地位與管控模式之間的對應關係。一般情況下，集團多採取混合的管控模式，不同業務單位可能採取不同的管控模式。同樣，一個業務單位內部也可以使用兩種管控模式的混合模型。

1.5.3 管控導向的確定

一般情況下，完成「管控模式」的確定步驟之后，企業會選擇不同的「管控導向」，在不同的「管控導向」牽引下，又存在不同的「管理重點」，這些「管理重點」代表的是集團總部對各二級單位的傾向。如：在營運型管控模式下，管控導向注重對業務的扶持和對績效的管理，在此基礎上形成的集團對二級單位的培育重點是單位發展戰略和生產計劃的制訂、技術的創新、人力資源的合理配置等相關內容；在財務型管控模式下，使用財務指數指標和關注單位效益被認為是管控導向，其相對應的管理重點對單位的財務營運資金狀況和現金流流向進行嚴密監控，使用一切行之有效的手段，如資產重組、收購兼併等方式來促使單位價值的升值，注意對集團工藝技能和可用資源的保護；而

在戰略型管控模式下，管控導向關注協調性和一體化發展，也注重績效狀況，與之相關的監控重點則包括戰略定位與核准、服務與配套措施的採取和檢測績效完成情況。

目前，在中國企業發展的進程中，中國企業集團化發展已成為中國經濟增長的亮點。未來，企業集團在追求全球市場的激烈競爭中，將越來越有分量，能更多地在國際產業發展和競爭制度和規則的制定方面佔據一席之地，進而不可否認地成為中國經濟發展的主力軍。但在企業集團的發展進程中，集團管控一直以來都是企業集團的一個管理難題。集團管控最核心的目標是要保證整體企業戰略的合理執行，從而進一步保證實現企業整體目標。基於此，接下來本書希望從產業層面著手，以重慶「ZSF」動力機械銷售服務有限公司（以下簡稱「ZSF」）集團的管理運作流程為例，從戰略的角度討論分析 ZSF 集團在多個產業的發展過程中的集團管控的現狀和管控運作流程，找出 ZSF 集團在行業發展中存在的問題，提出符合 ZSF 集團的管控模式，並提出具體的實施方案，借此為 ZSF 集團培育和提升其核心競爭力，充分發揮 ZSF 集團在多個領域的技術和資源優勢，為 ZSF 集團利潤和市場競爭地位的快速提升提供參考。

2 「ZSF」項目背景與目標理解

2.1 對「ZSF」營運管控平臺項目背景的理解

「ZSF」是目前國內規模較大的專業化摩托車發動機和通用動力生產企業，摩托車發動機設計生產能力達到 400 萬臺/年，通用汽油機設計生產能力達到 250 萬臺/年，微型發電機組、微型耕作機、割草機、微型水泵機組等終端產品設計生產能力達到 30 萬臺/年。從整個行業的角度來看，「ZSF」更是中小型動力機械行業轉型的橋頭堡，「ZSF」更可能成為行業終端服務的集中地和領導者。

「ZSF」目前主要從事動力機械連鎖行銷以及售後服務，未來將向中小型動力機械服務一體化解決方案提供商的方向轉變。目前採用「加盟連鎖」的發展戰略模式使產品和服務直接面對消費者實現渠道扁平化。

2.1.1 「ZSF」經營網路規劃及佈局

區域及開店類型的維度：先發展地級，縣級主要以直營店、合營店為主，其中地級以旗艦店為地級核心向其所及區域輻射，再發展鄉鎮加盟店。

時間維度：2015 年內在六省一市區域範圍內開設 50 家經營網點，其中計劃 25 家為合營店、25 家為加盟店；3 年內建設網點 3,900 家。

經營範圍的維度：初期以維修本公司品牌的車輛為主，同時為其他品牌的車輛提供維修服務保證網點的穩定營運；以本品牌配件零售為輔，在不具備一定的規模時以地區合營店或直營店為配送銷售中心，負責摩托車配件等銷售業務。

「ZSF」經營範圍主要包括：①摩托車維修、電動車維修服務；②農機、

通用機械產品銷售及維修；③發動機及摩托車、電動車零配件銷售；④二手摩托車經營；⑤機油、輪胎、電瓶銷售。

2.1.2 「ZSF」經營網路發展的目標

「ZSF」行銷售后服務經營網路發展的目標分為三個階段目標。第一階段，發展連鎖經營網路主要是以服務網點進行規模化擴張，通過規模效應將「ZSF」服務品牌的網路推向六省一市，發展到成長期后再向全國拓展。第二階段，通過健全的網路體系，將「ZSF」品牌向行銷型系統轉變，從導入期過渡到成長期。隨著連鎖體系的網點合理化佈局，建議逐步植入新的產品和經營體系。第三階段，通過連鎖體系能力的聚合后，充分運用規模效應，逐步釋放能量增加增值服務。

2.1.3 「ZSF」管理現狀分析

經過多年的建設與發展，「ZSF」的信息化工作已經具有一定的規模和水平，實現了生產、銷售、設備資產、財務、人力資源及辦公自動化的信息化管理，在信息的挖掘與信息資源利用方面也取得了一定的成績。「ZSF」目前在用的信息化系統如表 2.1 所示。

表 2.1　　　　「ZSF」在用的信息化系統一覽表

系統品牌	應用範圍
用友 U8 系統	主要在「ZSF」門店應用，系統範圍包括財務、進銷存
用友 OA 辦公系統	在全集團範圍內應用，主要進行日常辦公管理
SAP R/3 系統	在「ZSF」總部應用，系統範圍包括 MM、PP、FI、CO、QM、SD
DMS 系統	在「ZSF」總部應用，用於處理經銷商要貨、收發貨、庫房、用戶信息、質量信息
400 熱線系統	針對機車等各產品的服務熱線
自動化立體倉庫系統	高架倉庫物資的收發存管理

各個應用系統基本能夠滿足各相關部門的業務需求，但存在系統太多、關聯度不夠、技術上沒有統一的標準（例如，有的系統在 NET 平臺，有的在

J2EE 平臺，有的採用 SQL-SERVER 數據庫，有的採用 ORACLE 數據庫等），造成實施及維護的成本以及對資源需求較高。另外很多獨立的系統，造成數據標準不一致，數據信息不能共享，無法對企業管理提供有效信息，產生了信息孤島問題。目前的信息化系統顯然不能適應「ZSF」未來業務擴張和一體化管理的需要。目前的信息化和管理要求之間的矛盾主要體現在：

（1）現有的信息化應用系統以部門應用為主，未能覆蓋所有核心業務領域，同時系統之間互通性差，缺乏有效集成，絕大部分信息不能共享；

（2）現有業務系統受局部需求的限制，未進行統一規劃，系統缺乏足夠的擴展性，難以適應組織和流程的變化與未來持續的改進；

（3）各信息系統自成體系，缺乏對業務流程執行控制與監管，特別是跨系統的業務流程；

（4）IT 基礎管理薄弱，數據和流程缺乏標準化與規範化，影響了數據的集成共享和流程的通暢；

（5）應用主要停留在執行層，而且多為對手工操作的模擬和輔助，沒有引入先進的 IT 管理理念和科學的信息工作流程；

（6）缺乏統一的流程規劃和 IT 諮詢，難以支持領導和管理者的輔助決策分析需求；

（7）信息化管理部門剛剛籌建，IT 運維流程也需要進一步規範化和標準化。

2.2 對「ZSF」營運的管控目標

2.2.1 總體目標

通過信息化建設實現管理改進，幫助企業實現戰略目標，這才是信息化的目的。「ZSF」本次的信息化建設是基於未來 5 年以上的發展前瞻，並結合「ZSF」當前的管理需求而設計的。

本次「ZSF」連鎖營運管控平臺搭建的總體目標是：集結連鎖營運行業的最佳業務實踐，通過全面的信息化諮詢實施，引進先進的企業管理理念，梳理、優化業務流程，加強企業內部的系統管理，加強公司的管理與控制，降低成本，提高週轉效率，建立科學合理的財務、業務等部分的業務管理模式和集計劃、控制、監督為一體的業務管理平臺，達到資源的最優配置，提高運作效

率，循序漸進，持續優化，為企業決策提供強有力的支持，確保企業的核心競爭力得到進一步鞏固。

本書認為，「ZSF」信息化建設的主題可以定義為「新服務、新模式、新平臺、新高度」。「ZSF」提供的是中小型動力機械一體化服務，這是一種新的業務模式，與之配套的信息化管理系統也需要一個創新型的管理平臺。只有這樣，才能支撐「ZSF」未來在產業鏈上的長足發展。

通過本項目的實施，加強各個區域網點的人力資源配置，健全售後服務體系，滿足公司現有行銷渠道和網路建設升級的需要。通過實施本項目提高公司終端渠道的輻射面積和延伸程度，將公司打造成國內首家從摩托車發動機和通用動力產品製造、終端銷售和售後服務三個環節兼備的標志性企業，實現向上遊零配件和下遊終端市場的延伸。

2.2.2 「ZSF」項目的具體目標與內容

通過流程諮詢實現流程優化，通過信息化系統實現流程固化；諮詢成果影響著信息化系統的框架，信息化環境下的管理流程也具有一定的特殊性。通過本項目的實施，我們希望能夠達到如下目標：

（1）引進最佳業務管理經驗，梳理、優化企業在連鎖門店管理、渠道管控、財務管理、物流管理、客戶管理等環節的管理模式及流程；

（2）通過IT諮詢+IT實施的方式，實現管理思路的落地運行，解決管理思路不斷沉澱、優化及快速複製的問題；

（3）通過IT系統的實施，提高整個價值鏈的運行效率及管理標準化、透明化、可複製化，降低企業整體的營運成本及營運風險；

（4）通過IT系統的實施，既滿足「ZSF」總部對區域營運中心、維修中心的財務及營運管控，又能滿足各維修中心自身營運管控如收發存管理、客戶關係管理、財務管理等的需要；

（5）通過本項目的實施，實現知識的有效轉移。

3 「ZSF」連鎖營運 IT 諮詢方案

3.1 「ZSF」IT 諮詢方法論

3.1.1 IT 諮詢「四元屋」模型

一個好的信息化規劃的前提是理順的戰略、模式、流程和組織。戰略、模式、流程和 IT 支撐，構成了 IT 規劃的總體思路，我們稱之為「四元屋」，如圖 3.1 所示。

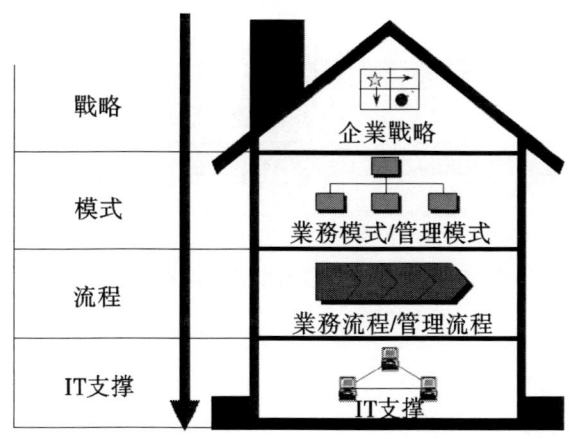

圖 3.1 諮詢「四元屋」模型

企業的戰略部署決定了企業發展方向；在戰略的指引下進行業務模式設計和管理模式設計，使之能夠符合未來企業戰略的要求；在模式的框架下進行企業整體業務流程和各業務板塊流程的設計，並定義在每個流程中的管控點；IT

技術的構建是基於上層的戰略要求和管理需求的，信息化是支撐企業未來發展的重要載體，在一些特定的業務模式下，信息化甚至成為企業未來成功與否的關鍵。

3.1.2 IT諮詢建設過程方法論

IT諮詢建設的內容需要涵蓋上文所說的戰略、模式、流程和IT技術設計；IT諮詢建設的過程分為4個階段：①戰略明晰與現狀評估階段，主要進行戰略、模式的理解和分析；②信息化基礎提升階段，主要進行流程諮詢和優化，進行信息化分析；③IT藍圖規劃階段，主要進行IT系統框架和功能設計，進行IT運維的設計；④實施規劃階段，主要進行系統實現和流程執行。詳見圖3.2。

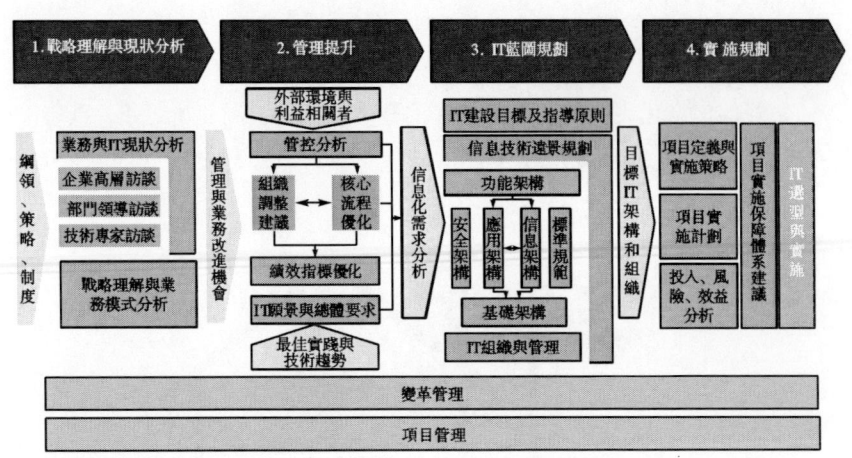

注：具體的咨詢方法將在框架下根據項目情況進行調整。

圖3.2　IT諮詢建設內容圖示

對於「ZSF」而言，在上述四個階段中，項目工作的重點在以下五個方面：

（1）明晰「ZSF」戰略和業務模式，使整個項目緊密圍繞「ZSF」戰略展開。

（2）戰略指引下的「ZSF」的管控體系的分析，以及管控流程的梳理。

（3）進一步明確IT應用需求，保障流程落地，在此需求的基礎上進行框架性總體系統規劃設計，並完成未來的實施方案和採購方案設計。

（4）進行「ZSF」的信息化藍圖規劃和連鎖營運管控平臺的詳細設計，搭

建驅動和支持「ZSF」戰略、組織與流程有效運作和目標實現的 IT 體系，包括 IT 總體架構、應用架構、詳細營運系統設計。

（5）IT 運維體系的詳細設計。

3.1.3　IT 諮詢風險控制方法論

IT 諮詢項目是一個綜合了管理和 IT 技術設計的項目，可以理解為是介於管理諮詢和 IT 系統實施之間的建設工程。與傳統的信息化系統建設相比，IT 諮詢容易與企業的發展和管理相結合；與一般意義的管理諮詢相比，IT 諮詢既有諮詢又有工具支撐，更容易執行。

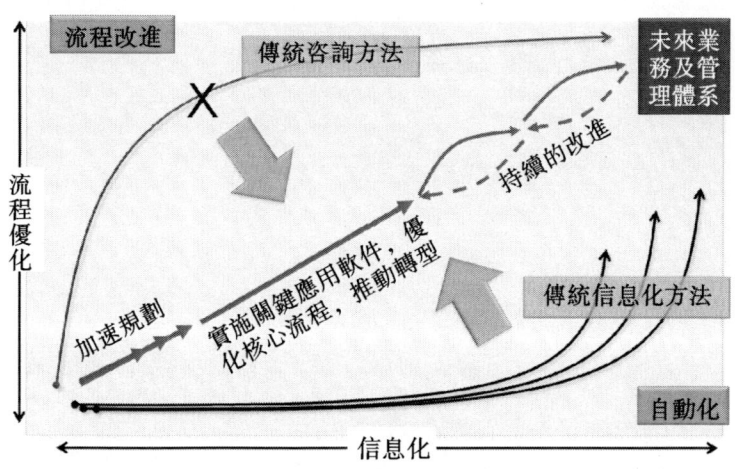

圖 3.3　IT 諮詢風險控制圖示

同時，由於「ZSF」存在著老系統新模式、老員工新組織等特徵，因此在「ZSF」的 IT 諮詢和 IT 系統建設項目中，我們需要規避如下風險：

（1）技術鴻溝：企業在進行信息化建設中，一提到信息化，大家都認為是技術部門和技術人員應該做的事情，所以信息化建設成了技術人員的事情。而技術人員又不可能非常清楚各個業務部門、職能部門的專業工作內容，根本不可能真正從企業管理和業務發展角度出發，以致信息化建設最終失敗。通過此次信息化總體規劃，將徹底改變技術人員對信息化的錯誤理解，使公司全體人員對信息化達成統一的認識。

（2）投資黑洞：在規避信息化建設中，因為沒有總體、分佈規劃而不知道先上什麼系統、后上什麼系統，以致造成了公司上的信息化系統用起來不是

很合適，需要不斷地進行修補、投入，信息化成了企業投資黑洞的風險。

（3）信息孤島：通過此次 IT 諮詢，將徹底規避「ZSF」當前的信息孤島現象，同時也規避未來信息化建設的信息孤島現象，實現集團整體信息的統一和全面集成。

（4）豪華盛宴：通過此次 IT 諮詢，將徹底規避企業為了追求技術指標而選擇最先進的信息系統，將企業信息化變成購買奢侈品。此次信息化總體規劃，將根據「ZSF」業務、管理需要，規劃設計一套適合「ZSF」且為之量身定做的信息化體系。

（5）效率陷阱：很多時候，一提到信息化，就想到將手工進行的工作搬到電腦中就完成了信息化，這種思路下的信息化建設肯定失敗。此次信息化總體規劃，將從「ZSF」管理模式、管理流程、業務流程等方面綜合分析，對信息化詳細需求進行綜合評價後制訂「ZSF」的未來信息化發展規劃，徹底規避這一效率陷阱。

3.1.4　IT 系統規劃建設方法論

在「ZSF」交通營運系統規劃設計過程中，如圖 3.4 所示將貫穿 SOA 的設計理念，實現業務與 IT 的高效融合，支持企業戰略升級和管理變革。

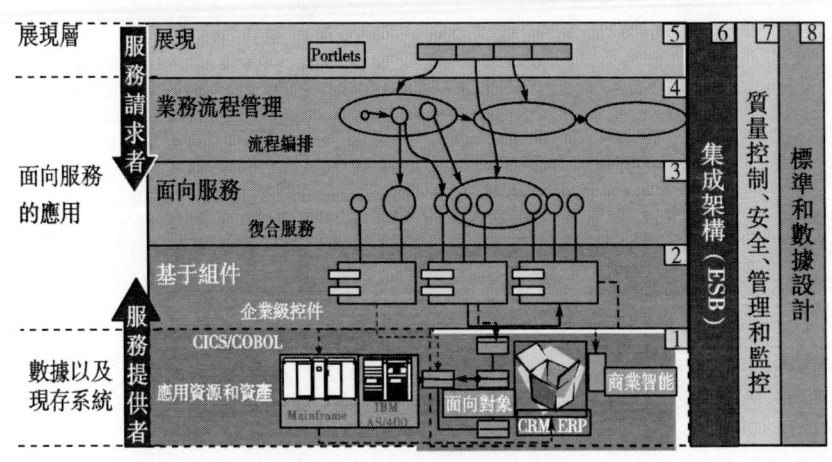

圖 3.4　IT 系統規劃建設圖示

（1）總體規劃、分步實施

在明確「ZSF」發展戰略、信息化總體思路、信息化建設總體目標的基礎上，進行「ZSF」管理信息化系統的總體架構設計。依據總體架構，按期分步

驟地實現總體目標的要求，在每個信息化系統建設過程中，制訂具體的建設計劃和方案。

（2）集中統一，集成應用

在進行管理信息化建設的過程中，實現「統一設計，統一標準，統一規範，統一接口」，從整體上對「ZSF」的管理信息資源進行分析和規劃，使「ZSF」管理信息化系統建立在一個信息資源共享、集成應用的一體化信息系統平臺。

（3）實用性和效益性原則

系統建設須尊重當前「ZSF」的管理現狀，結合當前的最佳業務管理實踐，保證基本功能圓滿完成，解決重點、難點問題，節約建設投資，控制運行維護成本。

（4）業務信息安全管理原則

各類業務信息是「ZSF」經營管理的核心機密，將安全管理原則貫徹系統規劃、建設、運行管理全過程。建立健全管理機制，運用網路、軟件系統、數據庫、備份、權限管理等手段確保業務數據處理、存儲和系統運行的安全、可靠和完整。

（5）急用先上，易用先行

在管理信息化建設中不可能面面俱到，在規劃中我們將按照「急用先上、易用先行」的要求和管理信息化建設原則，抓住主要問題，解決主要矛盾。在「ZSF」管理信息化規劃覆蓋「ZSF」全業務的前提下，將主要的精力和工作重點放在能夠最有效為「ZSF」解決問題的地方。

3.2 「ZSF」戰略理解與經營管理模式分析

在進行「ZSF」管控模式和流程分析之前，我們首先需要理解「ZSF」的戰略體系，分析「ZSF」的戰略特點、當前階段對管理和營運的要求，並在后續項目中，用戰略指導管控模式和管控流程分析工作。

對「ZSF」戰略和模式理解、分析的主體思路如圖3.5所示。

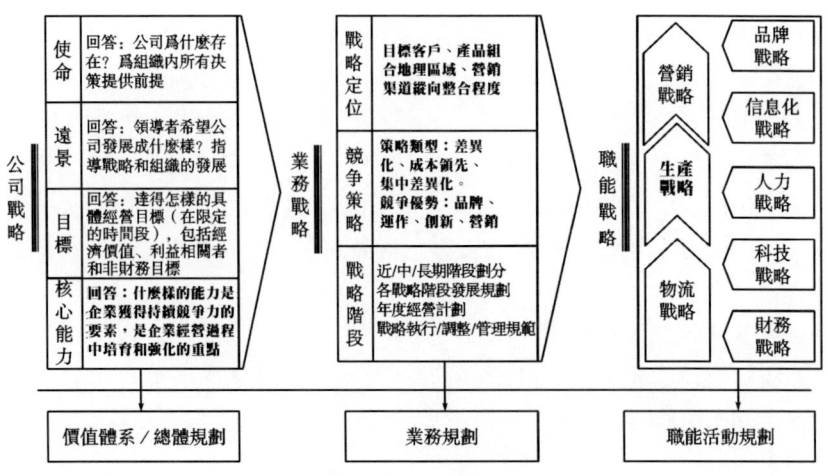

圖 3.5 「ZSF」戰略目標分解圖

3.2.1 「ZSF」戰略體系理解

3.2.1.1 公司戰略願景明晰

「ZSF」的戰略願景：成為中國中小型動力機械服務第一品牌。

三年目標：銷售規模達到 8,767.2 億元，門店數量達到 3,913 家，重點市場份額達 15%，基本建成能夠搭載上級公司通機/農機的銷售網路，成為中小型動力機械行業服務第一品牌。

五年目標：銷售規模突破 30 億元，門店數量達到 7,981 家，全國市場份額達 10%；基本建成能夠搭載上級公司所有整機/車的銷售網路，成為中國中小型動力機械行業服務第一品牌。

八年目標：銷售規模突破 60 億元，門店數量突破 1 萬家，全國市場份額達 20%以上，成為中國銷售服務行業知名品牌。

經過前期諮詢項目的建設，「ZSF」的企業戰略已經非常清晰，主要任務就是對「ZSF」的公司戰略、業務戰略進行明晰並理解，使明晰后的戰略可傳導，與日常工作結合起來。

3.2.1.2 公司職能戰略理解

（1）財務策略

集中管理：構建符合連鎖經營企業需要，符合資本市場需求的財務系統。通過建立 ERP 系統，集中管理收支兩條線，實現「ZSF」體系統一財務核算以

及統一財務政策，確保「ZSF」總部對於財務的統籌和控制。

管控到店：構建必要的管控措施，確保財務安全，有資金注入的門店必須由總部指派財務人員，接受財務系統和區域的雙重管理。

（2）信息策略

信息策略的目標可以概述為：前臺簡單、后臺縝密；集成應用、風險管控。所謂前臺簡單、后臺縝密是指信息系統的前臺設計必須簡單易於操作，但是后臺體系要滿足現有「ZSF」系統業務推進的需要，必須設計縝密，便於管控；實現「ZSF」營運過程的可視化、可控化、高效化、可複製化。集成應用是指信息系統要集成「ZSF」ERP/CRM/OA/網站管理/網路行銷平臺/DMS（業務管理系統）的系統需要；風險管控是指信息系統要滿足操作透明化，風險可管控並且適合連鎖經營的需求。

（3）物流策略

構建扁平化的物流網路，通過區域管理中心管理各地中轉庫輻射各級門店，借助全過程物流和第三方物流的力量，打造能夠覆蓋主要縣級市場、低成本、高效率的「ZSF」物流體系，如圖3.6所示。

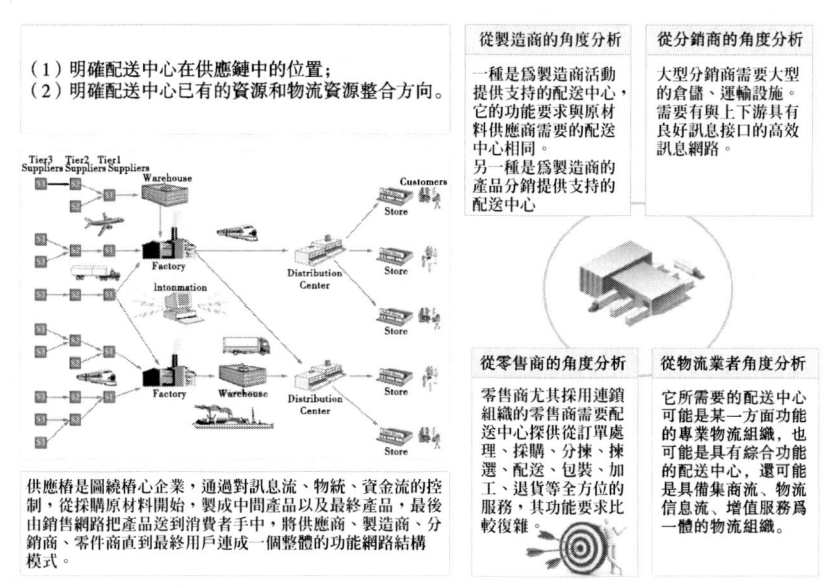

圖3.6　扁平化的物流網路圖示

物流配送中心經營戰略定位——為連鎖門店各級渠道的零配件需求提供物流服務和全局零配件庫存管控。

(4) 人力資源策略

人力資源策略包括：貼近需求、強化管控，注重本土、打造團隊，強化培訓、提升能力，以德為基、構建文化。

貼近需求、強化管控：建立具有連鎖營運管理的組織結構，通過業績控制、權限控制、人員控制、信息控制管控。

注重本土、打造團隊：根據市場需要打造符合連鎖經營需要、市場化程度高的業務團隊，各區域和門店注重人員本土化；強調清晰的績效考核，實現收入和業績掛勾，充分調動業務人員的主觀能動性；根據開店需求，做好人才儲備。

強化培訓、提升能力：建設滿足未來人才梯隊發展需要的「ZSF」大學，在各區域設置分部，滿足區域就近開班和培訓的要求；培訓課程要面向市場和「ZSF」營運的實際需要，通過培訓培養合格人才的同時，促進「ZSF」企業以及品牌的廣泛影響，推動業務同步增長。

以德為基、構建文化：建設獨具特色的、以德為基礎的服務企業文化。

(5) 營運管理策略

營運管理策略包括：流程清晰、職責明確；數據透明、監督到位。

流程清晰、職責明確：構建「ZSF」運行流程，需要簡單明瞭、易於執行、崗位職責清晰明確、易於理解和考核。

數據透明、監督到位：管理和考核堅持數據第一的原則。在重營運結果的同時，強化監督能力，確保過程可控。

3.2.2 「ZSF」業務模式分析

從概念上來講，業務模式是在吸引客戶、雇員和投資者並保證盈利的前提下，向市場提供產品和服務的模式。簡單地說，業務模式是企業做什麼、如何做的問題。

業務模式主要由業務組合和業務定位構成，如圖3.7所示。

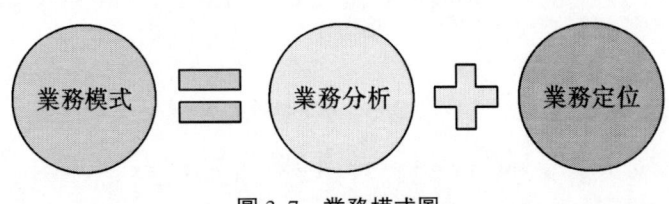

圖3.7　業務模式圖

業務分析主要關注的是業務在具體細分上面不同緯度下的情況；業務分析主要對業務模塊進行產品分析、市場分析和客戶分析，通過這三個緯度對業務的基本情況有一定的把握。

業務定位主要關注的是業務在整個企業價值鏈中或在整個行業環境中所處的位置；業務定位主要對業務模塊進行盈利點、價值鏈中的角色、價值實現途徑分析。

3.2.2.1 「ZSF」業務定位分析理解

業務定位是指企業業務在價值獲取過程中的角色。

在業務定位中，首先要明確的是該業務的盈利點是什麼，盈利點是業務本身創造價值的根本；同時，每一個業務都在企業的價值鏈中扮演著相應的角色，而角色的定位將影響業務的實現途徑和實現方法以及實現週期；業務要想獲得價值，就需要結合內部相應的資源和外部相應的支持來獲取，找到相應的途徑為創造價值提供平臺，如圖3.8所示。

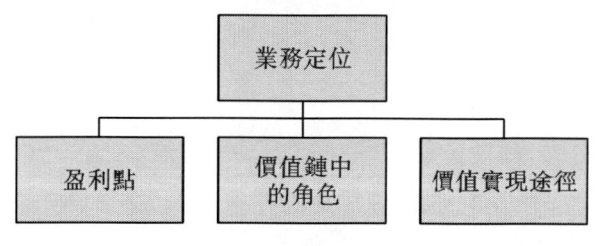

圖3.8 業務定位圖示

商業模式：從六省一市樣板市場建設開始，逐步發展直營、合營、加盟層級清晰的全國連鎖經營網路，聚焦ZS集團兩/三輪車及發動機維修服務的核心優勢，逐步切入上級公司整機/車的銷售服務，帶動ZS集團摩托車、發動機、通機、農機等產品銷售的持續增長，通過維修/服務/管理/銷售/網路的集合優勢，通過服務拉動ZS集團整車/機銷售，最終達到「ZSF」門店盈利的目的。

3.2.2.2 「ZSF」業務組合策略分析

業務組合是指企業業務與產品的集合。

在業務組合中首先要對業務本身的現狀進行分析，在對業務基本狀況有所瞭解的前提下可以將業務放入市場這個大的環境中進行考驗；進行市場分析的過程中要對向客戶銷售什麼、如何能夠為客戶提供什麼樣的價值來做分析以獲得充分的市場信息；而產品與價值明確後對於客戶的細分，以及客戶喜好的劃

分也將成為對業務支撐的基石。

在公司級戰略和業務戰略的指引下，諮詢還需要進行業務戰略和競爭策略的理解，主要包括產品策略、渠道策略、市場推廣策略。

（1）產品策略

產品戰略：服務是產品，零部件是載體，維修是根本，專業/便捷/性價比高是「ZSF」服務產品的競爭優勢。

專業：獨具優勢的兩/三輪車以及發動機維修技術及零部件，專業化服務標準和服務流程，確保服務質量，接受服務監督，讓客戶修得放心，用得安心。

便捷：遍布全國縣鄉的服務網路，所有門店 5 千米半徑內免費上門接送服務，維修期間備有免費用車可供借用；便捷的 400 免費電話可隨時接受您的諮詢/投訴，並提供 24 小時緊急搶修當地服務熱線。

性價比高：「能修不換，能換零件絕不換總成」，維修質量優於平均水平；提供質量擔保，如因維修和零配件質量問題免費重修與更換。

（2）渠道策略

渠道可控：門店分為直營、合營和加盟三種模式，確保渠道「ZSF」可管控。

先易后難：優先整合上級公司現有渠道資源，再吸納社會服務渠道資源，最後再考慮爭取競爭對手服務渠道資源。

先近后遠：首先在中西部六省一市建樣板，然後逐步拓展到北部區域，最后覆蓋沿海及全國其他地區。

發揮整合優勢：「ZSF」在維修服務的基礎上，通過發揮 ZS 集團整合優勢，構建整車/機銷售平臺，獲取更大發展空間。

（3）市場推廣策略

明確盈利模式：發揮上級公司摩托車及發動機維修優勢，構建銷售和服務一體化平臺，通過規範管理和服務發揮第三方品牌的競爭優勢，實現門店盈利。

構建招商推廣模式：著重推廣符合市場和合作夥伴需要的生意機會以及商業模式，通過標準化的招商模式，實現網路拓展和標準複製。

率先樹立品牌形象優勢：盡快建立全新的、面向市場、符合行業特點和未來發展需要的優勢品牌形象。

3.2.2.3 「ZSF」連鎖經營管理架構

「ZSF」連鎖經營管理定位為服務加銷售的管理模式。區域管理：區域管

理公司模式註冊獨立法人。終端網路類型：旗艦店（集團下設子公司，獨立法人）、直營店（集團下設子公司，獨立法人）、合營店（集團下設子公司，獨立法人）、加盟店（外部門店，多數以個體經營為主）。其連鎖經營管理架構如圖3.9所示。

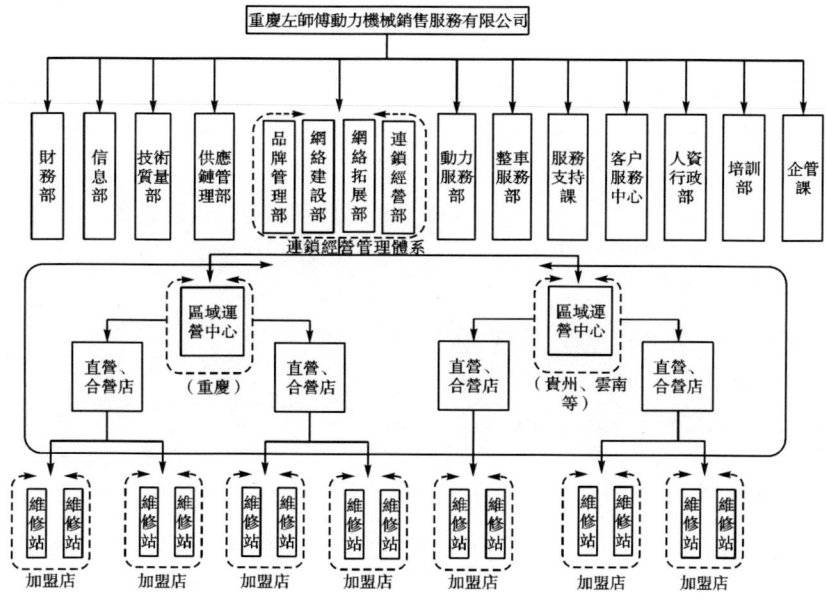

圖3.9 「ZSF」連鎖經營管理架構圖

「ZSF」動力銷售服務的管理架構為四級，但是目前的「ZSF」沒有把公司管理架構、財務管理架構、物流管理結構劃分得很清晰。

區域營運中心為管理職能的分公司沒有實際參與業務。地級以旗艦店的形式管理下級網點，並且具有發展下級加盟店的職能。

地級旗艦店具有以下功能：①展示功能；②物流功能；③對下級提供培訓服務、新品推介功能；④向地級消費者提供維修服務功能。

3.2.2.4 「ZSF」動力銷售服務連鎖體系資源配置

「ZSF」動力銷售服務連鎖體系目前每層級網點的配置都有相應的資源計劃目標，同時也能體現出連鎖管理的特點。旗艦店硬件配置：品牌宣傳平臺、片區物流倉庫、產品推廣區、維修區。旗艦店人員配置：財務、出納、庫管、服務工程師、客戶關係管理人員、配件銷售兼招商人員。直營店、合營店硬件配置：產品推廣區、維修區、店內倉等。直營店、合營店人員配置：財務、維

修、庫管等。

3.2.2.5 「ZSF」動力銷售服務連鎖體系商務政策

合營模式政策：公司按照比例與其他方合營，公司出資比例約為60%，負責提供資金、技術、管理和培訓，在協議中明確了雙方的主要權利、義務，並按照約定享受一定比例的收益。

加盟模式政策：以合同形式授權加盟商使用公司的商標、商號、品牌技術和經營模式，公司負責物流配送、技術培訓和指導、全國性統一行銷廣告活動，並提供持續的經營指導。合作方自主經營、自負盈虧。

加盟費用標準：標準店 5 萬元（收取 5 萬元保證金，兩年合作期滿退回）；加盟授權店 2.5 萬元（收取 2.5 萬元保證金，兩年合作期滿退回）。

3.2.3 「ZSF」連鎖營運管控模式分析

3.2.3.1 管控模式設計的基本原則

企業在發展的不同階段，對管理的需求是不同的，如圖 3.10 所示。對於「ZSF」來說，需要面向未來，設計可以持續升級的管理模式。

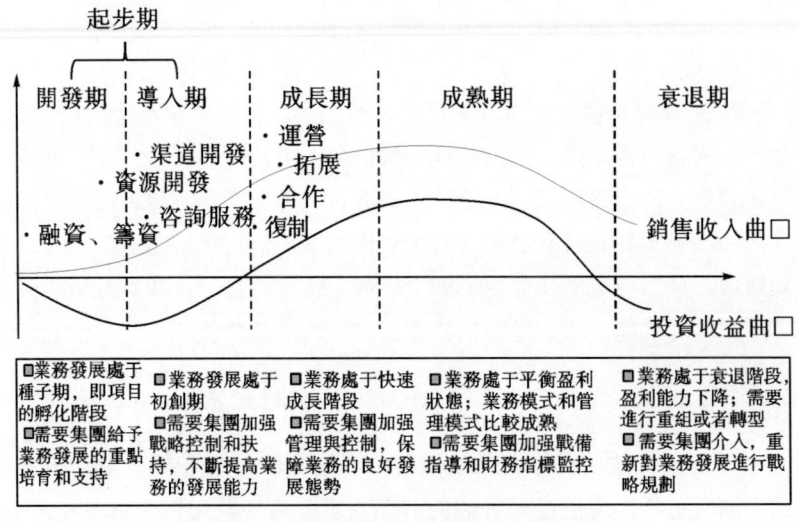

圖 3.10 不同生命期的管控重點圖示

本書認為，「ZSF」管理模式的設計需要遵循以下原則：

(1) 整體利益最大化

在集團所有業務系統內，各區域中心、門店通過戰略協同，實現業務的有機組合、資源合理分配，達到整體經濟利益的最大化，而不是實現個別子公司利潤的最大化。

(2) 可持續性發展

要根據內外部市場環境制定中長期戰略發展目標，並將該目標分解到各子公司，以保障公司的可持續性發展。

(3) 戰略協同性

在整體戰略發展目標的指導下，對「ZSF」區域中心、門店的業務進行專業化分工和優化組合，通過設計合理、有效的管理體制和監控管理模式來對各成員進行資源配置，保證戰略發展的協同性。

(4) 規模經濟效應

在內部形成合理的經濟、技術、業務、行銷等方面的專業化分工，形成投資的集中化效應、單體經濟的規模化效應和業務發展的協同效應，從而降低生產成本、管理成本、內部交易成本，提高市場競爭力，創造更大的收益。

(5) 優化資本結構

通過對有形資產的監控管理和合理調劑，加速資本存量資產的利用和週轉，提高資本的流動性和增值性。

(6) 資源的配置效應

根據與區域中心、門店之間的構成關係（資本型或混合型），採取不同的管理模式（集權式、分權式或混合型型）和運行體制，使內部的資源得到合理配置。

(7) 財務協同收益

通過設立資金結算中心、財務公司等集中化財務管理形式，採取收支兩條線的資金控制模式以及集團對子公司的財務宏觀指導和業務人員的委派等管理方式，一方面規避了整體財務風險，另一方面在財務政策、財務計劃、財務管理以及資金的募集和調劑、稅收等方面得到了統一的戰略規劃，從而獲得整體財務協同收益。

(8) 品牌效應

公司整體經營的規模化、經濟實力、誠信度、品牌認知度要遠遠高於單個成員公司，因而，通過整合品牌價值來提高各子公司的市場行銷能力和市場競爭力。

(9) 技術創新能力

通過在總部設立孵化器，即在總部成立集中的總部管控中心和共享服務中

心，加大資金和人力資本的投入，提高新技術、新產品的創新能力和創新速度，將新產品轉移給各子公司，從而提高整體的產品技術含量和產品質量。

(10) 市場擴張能力

利用集團整體資源優勢（主要是人才和資金）、技術優勢、品牌優勢以及市場行銷網路資源，將下屬各子公司的產品進行集合行銷，從而降低市場開拓成本和市場營運成本，提高市場的擴張能力和盈利能力。

3.2.3.3 連鎖營運管控模式選擇

總部對區域中心、門店的管理在嚴格按照管理模式進行管理的前提下，必須做好自身的職能定位，以培養自身的戰略發展和投資組合能力，做好內部資源的利用和開發，發揮資源的潛在效應，並幫助子公司實現經營業績的提升。一般來說，從上至下的管控分為財務管控、戰略管控和操作管控幾種典型類型（見圖3.11）。

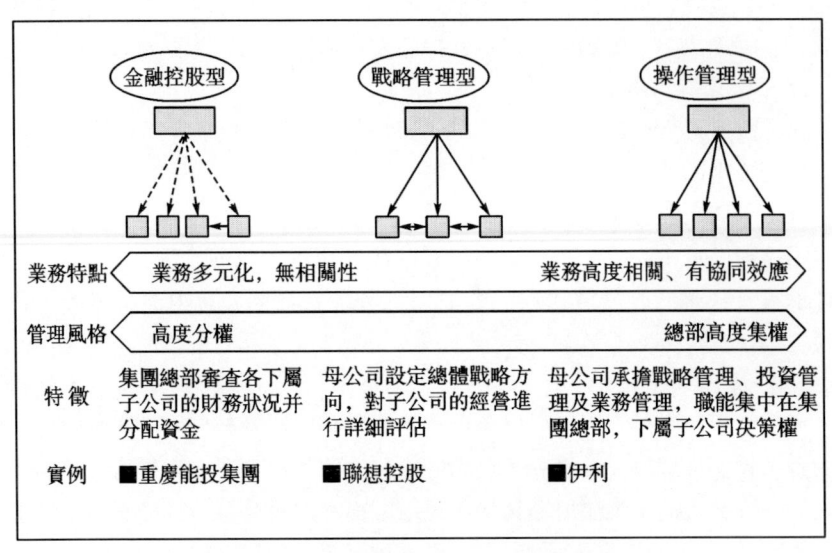

圖3.11 不同管控模式下的區別圖示

(1) 操作管控型總部職能定位

操作管控型公司以追求主導產業市場佔有率與資本增值為目標，有明確的產業導向，既採取股權控股又從事具體業務的實際經營。集團人員較多，管理費用高。多元化的初期採用較多，此時主業由集團經營，多元化業務由子公司經營。子公司主要負責業務營運，一般定位為經營單位。

（2）財務管控型總部職能定位

財務管控型的總部主要負責財務管理、集團規劃、監控、投資管理及兼併收購等，而子公司負責戰略制定、攻關、人才培養、法律、審計、行銷及現金管理等。財務管控型集團以追求資本增值為唯一目的，無明確的產業選擇，資產管理是核心功能，以財務指標數據為主的資本控制。公司總部多為財務管理人員，通過資本營運手段對被控子公司指導、監控，進行符合投資回報目標的兼併、收購、重組和出賣、轉讓。沒有特定的核心企業，一般適用於沒有明顯主導產業的無關多元化企業。

（3）戰略管控型總部職能定位

戰略管控型企業將科研攻關、人才培養、法律、審計、集團行銷及現金管理等集中管理，而子公司主要負責監控實施與資源協調、財務預算和控制、子公司運作/分支機構運作的管理和控制，一般定位為利潤中心。戰略管控型集團追求資本增值和多元化產業發展雙重目標，有明確的產業選擇，有核心企業，集團關係穩定，總部通過控股方式形成戰略型企業集團。集團制定公司整體發展戰略，被控股公司的業務活動服從整體戰略。集團通過股東大會和董事會支配重大決策和經營活動。

操作管控型子公司只有較低層次的人事管理權及對戰略與經營決策的執行權；戰略管控型業務單元具有戰略制定權及一定範圍內的經營決策權；財務管控型子公司不僅能制定戰略，而且具有經營決策權及人事決策權等。三種管控類型集團之間的責任與權利劃分如圖 3.12 所示。

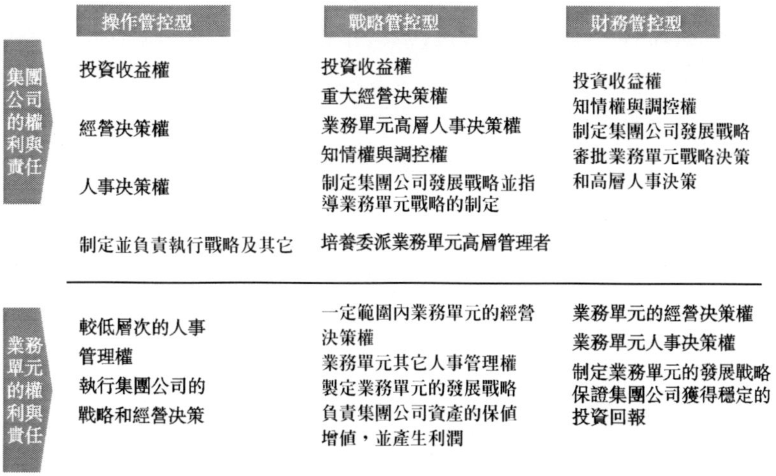

	操作管控型	戰略管控型	財務管控型
集團公司的權利與責任	投資收益權 經營決策權 人事決策權 制定並負責執行戰略及其它	投資收益權 重大經營決策權 業務單元高層人事決策權 知情權與調控權 制定集團公司發展戰略並指導業務單元戰略的制定 培養委派業務單元高層管理者	投資收益權 知情權與調控權 制定集團公司發展戰略 審批業務單元戰略決策和高層人事決策
業務單元的權利與責任	較低層次的人事管理權 執行集團公司的戰略和經營決策	一定範圍內業務單元的經營決策權 業務單元其它人事管理權 製定業務單元的發展戰略 負責集團公司資產的保值增值，並產生利潤	業務單元的經營決策權 業務單元人事決策權 制定業務單元的發展戰略 保證集團公司獲得穩定的投資回報

圖 3.12　不同管控類型集團間的責權區別圖示

企業管控模式選擇受各種因素的影響，至於每一個公司選擇什麼樣的管控模式更適合於自身的發展並沒有標準化模式和規範化要求，關鍵要根據每一個公司進行跨國經營的具體情況而酌情選擇。

從公司管控模式來看，不同國家對於管控模式的選擇、不同發展階段、不同的經濟發展時期、不同企業規模、不同發展戰略定位的差異性，其集團管控模式也盡不同。

管控模式選擇主要根據集團之間的經營發展狀況、環境特徵及區域經營狀況等影響因素，來選擇不同的管理方式。

3.2.3.4 連鎖營運管控實現的方法和手段

對區域中心和門店的管控主要根據總部與下屬公司構成關係的不同而採取相應的管理方法，但總的來講，總部與下屬公司管理主要採取集權與分權、定性與定量、宏觀指導與微觀監督相結合的方法。既體現子公司獨立經營自主權的合法性，又要保證公司經營目標戰略發展的協同性，採取「量體裁衣」「因地制宜」管理控制策略。

管控手段主要有：

（1）通過股東大會

集團通過股東大會對子公司的經營決策實施影響。但也有例外情況，即子公司非全資子公司。當集團持股低於 2/3 時，由於子公司股東大會的特別決議需要 2/3 以上的股東行使議決權，因而集團就不一定能夠完全實施其影響。

（2）通過總部董事會

子公司經營中的一些重大決策問題，如接受或轉讓財產、借入巨額資金等，需要經集團董事會決議通過，這樣集團可以對子公司決策實施部分影響。

（3）通過下屬公司董事會

股東大會只決定子公司極少數重大事項，作用有限，而多數重大業務決策權在子公司董事會，因此集團可以通過控制子公司董事會來施加影響。

（4）通過總部對下屬公司、門店業績的考核與指導

集團可以通過對子公司例行的業績考核、有關重要事項的審查和對子公司某些工作的指導以及子公司定期或不定期的匯報請示，對子公司的決策產生影響。

（5）通過派遣董事等高層管理人員影響決策

一是派遣董事。總部向下屬公司派遣部分特別是超過半數以上的董事，可對下屬公司領導層做出的決策給予重大影響，將集團的意志貫徹到子公司的決

策中去。二是派遣招聘任命公司子公司的管理層。通過對子公司管理層的任免權，集團可以影響到公司子公司的日常經營決策權。三是派遣監事或審計員。監事和審計員通過履行監察、審計職責，對子公司經營決策有相當影響。集團可以通過派遣監事或審計員對子公司決策產生影響。

（6）通過職能管理

集團通過各種定期或不定期的匯報制度，以及各種管理流程中的審批制度，對子公司的日常決策產生影響。

3.2.3.5 「ZSF」連鎖營運管控的重點

在本書中，我們建議對管理結構和治理結構進行系統思考，重點考慮和分析如下問題，如圖3.13所示。

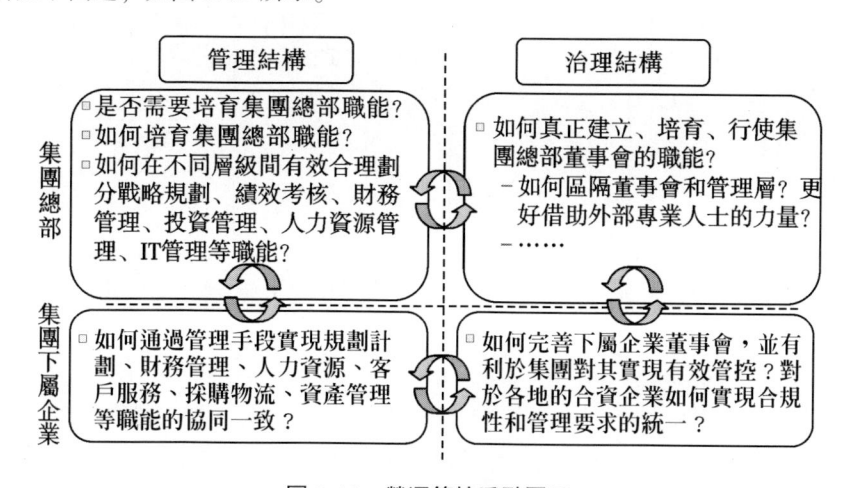

圖3.13　營運管控重點圖示

（1）「ZSF」總部管理結構方面

- 是否需要培育「ZSF」總部職能？
- 如何培育「ZSF」總部職能？
- 如何在不同層級間有效合理劃分戰略規劃、績效考核、財務管理、投資管理、人力資源管理、IT管理等職能？

（2）「ZSF」下屬公司管理結構方面

- 如何通過管理手段實現規劃計劃、財務管理、人力資源、客戶服務、採購物流、資產管理等職能的協同一致？

（3）「ZSF」治理結構方面

- 如何真正建立、培育、行使「ZSF」董事會的職能？

● 如何區分董事會和管理層？更好借助外部專業人士的力量？

(4)「ZSF」下屬企業治理結構方面

● 如何完善下屬企業董事會，並有利於「ZSF」對其實現有效管控？對於各地的合資企業如何實現合規性和管理要求的統一？

本項目中，我們建議首先分析「ZSF」的治理結構，根據「ZSF」的治理關係，確定「ZSF」及其下屬公司的管控模式，確定不同層次下的職能定位，如圖3.14所示。

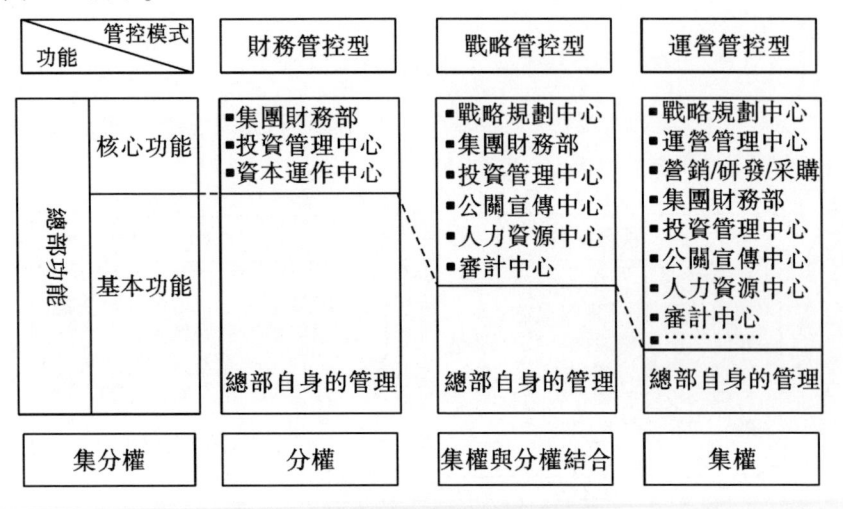

管控模式\功能		財務管控型	戰略管控型	運營管控型
總部功能	核心功能	■集團財務部 ■投資管理中心 ■資本運作中心	■戰略規劃中心 ■集團財務部 ■投資管理中心 ■公關宣傳中心 ■人力資源中心 ■審計中心	■戰略規劃中心 ■運營管理中心 ■營銷/研發/采購 ■集團財務部 ■投資管理中心 ■公關宣傳中心 ■人力資源中心 ■審計中心 ■…………
	基本功能	總部自身的管理	總部自身的管理	總部自身的管理
		分權	集權與分權結合	集權

集分權

圖3.14　不同管控模式的功能區別圖示

不同的管控類型，上下級公司的角色定位是不同的，預置配套的授權功能和考核方案也各不相同。在諮詢實施過程中，我們將對「ZSF」連鎖營運管控職能進行設計，並結合「ZSF」已有的營運手冊進行管理優化。接下來，需要根據職能定位確定管控維度、管控途徑和管控手段。然後，我們建議「ZSF」對下屬公司的財務、人力資源、IT等管控的組織建立、途徑、信息傳達、職責等方面進行詳細分析和選擇。

3.3 「ZSF」連鎖經營業務管理需求分析與建議

3.3.1 業務流程諮詢和優化方法

在業務流程梳理過程中我們通常會對企業的流程進行分級分類，從企業的

一級流程，到各職能板塊的二級流程，到各業務實務的三級流程，分別進行梳理、建檔，如圖 3.15 所示。

連鎖經營	供應鏈	業務服務	工程質量
·網絡拓展管理	·詢價比價流程	·動力服務流程	·自製件質檢流程
·門店建設流程	·組織採購流程	·整車服務流程	·外購件質檢流程
·門店運營流程	·生產包裝流程	·部品服務流程	·編碼管理流程
·部品毛肖售流程	·物資調撥流程	·質量追溯流程	·圖文檔管理
·維修管理流程	·倉儲配送流程	·三包服務流程	·培訓審核流程
·門店督導巡查	·供方評估流程	·投訴處理流程	·培訓1評估流程

財務	運營支持	人力資源	信息管理
·財務核算流程	·項目管理流程	·招聘流程	·項目招標流程
·報銷管理流程	·管理制度設計	·晉升變動流程	·項目建設流程
·內部結算流程	·認證文檔管理	·薪酬發放流程	·系統運維流程
·資金管理流程	·事務審批流程	·績效管理流程	·數據安全管理
·固定資金管理	·工作計劃考核	·培訓管理流程	·授權調整流程
·審計流程			·業務流程審核

圖 3.15　業務流程圖示

之后，採用一套邏輯嚴密、層層深入的流程標準化體系，如圖 3.16 所示。

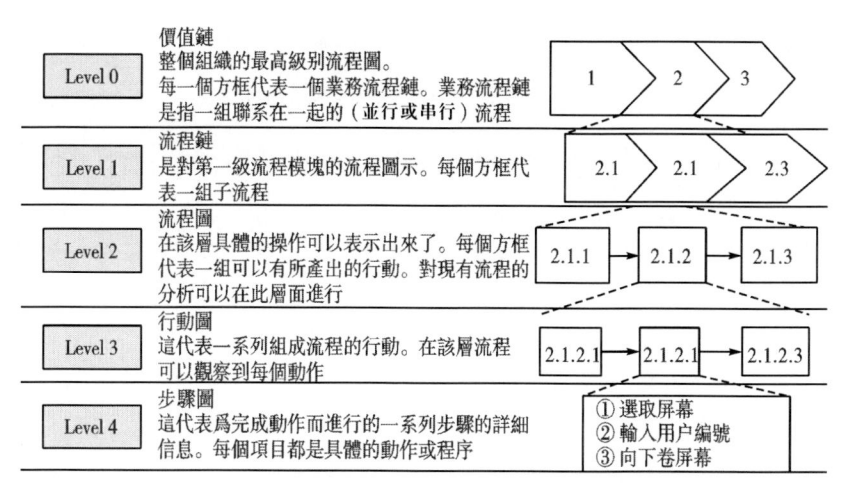

Level 0	價值鏈 整個組織的最高級別流程圖。 每一個方框代表一個業務流程鏈。業務流程鏈 是指一組聯繫在一起的（並行或串行）流程	1 → 2 → 3
Level 1	流程鏈 是對第一級流程模塊的流程圖示。每個方框代 表一組子流程	2.1 → 2.1 → 2.3
Level 2	流程圖 在該層具體的操作可以表示出來了。每個方框 代表一組可以有所產出的行動。對現有流程的 分析可以在此層面進行	2.1.1 → 2.1.2 → 2.1.3
Level 3	行動圖 這代表一系列組成流程的行動。在該層流程 可以觀察到每個動作	2.1.2.1 → 2.1.2.1 → 2.1.2.3
Level 4	步驟圖 這代表為完成動作而進行的一系列步驟的詳細 信息。每個項目都是具體的動作或程序	①選取屏幕 ②輸入用戶編號 ③向下卷屏幕

圖 3.16　流程標準化體系

一般情況下，如果是為了對業務和管理模型進行闡釋和高層次的分析，可採用一級流程；如果設計涵蓋信息化管理控制點的操作流程和就具體流程問題

進行溝通，二級流程就足夠了；如果需要描述每個信息化點的詳細操作動作或程序，與系統供應商落實特殊的信息功能需求，則需要採用三級或四級流程。

华西集团总部职能部门提交业务流程统计表

序号	部门名称	使用编号	流程数量				
			一级流程	二级流程	三级流程	四级流程	总流程数
1	董事会	JTGS-01					
2	总经理办公室	JTGS-02					
3	党工部管理业务	JTGS-03		4	5		9
4	纪检监察部	JTGS-04		2	7		9
5	工会	JTGS-05					
6	共青团工作	JTGS-06		1	3	2	6
7	发展规划部	JTGS-07		2			2
8	人劳部	JTGS-08		1	13		14
9	财务管理部	JTGS-09		4	3		7
10	结算中心资金管理	JTGS-10	1	0			1
11	债权管理部	JTGS-11		2			2
12	资产管理部	JTGS-12		2			2
13	监事会工作部	JTGS-13	1	1			2
14	经营管理部	JTGS-14			6		6
15	生产技术管理部	JTGS-16			3	13	16
16	安全质量管理部	JTGS-17		1	15	10	26
17	离退休管理部	JTGS-18					
18	审计部	JTGS-19			4		4
19	档案管理处	LIGS-20			4		4
20	保卫处	LIGS-21					
21	法律事务室	JTGS-22			13		13
22	新闻宣传中心	JIGS-23		3			3
23	培训中心	JIGS-24					
24	信息中心	JTGS-04		7	8		15
合计			2	30	84	25	141

圖 3.17　華西集團業務流程統計圖示

在本書中，我們建議對「ZSF」管控流程的二級流程進行分析。該級流程主要是跨部門、跨集團的流程，對部分重點的三級流程進行優化。

我們首先對「ZSF」如下的一級管控流程進行梳理（以下為某項目管控流程示例，如圖 3.18 所示）：

二級核心流程是跨集團和部門的重點流程，描述中將涉及崗位界定和職責分工。在管控流程分析中，我們先對流程現狀分析，再對問題進行歸類，並採用專業的流程分析法進行分析，如價值鏈分析法、疼痛鏈分析法、問題邏輯樹分析法等，如圖 3.19 所示。

戰略規劃	・制定集團以及各業務單元未來三年的戰略發展目標，包括在哪些市場及如何進行競爭，以及量化的財務目標及資源需求預測 ・集團領導通過對各業務單元戰略規劃的嚴格質詢，指導業務單元的戰略發展方向	業績管理流程 包括： ・業務指標制定流程 ・業務報告流程 ・業務考核流程
經營計劃/財務預算	・將戰略規劃的第一年目標轉化為一個詳細的經營計劃以及相應的財務預算計劃，作為集團最高領導和各業務單元領導之間的「績效合同」的附件。 ・集團領導通過對各業務單元經營/預算計劃的嚴格質詢和考核，指導各事業單元的經營運作。同樣的程序，各業務領導指導下屬事業部的運營	
人力資源管理(包括考核及薪酬、激勵機制)	・管理者的業績考核計劃可確保有良好的管理力量，他們是成功實施集團戰略并發展的現在及未來的中堅力量 ・有效的薪酬及激勵系統是吸引及保留高素質人才、發揮員工積極性、建立業績至上的企業文化的重要保證	

圖 3-18 某項目管控流程示例

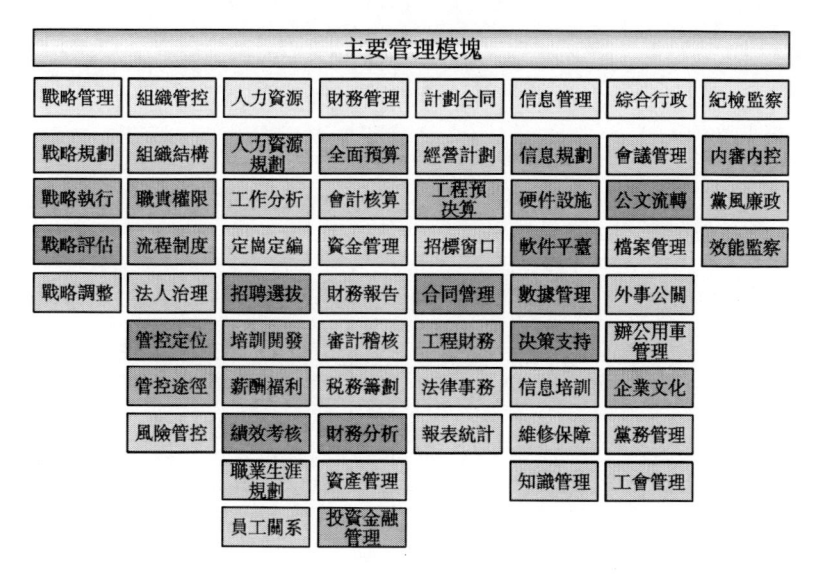

主要管理模塊

戰略管理	組織管控	人力資源	財務管理	計劃合同	信息管理	綜合行政	紀檢監察
戰略規劃	組織結構	人力資源規劃	全面預算	經營計劃	信息規劃	會議管理	內審內控
戰略執行	職責權限	工作分析	會計核算	工程預決算	硬件設施	公文流轉	黨風廉政
戰略評估	流程制度	定崗定編	資金管理	招標窗口	軟件平臺	檔案管理	效能監察
戰略調整	法人治理	招聘選拔	財務報告	合同管理	數據管理	外事公關	
	管控定位	培訓開發	審計稽核	工程財務	決策支持	辦公用車管理	
	管控途徑	薪酬福利	稅務籌劃	法律事務	信息培訓	企業文化	
	風險管控	績效考核	財務分析	報表統計	維修保障	黨務管理	
		職業生涯規劃	資產管理		知識管理	工會管理	
		員工關系	投資金融管理				

□ 履行較好的職責　　■ 有待改善的職責　　■ 比較薄弱的職責

圖 3-19 不同管理模塊下的分工圖示

在確定了流程問題之后，就可以確定流程優化目標，如圖 3-20所示。

3 「ZSF」連鎖營運 IT諮詢方案　35

採購流程優化的主要目標（3）

採購流程		時間	成本	質量	說明
1.2.1 採購渠道計劃	1.2.1.1 採購渠道計劃調整	0	+	++	側重發揮區域採購協同效應，降低採購成本
	1.2.1.2 新供應商選擇評估	+	0	0	縮短流程時間，使之富有效率
1.2.2 供應商選擇	1.2.2.1 新供應商談判	0	+	+	保證持續性引進符合要求的最佳供應商
	1.2.3.1 新供應商審批	+	0	+	使談判過程更有效率，建立良好的合作基礎
1.2.3 供應商談判	1.2.3.2 新供應商審批	+	0	0	縮短流程時間，避免較長等候時間
	1.2.3.3 供應商年度合同談判	+		+	通過年度合同簽訂，提高一下年度與供應商合作效果

圖 3.20　採購流程優化目標

然后對核心管理流程和業務流程進行評估診斷，根據診斷結果，對流程進行優化，最終形成優化后流程。優化后的流程示例，如圖 3.21 所示。

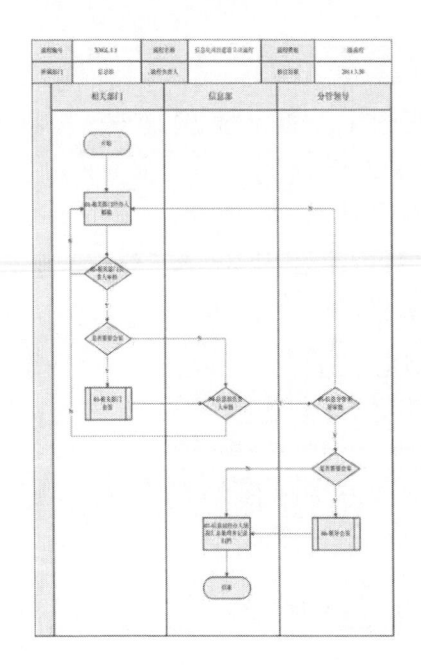

圖 3.21　採購流程優化圖示

3.3.2 「ZSF」業務流程分析

3.3.2.1 「ZSF」業務需求總結統計

根據諮詢實施項目組對「ZSF」的前期調研，包括對具有典型代表意義的核心部門的採訪和門店實地調研結果，現將所收集的業務管理需求和流程需求進行歸納整理，去除重複需求、無效需求，如表 3.1 所示。

表 3.1 「ZSF」業務需求總結統計表

業務板塊	調研部門	總需求數	有效需求數
連鎖營運體系	網路拓展部	15	12
	網路建設部	13	9
業務服務體系	動力服務部	11	8
	整車服務部	9	5
	部品業務部	7	4
	服務支持部	5	4
	客戶服務中心	3	1
供應鏈體系	供應鏈管理部	30	19
工程質量體系	技術質量部	7	5
	培訓部	4	4
公共支撐體系	財務部	16	9
	人力資源行政部	13	10
	營運支持部	9	7
	信息部	14	11
合計		156	108

3.3.2.2 「ZSF」業務需求分類分析

在前期提供的調研報告中，我們按照四步描述法，將收集的有效需求進行整理、分類、分析，並提出改進建議。業務流程分析和優化是一個系統化的工

程，在諮詢實施過程中還需要耗費大量的人員來進行細化和總結，這裡僅作為初步分析和示例的性質進行描述，如圖 3.22 和表 3.2 所示。

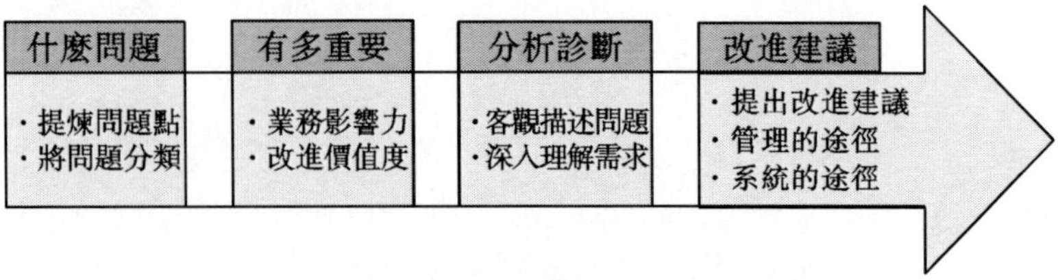

```
[什麼問題]          [有多重要]       [分析診斷]        [改進建議]
·提煉問題點         ·業務影響力      ·客觀描述問題     ·提出改進建議
·將問題分類         ·改進價值度      ·深入理解需求     ·管理的途徑
                                                      ·系統的途徑
```

圖 3.22　業務流程分析和優化圖示

表 3.2　　「ZSF」重點業務需求/問題調研結果一覽表

業務板塊	職能模塊	需求點/問題點	重要性	需求類型
連鎖經營體系	連鎖經營	新服務渠道開拓問題	～～～	管理類與系統類
		新服務渠道網路佈局問題	～～～	管理類與系統類
		新服務渠道建設問題	～～～	管理類與系統類
		門店營運成本問題	～～～	管理類與系統類
		市場營運規範問題	～～～	管理類與系統類
供應鏈體系	採購管理	採購模式管控問題	～～✓	管理類與系統類
		存貨成本與外採物資控制問題	～～✓	管理類與系統類
		關聯單位系統集成問題	～～✓	系統類
	倉儲物流	倉儲規劃問題	～～～	管理類與系統類
		編碼體系一問題	～～～	管理類與系統類
		庫存管控與調度問題	～～～	管理類與系統類
		運輸體系建設與配送模式優化問題	～～～	管理類與系統類
		物流結算與資金管控	～～～	管理類與系統類
業務服務體系	動力服務	駐廠人員服務過程監管問題	～～✓	管理類
		售後服務方式差異所造成的管理難度問題	～～～	管理類
		售後服務工作監管與標準化問題	～～～	管理類
		市場活動事前預測、事中監管、事後分析的過程管理問題	～～～	管理類

表3.2(續)

業務板塊	職能模塊	需求點/問題點	重要性	需求類型
業務服務體系	整車服務	投訴及其處理的問題	～～～	管理類與系統類
		網點投資建設管理機制的問題	～～～	管理類與系統類
		三包服務費用的問題	～～～	管理類與系統類
	部品服務	分散採購監管問題	～～～	管理類與系統類
		商業模式與銷售價格問題	～～～	管理類與系統類
		通機銷售市場權責劃分管理問題	～～	管理類與系統類
	服務支持	質量追蹤體系閉環管理的問題	～～～	管理類與系統類
		索賠過程監管控制的問題	～～	管理類與系統類
	客戶服務	客戶服務組織協同聯動的問題	～～～	管理類與系統類
工程質量體系	技術質量	自製件的編碼管理	～～～	管理類
		外購件的編碼管理	～～～	管理類
		編碼錄入口的設置	～～～	管理類
		技術資料歸檔管理	～～	管理類與系統類
	培訓發展	高速擴張階段的企業培訓壓力	～～～	管理類
		培訓師資資源管理	～～～	管理類與系統類
		培訓課程開發	～～～	管理類與系統類
		培訓與人力資源管理的掛勾問題	～～	管理類
公共管理體系	財務管理	財務管理組織的建立問題	～～～	管理類
		資金管理問題	～～～	管理類與系統類
		預算管理問題	～～	管理類
		存貨額度管理問題	～～～	管理類
		財務分析需求	～～	管理類與系統類
	人力行政	管理規範的落實問題	～～～	管理類與系統類
		人員招聘問題	～～	管理類
		薪酬福利管理問題	～～	管理類與系統類
		績效管理問題	～～	管理類

表3.2(續)

業務板塊	職能模塊	需求點/問題點	重要性	需求類型
公共管理體系	營運支撐	業務模式與管理定位問題	～～	管理類
		企業管理的系統支撐問題	～～	系統類
		系統接口問題	～～	系統類

註：需求類型：

管理類：代表需要在管理上進行改善的需求。

系統類：代表需要在系統上進行考慮的需求。

重要性程度：

～～：代表一般性需求或問題，改進所產生的價值較小。

～～：代表重要需求或問題，改進所產生的價值較大。

～～～：代表關鍵需求或問題，改進所產生的價值巨大。

在進行「ZSF」業務需求分析的過程中，我們將按照前文所描述的需求分析辦法進行逐項分析，並給出最終的優化建議。「ZSF」的業務模式和流程目前還處於非穩定狀態，因此前期提供的需求分析報告也是基於當時的調研結果，在后期的實施過程中，還需要進行詳細的調研，並採用圖表、圖文的方式出具需求分析報告。

需求分析描述示例：

需求要點：新服務渠道開拓。

問題描述/需求理解：「ZSF」目前經營渠道主要有傳統分銷渠道和新的服務渠道雙重渠道，因為這兩個渠道所覆蓋的市場區域相同，因此它們存在一定的博弈關係。

分析與建議：充分利用價格、品牌、物流、客戶群等優勢，開拓新服務體系。

在「ZSF」發展連鎖服務渠道時，很難不觸及原渠道商的利益。因此，在初期，「ZSF」應需要重點考慮以服務為主線的連鎖服務占據市場的優勢分析。從目前來看，「ZSF」在開拓服務體系中應充分利用以下幾個方面的優勢：

- 應用扁平化渠道減少中間價格形成市場價格優勢。
- 發展物流體系（第三方物流）輻射範圍、快速回應客戶需求、形成物流優勢。
- 借助上級公司產品品牌優勢擴大維修服務影響力，形成品牌優勢。
- 利用合營店的合作對象原有維修的客戶群形成客戶群優勢。

3.3.3 「ZSF」業務流程優化建議

在管理流程設計和管理需求分析方面，遵循「ZSF」價值鏈，從業務經營活動（供應、連鎖、銷售、門店維修、服務支持）和管理支持活動（財務、人力、企管、質量、培訓）兩個方面進行系統化的分析。

「ZSF」的戰略理解和模式分析，是諮詢實施團隊進行管理需求梳理和IT系統框架設計的基本依據。本書的重點在於內部的管理問題梳理和IT系統關鍵需求梳理。經過總結提煉，本書認為「ZSF」有六個核心問題亟待解決或者確認，如圖3.23所示。

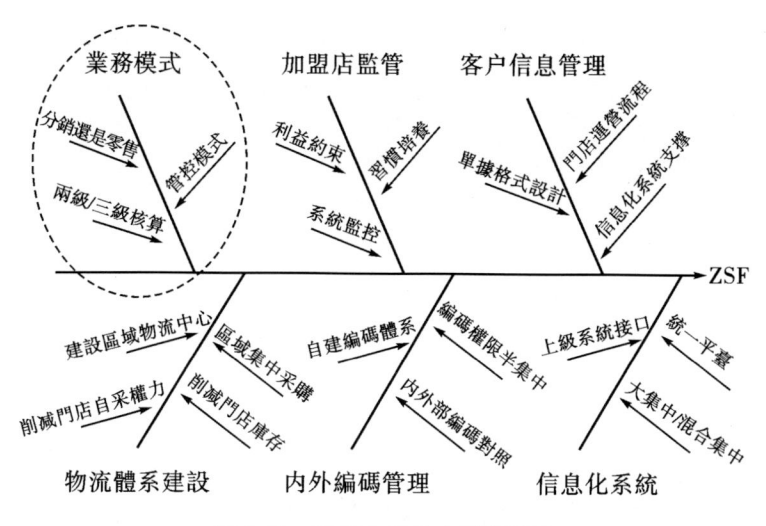

圖3.23 「ZSF」的核心問題圖示

3.3.3.1 明晰「ZSF」管理模式定位

目前「ZSF」的業務模式仍然處在探索─優化─探索階段，甚至許多內部管理者對「ZSF」當前的業務模式類型是分銷還是連鎖都不太清楚。

從連鎖經營的模式來說，除非是總店─分店模式，否則在門店下面不可以再設置下屬門店。這就意味著旗艦店下面不可以下設二級直營店/合營店，加盟店更是只能作為往來單位的性質來進行管理。

從門店的業務來說，主要包括維修服務和銷售。維修服務是採用連鎖的方式，並據此推動配件的更換、銷售業務；銷售主要是以批發為主，主要客戶對象是區域內的加盟店。因此可以理解為，「ZSF」的維修服務是連鎖模式，而

配件銷售方面則是分銷模式。

從投資關係來看，「ZSF」的門店包括全資、合資和加盟店。總部對不同性質的門店所使用的管控手段和管理力度是不同的，業務手段、財務手段需要配合使用，淺度監督、中度監控、深度管控，需要在不同的業務線上使用。而這些都需要「ZSF」首先對自身的業務模式和管理模式進行明確定位。

3.3.3.2 優化「ZSF」組織架構設計

目前「ZSF」的組織架構仍然在不斷地調整之中，逐步向流通服務企業的架構模式轉變。但是，仍然存在模式探索階段的組織定位問題，主要問題是現在沒有把公司管理架構、財務管理架構、物流管理結構劃分得很清晰。

公司管理架構：總部—區域分公司—旗艦店—加盟店。
公司核算架構：總部—門店。
倉儲物流架構：暫時以門店作為倉儲組織，沒有物流中心的規劃。

公司的物流、資金流、信息流如何在三類架構中運轉通暢，需要一份總體藍圖方案。

其中的難點在於區域中心的定位，許多連鎖經營企業將區域分公司作為核算主體，並將下屬區域內的門店統一歸入該區域分公司，進行統一管理與合併納稅。在這種情況下，核算模式、資金管理模式、物流模式都將發生巨大的變化。

若是將區域中心定位為總部的前置部門，僅僅執行管理職能，那麼在門店之間的物流週轉就是獨立法人之間的內部交易。可以以門店—總部—門店的三方結算模式來處理，也可以以門店—門店的內部關聯方交易模式來處理；同時由於投資關係的原因，合營店的物流交易產生的核算結果是有差異的，也直接影響合併報表。

3.3.3.3 優化「ZSF」網路拓展風險控制

連鎖服務網點的覆蓋率、輻射力、影響力是「ZSF」直營店選址、合營店實力評估的重點。一山不容二虎，「ZSF」在網點拓展的過程中尤其需要注意對當地原渠道經銷商的利益進行權衡。

對原有經銷商的服務接管同樣需要時間，其中需要考慮產品的銷售定價、市場激勵政策等手段，避免激化市場矛盾。在門店拓展的前期，建議以合營模式為主，一方面可以分攤經營風險，另一方面可以充分利用合資商在當地的客戶群和影響力，快速站穩腳跟、樹立樣板。

3.3.3.4 優化「ZSF」加盟店監管辦法

加盟店是「ZSF」的重要利潤來源，也是上級公司產品銷售市場的重要購買力量。但是加盟店的監管是最難的，許多連鎖經營企業都敗在加盟店的監管上。加盟店可能是夫妻店、師傅店，服務的品質很難靠管理制度來約束，所以從管理上需要對其經營進行監管。同時，需要有一套完善的加盟管理制度及考核體系，並有一個一體化的系統平臺來支撐對終端服務和終端的管理。

3.3.3.5 優化「ZSF」市場信息數據庫

做終端的本質在於做客戶，以前的客戶信息掌握在渠道商手中，「ZSF」未來要做的事情是獲取最完整的、第一手的市場信息，建立客戶信息中心，進行商機的整合，促進二次銷售；以點帶面，一傳十，十傳百。與此同時，還可以收集一線的銷售信息、競爭信息、故障統計等數據，通過商業智能分析系統完成情報分析、行銷分析、服務分析，指導企業的戰略決策。

3.3.3.6 優化「ZSF」物流供應體系

江津店單店庫存成本約 20 萬元，未來平均單店庫存成本預計在 10 萬元左右，未來 3,000 多家門店的總庫存量是非常驚人的，因此必須進行倉儲體系的優化。

取消門店庫存，門店備齊常用配件並維持低庫存，保證數天的維修用量即可，降低庫存資金占用；建立區域倉儲配送中心（可以租賃第三方倉庫），輻射區域內的門店，按照門店要貨計劃配送物資到各門店，保證門店物資不短缺；逐步取消門店自主採購權，杜絕質量風險；區域配送中心執行集中採購，獲取規模化優勢；區域配送中心負責建設當前區域範圍內的供應商體系，並對採購質量負責。這樣，既可以解決門店資金占用的問題，又可以滿足門店配件用量需求，對供應商體系的建設也有好處。這種商流、物流分離的模式，需要信息化系統進行支撐，否則很難通過人工方式來處理集中採購—集中收貨—內部調撥—內部結算的業務。

3.3.3.7 優化「ZSF」物資編碼體系

「ZSF」面臨的物資編碼問題主要有兩個：一是自製件編碼的繼承使用問題；二是外購件的編碼設計和識別問題。

（1）自製件編碼問題。動力集團和機車集團的編碼規則不同，很難採用

其中的一種規則去統一兩套體系；目前的編碼規則是沿用上級集團的編碼規則，然而流通行業物料編碼和生產型企業的編碼設計原則有很大的不同。如果「ZSF」目前借用 R3 系統進行編碼管理，僅僅是個過渡階段，那麼我們認為未來「ZSF」必然需要專屬的系統、獨立的編碼體系，以適應自身發展的需要。

（2）外購件編碼問題。外購件的編碼混亂是目前非常令人頭疼的問題。首先是門店對外購件的技術鑑別能力不足，導致實物和入帳編碼不一致；其次是外購配件未標明適用機型的，編碼字段都以 4 個 0 表示，導致許多編碼重複；此外，對通用件的通用性無法鑑別，導致后期維修過程產生質量問題；最后，不同廠家擁有不同的編碼體系，和上級公司的編碼體系差異巨大，給后期的庫存管理、往來溝通和對帳帶來困難。

最好的解決辦法是建立「ZSF」自己的編碼體系，同時建立「ZSF」信息化管理系統，在系統中以「ZSF」自己的編碼為主編碼，以動力集團、機車集團、外部單位的編碼體系作為對照編碼，解決對帳和「溝通語言」問題。取消在門店外採購配件的權力，解決門店編碼輸入不規範的問題；配件的採購由區域配送中心執行，區域配送中心擁有實物識別、編碼錄入、維護的權力，解決編碼重複錄入、錄入錯誤等規範性方面的問題；集團對口管理部門負責編碼規則的設計、維護，對例外業務進行審批管理。

3.3.3.8　優化「ZSF」信息化管控工具

「ZSF」自建信息化管理系統是必然趨勢，而且對於「ZSF」來講，信息化系統一定是基於統一平臺的，否則未來將面臨長期的集成和接口開發工作；同時還需要解決「ZSF」系統與動力集團、機車集團系統的接口問題。需要接口的數據包括以物料編碼、BOM 表、存貨檔案為首的基礎數據，和以訂單、收發貨單為首的日常動態數據。系統集成的模式包括即時集成、週期性數據更新和手動觸發集成等；在集成技術上包括點對點的接口開發、中間件集成和總線集成等。

具體採用哪種集成方式，需要哪些數據進行交互，這需要根據「ZSF」的管理要求來定，這個工作將在系統框架確定之后才能展開，這裡不再贅述。

在考慮集成的同時還需要考慮系統安全性的問題，尤其是在全國化大集中應用的模式下，需要高度保護「ZSF」的數據安全，建立銀行級的企業信息平臺。

3.4 「ZSF」連鎖營運管控平臺設計框架與建設路徑

流程諮詢的下一步是進行 IT 方面的諮詢，針對流程諮詢的結果對 IT 系統的需求進行分析，找到 IT 系統和諮詢成果的結合點，據此進行系統平臺的功能設計，最后開展系統實施工作，如圖 3.24 所示。

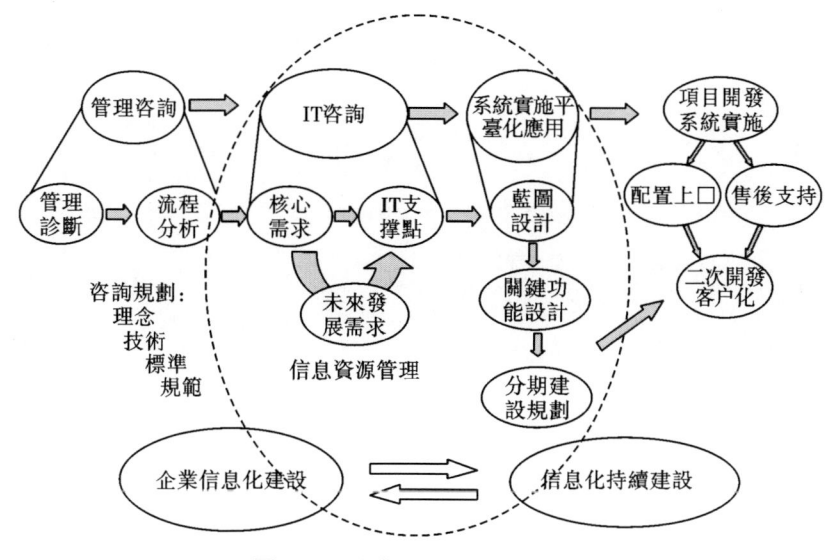

圖 3.24　企業信息化建設服務鏈

在這個階段，主要工作有兩項：一是 IT 諮詢；二是信息化平臺設計。

其中，IT 諮詢工作的主要內容是將企業當前的核心業務需求轉化為信息化的需求，並考慮未來企業的管理需求，合併成為「ZSF」信息化系統的支撐點。

信息化平臺設計的主要工作包括信息化系統框架描繪、子系統關鍵功能設計，以及系統的分期建設規劃。這些將在下文進行詳細闡述。

3.4.1 「ZSF」信息化支撐點分析

信息化支撐點是企業業務流程和業務管理需求與系統功能的交集。諮詢將通過諮詢調研結果進行業務差距分析，根據業務差距分析的結果，從 IT 角度明確為彌補這些差距需要努力的方向，制定未來的 IT 目標；根據信息化現狀

和有關業務經驗，明確在實現 IT 戰略目標過程中必須堅持的原則，為規劃和後續工作提供指導；根據業務需求，確定企業信息化建設的總體藍圖；與客戶業務和 IT 管理人員確認 IT 戰略與原則、總體藍圖。

從發展的角度制定「ZSF」的 IT 支撐點。橫向上，從戰略、模式、流程幾個維度進行分析；縱向上，考慮現在的管理需求和未來的需求發展。最終的 IT 支撐點是一些系統級的需求，如圖 3.25 所示，這也是「ZSF」信息化整體藍圖設計的基本依據。

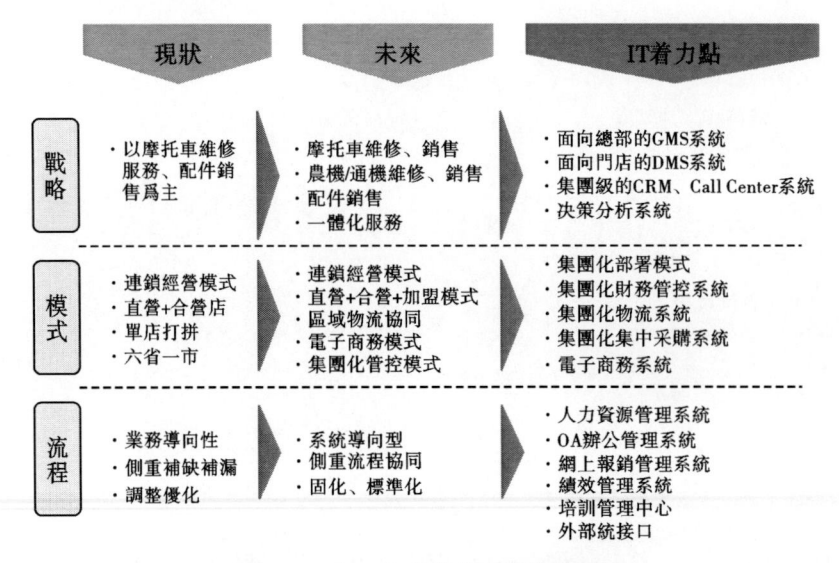

	現狀	未來	IT着力點
戰略	・以摩托車維修服務、配件銷售爲主	・摩托車維修、銷售 ・農機/通機維修、銷售 ・配件銷售 ・一體化服務	・面向總部的GMS系統 ・面向門店的DMS系統 ・集團級的CRM、Call Center系統 ・決策分析系統
模式	・連鎖經營模式 ・直營+合營店 ・單店打拼 ・六省一市	・連鎖經營模式 ・直營+合營+加盟模式 ・區域物流協同 ・電子商務模式 ・集團化管控模式	・集團化部署模式 ・集團化財務管控系統 ・集團化物流系統 ・集團化集中采購系統 ・電子商務系統
流程	・業務導向性 ・側重補缺補漏 ・調整優化	・系統導向型 ・側重流程協同 ・固化、標準化	・人力資源管理系統 ・OA辦公管理系統 ・網上報銷管理系統 ・績效管理系統 ・培訓管理中心 ・外部統接口

圖 3.25 「ZSF」信息化建設整體圖示

「ZSF」目前以上級公司摩托車維修服務、配件銷售為主，未來將發展到各大品牌摩托車、通機、農機的維修和銷售；同時可以借助「ZSF」在全國的渠道優勢，建立物流倉儲中心，並從線下業務發展至線上電子商務。從這個角度看，「ZSF」在業務管理領域，存在著對門店管理系統、集團集中採購管理系統、集團物流管理系統、電子商務系統的需求，在后端存在著對集團財務管理系統、人力資源管理系統、呼叫中心、培訓系統的需求，以及系統之間的接口需求。

從業務管理的維度分析「ZSF」的 IT 支撐點。對每個業務流程進行分析，對流程管理中的難點、要點進行分析，制定流程管控點，並據此匹配業務系統的關鍵功能。這也是「ZSF」進行連鎖營運管控平臺關鍵功能設計的基本依據，在前期提供的業務需求調研報告中已經有了比較詳細的系統支撐建議。更多的內容需要更詳細的調研，將在諮詢實施階段提供。

3.4.2 「ZSF」信息化整體藍圖設計

本書中的「ZSF」信息化整體藍圖，是基於前期的售前調研結果的，在實施階段可能隨著業務需求的變更而產生一些局部調整。本藍圖是基於「ZSF」未來 5 年以上的發展規劃，能夠支撐「ZSF」5~10 年的信息化應用，具體見圖 3.26。

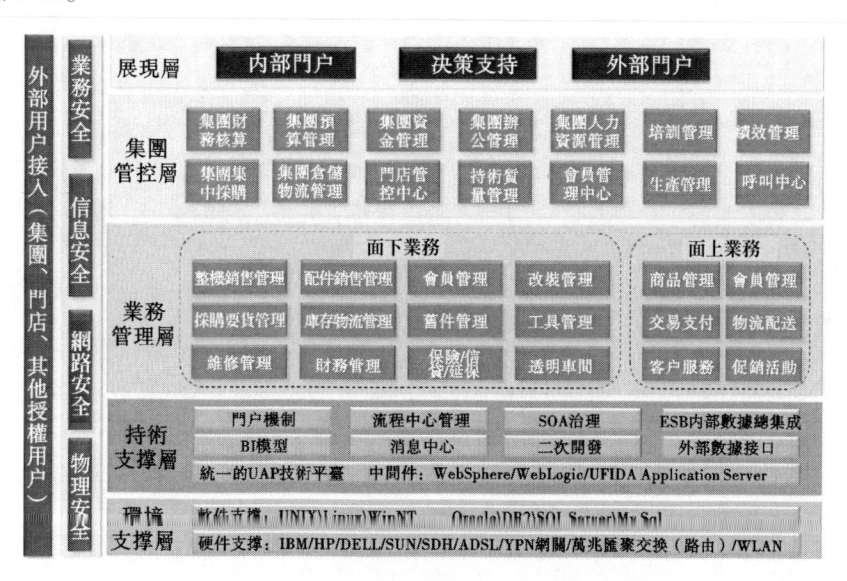

圖 3.26 「ZSF」連鎖營運管控平臺整體架構圖示

「ZSF」連鎖營運管控平臺整體藍圖架構，我們可以總結為「一個平臺，五層架構，雙線支持，N 項應用」。

（1）一個平臺

建立統一的連鎖營運管控平臺，使得「ZSF」的業務流程在同一個平臺中協同應用。該平臺通過用友 UAP 技術平臺來實現，在統一的 UAP 平臺上架設不同板塊的業務系統，並保證系統之間的數據集成。

（2）五層架構

從下至上分為環境支撐層、技術支撐層、業務管理層、集團管控層和展現層五層。

環境支撐層：要求「ZSF」連鎖營運管控平臺需要能夠適應複雜的環境，包括對多種操作系統的支持、對多種數據庫的支持、對不同硬件服務器和網路環境的支持。

技術支撐層：要求採用統一的技術平臺，即用友 UAP 平臺。技術平臺需要支持門戶界面自定義、流程自定義、數據分析自定義、消息引擎自定義，需要能夠支持數據接口、ESB 數據集成和二次開發。用友 UAP 平臺基於 SOA 架構的特性，使得它具有無可比擬的優勢。

業務管理層：業務管理層是從經營的角度進行業務系統的搭建，業務管理層中部署的系統需要根據「ZSF」當前的網店拓展進度和管理要求來進行分期設計，包括進銷存、財務、維修、CRM 等。

集團管控層：集團管控層是從整個企業的高層向下輻射，從各大職能板塊分別部署具備集團管控功能的系統。它包括：業務領域的集團物流管理、集中採購管理、門店管控、質量管理、會員中心數據庫等，管理支持領域的集團財務核算、集團資金管理、預算管理、人力資源管理系統等。縱向上，集團管控層的系統需要能夠對業務管理層的系統進行垂直管控；橫向上，集團管控系統之間需要無縫集成，以確保關鍵信息的共享和相互監督。

(3) 雙線支持

雙線，即線下和線上。「ZSF」未來的模式將涵蓋線下的傳統模式和線上的電子商務模式。電子商務可以是 B2C 的電子商務模式，也可以是 B2B 的分銷模式，還可以是 B2C 的商流物流分離模式。

線下業務以渠道管理為主，包括對門店自身業務的管理，對門店下屬加盟維修店的管理，對摩托車、通機增值業務的管理。

線上業務以電子商務推廣、電子交易為主，與此同時還包括線上線下流程集成、數據集成。

(4) N 項應用

按垂直管控與橫向協同的原則，「ZSF」未來將部署更多的管理系統，這些都將在當前部署的統一平臺上進行擴展。用友 UAP 平臺本身能夠提供的部分，可以優先採用；用友體系外的系統，則需要 UAP 平臺能夠與其進行系統集成，保證未來「ZSF」連鎖營運管控系統的長期運行。

3.4.3 「ZSF」連鎖營運管控平臺關鍵功能設計

本書對於「ZSF」連鎖營運管控平臺關鍵功能的設計，僅能落實到模塊二級菜單級，具體的應用功能細節需要在實施階段提供。結合「ZSF」的業務調研情況，我們認為，「ZSF」連鎖營運管控平臺的關鍵功能至少應當包括表 3.3 列示的內容。

表 3.3　　　　　　　　　「ZSF」連鎖營運管控模塊列表

	系統模塊	核心應用
連鎖經營	銷售管理	整機銷售、配件銷售、訂單管理、價格管理
	服務管理管理	維修項目、維修工時、維修工單、維修結算、維修成本、服務過程管理（服務派工、服務過程記錄）
	庫存管理	整機、配件、用品、工具、出庫、入庫、調撥、盤點
	門店採購管理	門店採購計劃、採購計劃跟蹤、門店採購結算、門店採購發票
	會員管理	會員級別、會員卡、會員積分、積分兌換、會員服務
	績效管理	目標管理、指標管理、指標填報、指標查詢
	增值業務	保險、信貸、置換、抵押
	市場活動	活動計劃、活動預算、活動執行、效果評估
供應鏈管理	採購管理	集中採購管理、採購計劃、採購計劃匯總、詢價比價、採購訂單、採購到貨、採購結算、採購發票
	物流管理	物流中心設置、配送計劃管理、庫存平衡、調撥管理、物流簽回、物流費用結算
	庫存管理	倉儲中心設置、庫區管理、貨架管理、條碼管理、出庫管理、入庫管理、移庫管理、盤點管理
	生產管理	生產計劃、物料需求計劃、車間管理、用料管理、完工入庫、成本管理、包裝管理
質量管理	質量管理	質量檢驗主數據（檢驗特性、檢驗標準、檢驗方法）、質量檢驗計劃（採購入庫質檢）、質量檢驗結果和盤點、質量分析
業務服務	客服管理	三包件管理、投訴管理、售后回訪、服務監督
	呼叫中心	分大區建立呼叫中心
財務管理	財務核算	總帳、應收、應付、現金管理、網上報銷、協同憑證、成本管理
	合併報表	報表定義、抵銷關係、數據採集、抵銷分錄、工作底稿、合併報表、數據追溯
	資金管理	帳戶管理、資金監控、收支管理、資金計劃、銀企直聯、資金預測、資金分析
	預算管理	預算編製、執行控制、預算調整、預算分析、績效評估
	審計管理	審計計劃、審計項目、審計檔案、審計資源、在線審計、數據抽取、監控預警

表3.3(續)

	系統模塊	核心應用
其他	決策分析系統	銷售分析、採購分析、庫存分析、財務分析、服務分析
	績效管理	績效計劃、績效指標、績效方案、績效執行、績效評估
	B2B/B2C	商品管理、商鋪管理、會員管理、交易管理、網上支付、物流配送、在線服務、市場推廣、促銷活動

3.4.4 「ZSF」連鎖營運管控平臺分期建設規劃

系統的分期建設規劃是和企業發展規劃分不開的，系統分期的原則是「急用先行、持續改善」。對於「ZSF」來說，目前在總部 ERP、呼叫中心、立體倉儲管理方面都已部署了系統，能夠提供一定程度的管理支持；而在門店方面，系統缺口比較大。作為「ZSF」發展成敗勝負手的門店經營，是 IT 系統建設的重點；目前「ZSF」在門店拓展上的進度要求也較為嚴格。因此，門店應當作為信息化建設的重點。

從業務模式上看，「ZSF」第一階段的重點在渠道建設，主營業務在於摩托車維修、改裝、配件銷售、農機銷售、農機配件銷售和維修；后期將向電子商務模式拓展，實現線上、線下聯動。

從渠道進度規劃上看，「ZSF」第一階段重點在六省一市，主要工作是建立樣板店；后期將向全國市場複製、推廣。

有了這些分析作為基礎，我們結合上文的「ZSF」信息化整體藍圖，將「ZSF」連鎖營運管控信息化平臺分成三期，見圖 3.27。以適應「ZSF」在每個階段的管理要求，確保信息化能夠有效支撐「ZSF」未來的發展。

第一階段：關注渠道經營，建立門店連鎖營運一體化基礎管控平臺。

（1）導入 IT 諮詢，對「ZSF」的營運流程進行梳理和優化，出具流程優化報告，設計 IT 系統整體藍圖，準備好后期的系統開發、配置和實施。

（2）建設統一的技術平臺，為一期系統的搭建和未來的擴展建立基礎，確保系統之間的數據集成。

（3）部署前端的門店進、銷、存管理系統，實現對門店維修、銷售、會員管理等方面的管理。

（4）部署支持集團模式的集中採購和集團物流管理系統，支持前端業務。

（5）部署后端的集團財務核算系統，與前端業務集成，實現財務業務一體化。

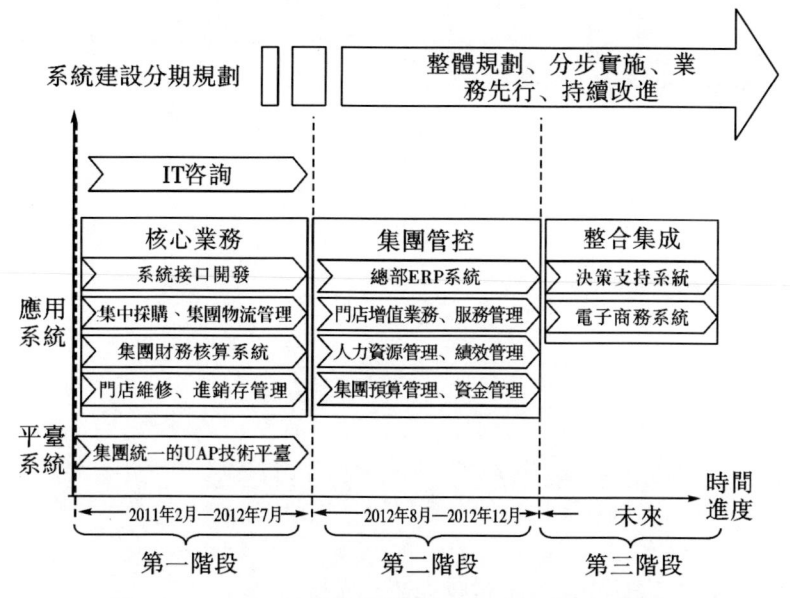

圖 3.27 「ZSF」連鎖營運管控信息化系統建設分期圖示

第二階段：強化業務管控，實現前端渠道管理和后端營運管理的一體化。

（1）對總部的 ERP 系統和 DMS 系統進行切換，實現總部業務系統和門店業務系統共用一個平臺。

（2）隨著門店業務的擴展，進行門店增值業務管理的配套支持，建設售后服務管理系統。

（3）進行集團財務系統的擴展應用，部署集團資金管理系統和全面預算管理系統，實現財務管理方面的「三算合一」。

（4）部署人力資源管理系統、績效、培訓管理系統，實現「人財物一體化」。

4 「ZSF」連鎖營運管控平臺解決方案

4.1 一期關注業務經營、實現門店連鎖一體化

4.1.1 「ZSF」渠道管理系統解決方案設計

4.1.1.1 「ZSF」渠道管理核心需求分析

首先分析「ZSF」在渠道管理方面的核心業務現狀：

售后服務沒有一套相對完善的管理機制，人為主觀判斷的情況比較多，特別是門店技師現場維修服務的隨意性較大，本來通過維修就可以解決問題，但技師為了方便卻建議客戶更換部件，提高了維修成本，加大了客戶對維修業務的抵觸性，嚴重影響了客戶的滿意度。

配件僅有30%的業務屬於公司品牌，70%的業務都來自於市面上其他品牌；門店對外品牌產品採購實行單點結算，總部只給定一個總金額限制，對採購的細節無法實施監管；外品牌產品沒有經過總部統一編碼，導致總部的編碼一片混亂，更加無法統計到部品銷售的分類情況；門店自行採購的權力越大，其中採購的暗箱操作風險也非常大，致使維修成本居高不下；每天門店的缺件量為60%，由於採購的週期比較長，因此阻礙了業務的進一步提升；文化用品的銷售會將基礎額度直接劃撥到門店，再加上設計、製作、加工的成本，雖然能在一定程度上起到宣傳的作用，但致使資金的週轉率進一步降低。

配件銷售是採用傳統經銷商代理、門店直銷、直營店和合營店向下屬加盟店批發混合銷售模式。對於發動機的配件市場零售由「ZSF」統一對外銷售，但機車的配件市場沒有統一，即由原經銷代理商和「ZSF」共同銷售經營。但

是，現在直營店、加盟店的批發和零售價格體系沒有在全國統一。市場價格體系不統一，將來會出現竄貨現象。由於上級公司服務和產品銷售實行代理制，渠道經銷商的經營能力參差不齊、進貨渠道無法有效管控，市場需求不能得到真實反應。經銷商訂貨數量小、隨機性強，無法形成批量採購和運輸，致使採購成本和物流運輸成本較高，從而銷售價格高；而銷售價格高則制約了經銷商的銷售積極性。

綜上所述，「ZSF」在渠道管理上需要將售後服務結算和配件銷售兩塊核心業務納入統一規範的平臺中管理。下面將從渠道管理系統角度對售後服務結算管理和配件銷售管理進行詳細闡述。

（1）新服務渠道開拓

問題描述/需求理解：「ZSF」目前經營渠道主要有傳統分銷渠道和新的服務渠道雙重渠道。由於這兩個渠道所覆蓋的市場區域相同，因此存在著一定的博弈關係。

分析與建議：充分利用價格、品牌、物流、客戶群等優勢，開拓新服務體系。

在「ZSF」發展連鎖服務渠道時，很難不觸及原渠道商的利益。因此，在初期，「ZSF」應需要重點考慮以服務為主線的連鎖服務占據市場的優勢分析。從目前來看，「ZSF」在開拓服務體系中應充分利用以下幾個方面的優勢：

- 應用扁平化渠道減少中間價格形成市場價格優勢。
- 發展物流體系（第三方物流）輻射範圍、快速回應客戶需求形成物流優勢。
- 借助上級公司產品品牌優勢擴大維修服務影響力形成品牌優勢。
- 利用合營店的合作對象原有維修的客戶群形成客戶群優勢。

最后，通過以上優勢，將實現「ZSF」發展新服務渠道第一階段的戰略經營目標。

（2）網路利益權衡問題

問題描述/需求理解：在新服務渠道模式下，連鎖服務網點的佈局是否能夠覆蓋所屬區域，是否可以逐步替代原有渠道經銷商在區域的影響力。這個是需要重點關注的問題，否則與原渠道商的競爭問題很難解決。

分析與建議：區域網路節點除需要保證價格優勢外，還要解決物流體系建設與網點佈局的平衡問題。

區域網路節點需要通過統一的系統平臺對網點進行監管和控制，因此需要由系統平臺融入全面管控機制才能完成對連鎖網路的統一化管理。

（3）新服務渠道建設問題

問題描述/需求理解：「ZSF」新的服務渠道經營主線以維修服務為主，其面對的客戶是終端消費者。而從目前的渠道終端構成來看，基本上還是以經銷商或者批發商終端為主，市場覆蓋面尤其是末端市場覆蓋面不夠。

分析與建議：「ZSF」必須要注重新服務渠道經營轉化的問題。要轉變經營擴展方式，自建核心終端（旗艦店、直營點、合營店），規模擴大需要通過發展加盟店迅速覆蓋末端市場（鄉鎮等市場）完成連鎖服務網路全面部署。

在發展連鎖渠道的過程中，以自建終端（旗艦店、直營店、合營店）為區域核心，輻射下級管理區域。連鎖經營戰略目標是通過服務市場渠道逐步替代原有經營渠道，把外部相對不可全面控制的深度渠道向內部的可全面管控的扁平渠道轉化。

（4）門店營運成本問題

問題描述/需求理解：當前「ZSF」動力的連鎖網路從財務管理層面沒有實現門店化，還是以子公司的形式營運。

分析與建議：從「ZSF」目前連鎖網路的財務管理模式來看，短期具有可行性，但長期規模化營運時，量變會帶來質變。一旦同類型的店面數量增加，其庫存成本相關可觀，因此，當在同區域範圍內出現多家門店時，是否需要考慮設置區域庫存，這將直接影響到開店鋪貨的成本問題。

（5）市場營運規範問題

問題描述/需求理解：目前，「ZSF」主要覆蓋摩托車市場及配件銷售、農機銷售等。而在經營末端市場主要是依靠加盟店，這些加盟店可能是夫妻店、師傅店，這種加盟店占了相當大的比例。因此，在這種情況下，將會導致競爭優勢衰減的情況。

分析與建議：對於「ZSF」市場營運這一問題，關鍵在於是否能實現對連鎖經營服務市場多視角觀察與分析的職能。

從經營的角度：不論是以 4S 店的方式進行市場佈局，還是以扁平渠道的分銷佈局都需要考慮到戰略經營目標。在連鎖服務經營的市場分佈方面需要明確公司植入連鎖經營體系的產品範圍，再進行市場佈局。

從市場的角度：地級市場管理統一化、標準化相對容易落地，但縣級或鄉級統一化、標準化的落地實現起來具有一定的難度。市場的差異主要是在於消費者的意識以及消費能力，經營末端市場主要是依靠加盟店，而這些加盟店可能是夫妻店、師傅店，服務的品質基本上很難靠管理制度來約束，所以需要對其經營進行監管，這也是「ZSF」所沒有深度觸及的一塊。同時，需要有一套

完成的加盟管理制度及考核體系，並部署一套一體化的系統平臺來支撐對終端服務和終端的管理。

(6) 三包服務結算問題

現狀描述：「ZSF」目前的三包服務結算採取的是打包結算方式，包含兩部分：①基礎三包費用；②保養費用。「ZSF」將打包費用一次性結算給門店或代理商，客戶在產品出現各種問題後，到門店或維修站進行三包服務時，門店或代理商以各種理由進行重複性收費，此時總部也沒有相應的監管機制，因此客戶對「ZSF」品牌產生消極的情緒，極大地削弱了「ZSF」的品牌形象。

分析與建議：

該部分業務涉及客戶的切身利益，對「ZSF」品牌形象在市場上的影響力有一定的作用。

建議建立嚴格的門店考核機制，將打包費用分階段結算給門店或代理商，考核結果較差者，扣出其中部分費用，這樣既可以牽制門店或代理商的一些違規重複收費行為，還可以讓他們更好地服務客戶；建立客戶投訴獎勵機制，讓客戶得到實惠。

4.1.1.2 「ZSF」渠道管理系統支撐

(1) 維修/服務管理

售後業務管理也稱索賠，是指對質保期內的主機廠車輛、一些大客戶的保外車輛以及「ZSF」下發的服務活動的車輛在進行維修後進行的索賠申請單的申報、審核管理，見圖4.1。對於「ZSF」的一些非常規業務，如免費保養、PDI檢查等也可以通過索賠申請（通過索賠類型來區分）來向「ZSF」申報費用。

索賠質保政策可以根據車型、車型年、配件類型（易損件、常規件、整車件等）、行駛時間、行駛里程等因素進行設置，形成車輛質保期自動判定規則的基礎數據。索賠審核主要有兩個方面的審核：①索賠申請單審核：主要從數據完整性、正確性、一致性等方面進行審核，其中一些完整性和一致性檢查可以通過設定審核規則由系統進行自動審核。②舊件審核：舊件回運到「ZSF」後，根據舊件實物的損壞情況和索賠申請單中的故障描述是否一致來判斷索賠的有效性。並可以對不一致的索賠申請單進行拒絕或者抵扣處理。

索賠管理主要包含索賠基礎數據管理、索賠預授權管理、索賠申請單審核管理、舊件回運管理、舊件庫存管理、索賠結算、索賠抵扣管理、二次索賠管理等。

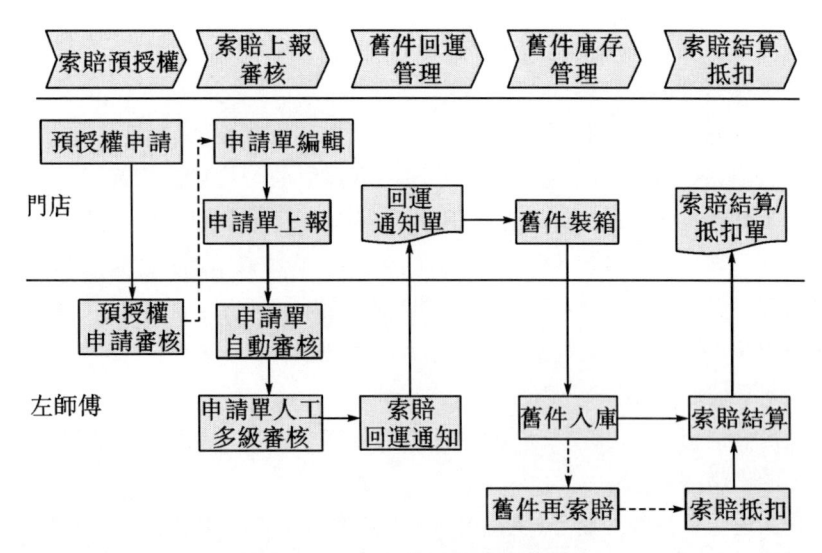

圖 4.1 「ZSF」售後業務管理圖示

①基礎數據管理。

門店可以查詢「ZSF」定義的索賠業務相關基礎數據和業務參數,主要包括以下幾個方面的內容:

A. 索賠工時數據主要是指各種車型的索賠工時數據,包括操作代碼、操作工時、附加工時等。

B. 工時單價是指各種車型的索賠工時單價,不同車型的工時單價可以不相同。

C. 索賠管理費率:查詢門店的索賠管理費率,用於計算索賠申請中故障配件的索賠價格。該數據為可選內容,可根據「ZSF」的業務實際情況選擇是否設定該費率。

D. 索賠類型主要如表 4.1 所示。

表 4.1　　　　　　　　　索賠類型一覽表

索賠類型	中文描述
一般索賠	普通質保期內的車輛索賠。
服務活動	由「ZSF」下發的活動,門店根據該活動進行維修后的索賠,「ZSF」不需要審核。
首次保養	新車銷售后首次強制保養。
二保保養	新車銷售后第二次強制保養(如有)。

表4.1（續）

索賠類型	中文描述
追加索賠	門店在索賠後對遺漏的附加項目發起的索賠，工時和配件不需要填寫。
重複修理索賠	對在以前維修中修理過的項目並且做過索賠的，如果以後還有對這個項目進行索賠的申請單要報重複修理索賠。
零件索賠更換	整車索賠過期，非原車配件的索賠，針對主要故障配件。
重新遞交索賠	主要針對超過索賠上報期限上報的索賠申請單在被「ZSF」端拒絕後，經過與「ZSF」溝通後由「ZSF」端下發指令，在門店端生成一張新的索賠申請單，門店端不能直接創建。
PDI 索賠	根據 PDI 業務中發生的車輛質損導致的索賠情況，「ZSF」到門店的交車檢查過程中發現的非運輸質損導致的索賠。 根據 PDI 業務中發生的車輛質損導致的索賠情況，客戶提車前新車檢查過程中發現的非運輸質損導致的索賠必須要預授權。
保外索賠	針對特殊情況下的保外索賠情況，以 42 類型進行處理。42 類型索賠的約定條件如下：一是保外索賠要對索賠業務發生的門店以外的其他門店屏蔽，即其他門店無法查看 42 類型索賠的記錄；二是保外索賠必須事先經過預授權才可以發起。

E. 其他費用類型，如拖車費、外出服務費等。

F. 故障代碼：查詢故障代碼及代碼描述信息。

G. 質損區域：查詢質損區域代碼及描述信息。

H. 質損類型：查詢質損類型代碼及代碼描述信息。

J. 質損程度：查詢質損代碼及代碼描述信息。

K. 質保政策定義，根據車型、車型年、配件類型（易損件、常規件、整車件 等）、行駛時間、行駛里程等因素進行設置車輛的質保期（質保裡程、質保時間）。

②維修工單。

登記即時進行保養、維修的車主和車輛的相關信息（車主名稱、聯繫電話地址、送修人、牌照號、表上里程等），保險公司信息以及本次維修的項目、維修配件、其他服務項目等，並打印任務委託書。系統會根據客戶和車輛的信息對接待人員主動給予提醒，如客戶可以參加某項免費服務活動或客戶上次有欠款尚未結清等。對於三包期內車輛的維修項目和配件，需要標記為索賠項目或者配件。索賠項目或者配件在結算時不收費，並可以對這些索賠項目進

行索賠申請。工單中每一個維修項目（工時、配件、其他費用等）設置不同的收費對象（如保險公司、車主自付費、第三方責任人等），以便在結算時根據收費對象分別進行結算。

③維修發料。

車輛進入門店維修並創建維修工單後，維修工根據需要維修的項目進行檢修，在檢修過程中需要對部分配件進行更換，通過維修發料來登記更換的配件信息。保期內的車輛如果需要更換配件，需要在配件上標記索賠標記。更換的配件如果未入帳，可以進行修改和刪除操作，否則只能進行退料操作。

④索賠預授權管理。

預授權業務是指門店在維修業務過程中為了獲得「ZSF」的索賠認可，在正式的索賠申請上報之前先簡略地將客戶車輛信息和維修內容記錄在預授權申請裡（包括維修項目、維修配件、其他費用等），然後將預授權申請上報給「ZSF」進行審批，經預授權同意之後再進行實際維修，並在維修之後正式上報索賠申請。

預授權申請從提交開始，每個階段的狀態變化都會如實地被記錄，門店可以在系統中查詢申請當前所處的狀態，如等待審批、審核同意、審核退回、審核拒絕等。

⑤索賠申請。

對質保期內的車輛維修時，需要將工單上的維修項目、維修配件、其他費用標記為索賠標記。含有索賠項目的工單維修結算後可以進行索賠申請。

創建索賠申請單必須要有維修工單且索賠的項目（工時、配件、其他費用），不能超出維修工單的範圍，且都要有索賠標記。索賠申請單主要包含車輛信息、車主信息、質損信息、故障信息、索賠工時、索賠配件、索賠其他費用等。門店對已經完成的索賠申請上報給「ZSF」審核，上報後，對應的維修工單不能進行取消結算操作。

門店對索賠申請單生命週期內的狀態進行跟蹤和記錄，表 4.2 為索賠申請單的狀態。

表 4.2　　　　　　　　索賠申請單的狀態一覽表

狀態	說明
待上報	門店完成案例設定並填寫完整的還未上報的申請單的狀態。
已上報	門店已經上報的申請單的狀態。
已接收	「ZSF」在收到門店上報的申請單后的狀態。

表 4.2(續)

狀態	說明
審核拒絕	在自動審核時被自動拒絕和在人工授權時被人工拒絕的申請單的狀態。被拒絕的申請單，門店不能再次對該工單項目申請索賠，如果想再次上報，必須通過「ZSF」授權。
審核退回	在人工授權時被退回的申請單的狀態。被退回的申請單，門店可以取消或者重新編輯上報。
審核同意	在自動審核和人工授權被審核同意的申請單的狀態。
提交結算	授權同意的索賠申請單提交給結算系統時的狀態。
結算支付	同意支付該筆索賠費用。

⑥索賠審核管理。

門店在維修完成之後可以根據維修內容創建索賠申請並上報「ZSF」進行審核，基於維修工單創建索賠申請的過程可以由系統輔助完成，無須用戶全部重新錄入所有內容。

索賠申請單審核有以下兩種方式：

A. 索賠自動審核。

「ZSF」對門店上報的索賠申請單首先會進行自動審核，根據自動審核的結果來判定該申請單是否需要提交人工審核，詳見表 4.3 和表 4.4。

表 4.3　　　　　　　　　拒絕檢查審核情況表

拒絕檢查		
拒絕代碼	代碼說明	描述
D01	超出免費保養範圍	滿足條件： 1. 申請單類型為一般索賠； 2. 索賠車輛不為特殊質保車輛； 3. 索賠配件沒有預授權。 規則：檢查當前申請單中的索賠配件的質保期是否在業務對象《配件質保期定義》的範圍內，主要是時間和里程的範圍檢查，兩者有一項超過，則拒絕。 業務背景：整車配件不同的配件類型（如易損件、特殊件、整車件等）、不同車型的質保期有不同的質保期限。

表4.3(續)

拒絕檢查		
拒絕代碼	代碼說明	描述
D02	未授權的索賠	前提： 申請單類型為 PDI 索賠或者保外索賠。 規則： 判斷申請單中的工時是否有預授權； 判斷申請單中的配件是否有預授權； 判斷申請單的其他項目是否有預授權。 以上規則有一項為否，則拒絕。
D03	超過免費保養次數	前提： 申請單類型為首保、二保。 規則： 1. 如果當前車輛類型為特殊質保車輛 判斷當前車輛的所有索賠類型為「首保」或者「二保」的申請單狀態為已經「審核同意」或者「已結算」，申請單的總數量（注意要加上本次）是否大於業務對象車輛中定義的免費保養次數。 2. 如果當前車輛不是特殊質保車輛 判斷當前車輛的所有索賠類型為「首保」或者「二保」的申請單狀態為已經「審核同意」或者「已結算」，申請單的總數量（注意要加上本次）是否大於1。 以上規則有一項為是，則拒絕。
D04	超過上報期限	前提條件： 申請單類型不為重新提交。 維修工單的開單日期和索賠單上報日期的時間差超過索賠上報期限。

表 4.4　　　　　　　　　退回檢查審核情況表

退回檢查		
退回代碼	代碼說明	描述
R01	索賠工時與故障代碼不一致	當前索賠類型不為「免費保養」。 系統檢查業務對象《索賠工時與故障代碼關係》中是否定義了當前申請單中某個工時代碼與故障代碼的關係，如果定義了此關係，則檢查當前申請單的故障代碼是否在定義的索賠工時與故障代碼關係的範圍內，如果不在則退回。 如果索賠類型為「免費保養」，則不檢查此規則。

表4.4(續)

退回檢查		
退回代碼	代碼說明	描述
R02	車型與工時代碼不一致	當前索賠類型不為「免費保養」。 檢查當前申請單中車輛的車型與索賠工時是否在業務對象《索賠工時》中定義的範圍內，如果不在則退回。 如果索賠類型為「免費保養」，則不檢查此規則。
R03	車型與配件不一致	檢查當前申請單中車輛的車系（車型組）與配件是否在業務對象《配件主數據》中定義的配件適用車系列表的範圍內，如果不在則退回。
R04	R04A 里程越跑越少（規則1） R04B 里程數過大（規則2，3）	同一車輛多張申請單等待審核時，按開工單時間先后順序進行審核。 1. 判斷本次索賠申請單里程數是否大於或等於本次申請單開單日期以前最後一次提交的申請單中（不包含「退回」）的里程數，如果是，則進行進一步審核；如果否，退回該申請單。 2. 判斷本次索賠申請單里程數是否小於或等於本次申請單開單日期以後最前一次提交的申請單中的里程數，若是，則進行進一步的審核；若否，退回該申請單。 3. 判斷本次索賠申請單里程數，是否小於或等於車輛中的行駛里程，若是，則進行進一步的審核；若否，退回該申請單。
R05	申請單重複遞交	前提：申請單類型不為重新提交索賠單的「索賠申請單號」系統中的索賠單（不包含「退回」）完全重複。
R06	申請單類型填寫有誤（重複遞交申請單）	同一車輛某一索賠主工時有過1份以上的已支付申請單，但索賠類型不為重複修理索賠。
R07	VIN碼不合法	索賠申請單上的VIN碼不在「ZSF」的車輛檔案中。
R08	門店代碼填寫有誤	索賠單中的門店代碼不合法，或代碼不在當前狀態為已營業的門店列表中。
R09	車輛類型填寫有誤	1. 檢查索賠單中的車輛類型是否在「ZSF」定義的車型列表中，如果為否，退回。 2. 檢查當前《索賠申請單》中的車輛的車型與業務對象車輛中的車型代碼是否一致，如果不一致則退回。

表4.4(續)

退回檢查		
退回代碼	代碼說明	描述
R10	非「ZSF」配件不能索賠	申請單中某個索賠配件不在業務對象《配件主數據》中則退回。
R11	輔料配件XXX不能索賠	申請單中某個索賠配件在業務對象《配件主數據》中，但配件類型為「輔料」則退回。
R12	索賠數量大於單車用量	某一申請單中的索賠配件數量如果大於配件主數據定義中的單車用量，則退回。
R13	索賠質保期未定義	前提： 1. 申請單類型為一般索賠； 2. 索賠車輛不為特殊質保車輛； 3. 索賠配件沒有預授權。 索賠配件的質保期是否在業務對象《配件質保期定義》的範圍內，如果當前配件的質保期未定義，則退回。
R14	必須數據檢查	檢查索賠條件規定的索賠申請單必須上報數據（如車主姓名、車主電話、配件供應商代碼等）不能為空，如果為空則退回。
R15	未授權工時	索賠申請單中的索賠工時項目如果沒有做索賠預授權申請，則退回。
R16	未授權配件	索賠申請單中的維修配件如果沒有做索賠預授權申請，則退回。
R17	未授權的其他費用	索賠申請單中的其他費用如果沒有做索賠預授權申請，則退回。
R18	索賠類型有誤	判斷申請單中活動編號是否在《服務活動主數據》的定義中，如果在《服務活動中有定義》則判斷本次服務活動是否可以索賠。如果不可以則檢查不通過。 如果服務活動費用為固定費用，則自動設置申請單的費用類型為固定費用。 索賠工時費=服務活動中的工時費；材料費=服務活動中的材料費
R19	索賠配件數量異常	某一申請單中的索賠配件數量如果大於《配件主數據》定義中的單車用量，則不允許繼續。

B. 人工多級審核。

對於自動審核通過的申請單，可以通過設置相應的人工審核流程（規則），對部分申請單進行人工多級審核。人工審核流程是指根據業務規則設定的系統索賠審核流程，按照授權級別由低到高逐級依次進行人工審核。首先，可以設置每一個索賠審核人員的審核級別；其次，可以自定義審核流程，用戶可以隨時根據索賠申請單中的某些特徵數據組合設定特殊的審核流程。例如：a. 華東地區的 10 家門店的首次保養申請單審核流程為華東區索賠審核員、索賠主管。b. 申請單金額超過 2 萬元的發動機類索賠申請單審核流程為發動機審核員、索賠主管、公司領導。

索賠申請的處理結果可以分為三類：

A. 同意（Pass）：索賠申請已經通過審核，系統將自動核算出該索賠申請的索賠金額，可以繼續進行後續的索賠結算。

B. 拒絕（Deny）：系統不允許再次修改和上報已被拒絕的索賠申請。

C. 退回（Reject）：門店可以重新修改並再次上報被退回的索賠申請，但系統可以控制被退回索賠申請的修改再上報次數，對於超過最大次數限制的索賠申請將不允許再次上報。所有審核通過的索賠申請將按月生成結算報告，並支持打印輸出。

索賠申請從提交開始，每個階段的狀態變化都會如實地被記錄，用戶可以在系統中查詢索賠申請當前所處的狀態，如等待審批、審核同意、審核退回、審核拒絕等。

⑦舊件回運管理。

舊件回運管理分三種情況考慮：

A. 一般回運：「ZSF」在審核完門店上報的索賠申請單後會定期（每月月底）下發回運通知，過濾不需回運配件，把需回運配件清單下發給門店。門店收到回運通知，基於該配件清單，記錄每項配件的實際回運數量和裝箱單號，並打印裝箱單，通過物流回運。

B. 緊急回運：「ZSF」可以將任意待回運配件（該配件沒有做過常規回運或緊急回運）定義為緊急回運，並下發緊急回運通知到門店。門店根據接收到的緊急回運通知將指定的配件做緊急回運處理。

C. 舊件銷毀：門店可以接收到「ZSF」用戶事先設定好的舊件銷毀提醒通知。

門店可以根據舊件回運清單對舊件進行檢查，將已銷毀舊件設置為「已銷毀」狀態，將已回運但尚未銷毀的舊件設置為「未銷毀」狀態。

⑧索賠結算。

系統對審核通過的申請單直接進行結算，並生成索賠結算單下發給每家門店。門店可以在系統中查詢到索賠結算信息，並根據索賠結算單向「ZSF」開具索賠發票。索賠結算單信息同時通過系統接口上傳給「ZSF」的財務系統生產財務應付憑證。索賠結算單的主要信息如下：索賠結算月份、工時費、配件費（含管理費 等）、其他費用、索賠金額、抵扣費用、索賠配件清單等。

⑨索賠抵扣管理。

對於已經支付的索賠申請單，如果在舊件回運（先結算后回運索賠舊件）后發現索賠舊件故障和索賠申請單中描述不一致或者在向供應商進行再索賠的過程中發現舊件故障，則「ZSF」可以通過索賠抵扣對已經支付的索賠費用進行抵扣操作，抵扣時可以對索賠申請單中的具體某一項工時、配件或者其他項目分別進行抵扣，支持對單個項目的部分抵扣和對全部項目的全部抵扣，抵扣后的申請單作為一張索賠類型為「抵扣索賠」的申請單提交結算系統，同時下發給門店，並在當月索賠結算費用中扣除抵扣部分的費用。

⑩二次索賠管理。

對於運回到「ZSF」的索賠舊件，「ZSF」定期向各配件供應廠商進行二次索賠業務，並將索賠舊件回運給配件供應商。配件供應商在接收到索賠舊件后進行鑒定，對不合格的索賠舊件做退回處理，以便「ZSF」在對不合格索賠舊件向門店進行索賠抵扣業務。

二次索賠管理主要包含二次索賠申請生成、二次索賠申請單發送、二次索賠申請單反饋、二次索賠結算等。二次索賠的結算信息將通過接口上傳給「ZSF」財務系統生成應收憑證以便「ZSF」開具發票給供應商。

⑪關鍵業務報表。

關鍵業務報表主要有以下幾種：

A. 索賠統計報表。該表統計一段時期內每個門店進廠臺次、索賠臺次、索賠比率等信息，以便「ZSF」瞭解全國範圍內的質量期內車輛的索賠情況和車輛分佈。

B. 月度索賠結算報表。該表統計月度各門店索賠工時費、索賠配件金額、其他費用、保養費用、抵扣費用、索賠總金額等相關結算信息，作為門店向「ZSF」開具索賠發票的依據。

C. 年度索賠結算報表。該表按年度統計各門店每個月度的索賠金額，索賠臺次等相關信息。

D. 按車型統計索賠成本。該表按車型統計一段時期內各車型的索賠臺次、索賠金額、平均索賠成本。

E. 舊件回運報表。該表統計各門店舊件回運情況，包括回運率、合格率等相關信息。

F. 首保索賠業務報表。該表統計各門店業務期間內首次保養業務的臺次、金額。

G. 索賠申請單一次通過率統計表。該表統計各門店業務期間內索賠申請單一次通過率，包括索賠申請單份數、索賠金額、一次通過份數、一次通過金額等，用以分析經各銷商的索賠申請質量水平。

H. 二次索賠結算報表。該表按供應商統計業務期間內各供應商的索賠件數、索賠金額、退回金額、賠付總金額等相關信息，作為「ZSF」在進行二次索賠業務時向供應商開票的依據。

I. 二次索賠/門店索賠對比分析報表。該表統計在業務期間內各門店上報的索賠申請單中索賠舊件在進行二次索賠業務時被供應商退回的舊件的比率。

J. Top50 故障配件統計及 Top50 故障工位統計。前者是統計在業務期間內故障發生頻率最高的前 N 個配件的信息，用來分析整車配件的質量情況，作為整車配件質量（工藝）改進的參考；后者則是統計在業務期間內故障發生頻率最高的前 N 個工位信息，用來分析整車質量情況，作為整車製造工藝改進的參考。

K. Top10 退回代碼統計。該表統計在業務期間內門店索賠申請單被退回原因發生最多的前 N 個原因信息，以便「ZSF」有針對性地加強對門店索賠員相關索賠業務培訓。

⑫門店營運管理。

基本信息管理：維護和管理門店代碼、門店名稱、站長、其他聯繫信息等，包括對門店內部關鍵崗位的人員管理，如服務經理、配件經理、前臺接待等崗位的員工姓名、聯繫電話。

特定參數設定：門店業務參數可以設定的範圍包括維修工時費、索賠工時費率、增值稅稅率、配件銷售價加價率等。所有設定的參數將同步下發到門店端系統，並強制生效。

維修業務監控：維修業務主要是針對門店收集上來的客戶車輛維修業務數據的查詢和分析。門店每天發生的維修工單將自動上傳到「ZSF」進行存檔，並形成「ZSF」車輛的維修歷史。

「ZSF」可以將部分特殊車輛（如售前車）的維修檔案設置為特殊維修案例，這類特殊維修案例門店將無權查看。「ZSF」通過對車輛維修歷史的管理，可以同時跟蹤到車輛當前的表上里程（相對），以及是否進行換表的跟蹤，為未來三包索賠申請單的合法性判定提供了參考依據。

　　⑬服務活動管理。

　　「ZSF」根據市場行銷的需要，會在每年針對特定類型車輛發起一些服務活動，一般服務活動的費用由「ZSF」支付。「ZSF」發起一次服務活動的流程如下：一是在「ZSF」系統中建立服務活動的信息，需要指定本次服務活動門店是否可以索賠，以及索賠是否為固定費用。並指定服務活動用到的工時及配件。二是確定本次服務活動所涉及的車輛的範圍。三是指定參加本次服務活動的執行門店。四是將本次服務活動下發給門店。

　　門店將服務完成結果週期（天）上傳至「ZSF」，「ZSF」在收集整理所有的已完成車輛后，週期性（天）自動將已完成車輛信息下發給所有門店。以便門店瞭解完成車輛信息，防止一輛車重複參加服務活動，詳見圖4.2。服務活動結束後，DMS系統將產生相關的報表，對活動的情況進行相應的分析及統計處理。

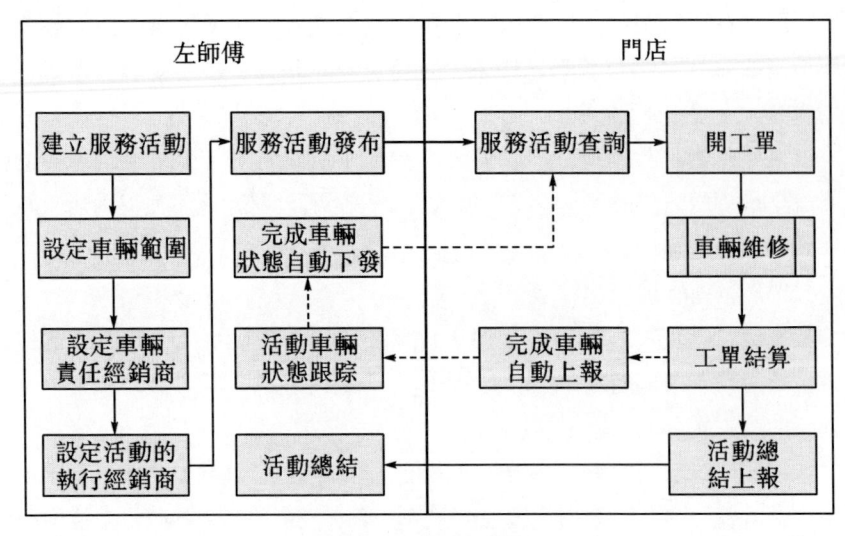

圖4.2　業務流程圖

　　以下我們具體分析每個業務流程階段的活動：

　　系統支持通過如下方式設定活動的車輛範圍，詳見表4.5。而服務活動則涉及兩種類型的門店，這兩類門店在活動中的作用各不相同。見表4.6。

表 4.5　設定車輛範圍表

狀態	說明	備註
車型範圍	指定車型範圍內的車輛都是活動範圍內的車輛	如果一次活動指定多個範圍，則車型範圍、車齡範圍、車輛性質三種範圍是「與」的關係，要同時滿足以上條件的關係才是活動範圍內車輛。指定 VIN 碼 與以上三個範圍是「或」的關係，既只要滿足指定 VIN 碼，或者以上三個範圍，都是活動範圍內車輛。
車齡範圍	指定時間期間內的車輛都是活動範圍內的車輛	
車輛性質	車輛為指定車輛性質的車輛都是活動範圍內的車輛	
指定 VIN 碼	通入導入的方式指定詳細的 VIN 碼列表，車輛的 VIN 碼在導入的 VIN 碼列表中，則為活動範圍內的車輛。	

表 4.6　設定活動門店情況表

狀態	說明
責任門店	在導入活動範圍車輛 VIN 碼時，同時要指定一個對應的責任門店。責任門店要主動與責任範圍內的車輛的車主聯繫，在服務活動作業下發時，要將此客戶的信息下發給責任門店。以方便門店聯繫客戶，同時責任門店要在集中結束前 N 天上傳無法聯繫車輛信息及原因。
執行門店	一次服務活動參與的門店，對於進站維修的車輛，要提示此車輛參與服務活動，執行門店可以修理服務活動範圍內的車輛。

（2）配件銷售管理

①門店配件管理概述。

配件供應是售後服務工作中一個重要的環節，門店分佈在全國各地，採用信息系統的主要目的在於有效、及時地滿足售後服務需求的同時，實現對配件庫存的最優化管理。完整的配件供應需要著重解決以下問題：

A. 實現配件基礎資料的統一、完整。配件基礎資料的整理涉及設計、工藝、生產、採購和財務等各個環節，可能存在一料多號以及名稱等屬性不統一的情況。配件基礎資料應該統一管理，針對不同的視圖（基礎視圖、生產視圖、採購視圖、銷售視圖、財務視圖等）由不同部門負責維護，以保證整個配件資料的統一性、完整性。

B. 快速滿足門店配件需求。配件品種有上萬種，門店不可能全部備有庫存。為了保證對門店配件訂貨的及時處理，一方面合理儲備庫存；另一方面通過信息系統提高回應速度，分析訂單類型，及時處理門店訂單，並將信息傳遞

到供應商、倉庫包括中轉庫，使門店可隨時瞭解訂單處理狀態，以便合理安排維修任務和給予客戶、車主明確的時間答覆。

C. 合理的庫存。為了提高配件滿足率，提高顧客滿意度，「ZSF」不會等門店下訂單時才安排配件採購，同時考慮到資金有效利用也不可能把所有配件都備有庫存。為了在滿足市場需求和降低庫存資金，依託信息系統，通過建立歷史數據、建立模型與參數設定，為配件市場需求做好預測。從業務發展角度來看，區域中心配貨供給能更快速地滿足門店的需求。

D. 實現對配件質量的全程管理。在售後維修過程一旦使用存在質量缺陷的配件所造的后果非常嚴重，而配件質量管理又涉及採購、倉儲、運輸等各個環節，因此必須對這些環節進行全程跟蹤管理。另外，配件質量管理不僅包括對故障件的識別，還需要對故障件處理過程進行全程管理，以便及時分析問題和解決問題。

E. 實現和財務系統的無縫集成。配件管理不僅涉及商流、物流，而且涉及資金流動。由於配件出入庫頻繁、業務量大，因此需要和財務系統無縫集成，這樣才能實現業務系統和財務系統準確對帳。

從「ZSF」角度來看，配件管理主要是對計劃、採購、訂單、銷售、倉儲物流、質量、財務、配件基礎資料等業務的支持和協同，實現信息流、物流和資金流的統一管控，提高配件滿足率和庫存週轉率，提高顧客滿意度。從門店角度來看，配件供應主要是車輛維修業務過程中配件業務的管理，主要包含銷售管理、採購管理、到貨入庫管理、倉庫管理、出庫管理、盤點管理、庫存管理、索賠管理、財務管理、零部件屬性管理。

②基礎數據管理。

配件業務基礎數據主要包含配件信息、業務夥伴信息、配件帳戶信息，大部分由 DMS 系統從 ERP 系統中讀取，並下發到各門店；由於存在其他非上級公司品牌的配件，重點是配件編碼的同一問題，建議將配件信息的補錄工作延伸至區域中心管理機構，這樣既能有效的管理基礎數據，又不影響門店業務的開展。但需要注意以下幾點：

A. 配件基礎數據包括但不局限於以下數據：件號、名稱、單位、適用車型、起始及終止年月、替換關係、價格、最小訂購量、最小包裝數、ABC 屬性、零件尺寸、外包裝尺寸、毛重、淨重、危險品屬性等。

B. 配件基礎數據更新按照門店不同，有選擇性地發布和更新不同的基礎數據。例如，部分數據只發布給西南片區、部分數據發布給東北片區，可以按照門店屬性有選擇性地發布基礎數據。

C. 配件的價格及成本變動信息需要有歷史記錄，來自ERP的更新；系統支持多公司、多倉庫的管理模式，支持國內、國外的複雜業務模式。

③門店配件採購管理。

A. 需求計劃制訂分析。

當門店訂單數量大於庫存可用數量時系統自動會產生採購需求，同時配件庫存低於預定存量時也會觸發採購需求，兩者之間的差異是前者產生的採購需求是已分配給特定門店訂單的鎖定請購量，不能再分配為其他門店訂單，而後者是未分配的請購量，可以分配給其他門店訂單。

採購需求產生後需要經過對最低採購量和採購批量等相關參數檢核、運算後才會生成正式的採購需求，經過財務控制部門審核后轉交採購部門安排訂貨。

a. 智能訂貨模型。

「ZSF」配件儲備量的原則是在滿足售後需求的前提下盡可能減少庫存量，盡可能提高庫存週轉率。而實現最佳庫存儲備的前提是對售後配件的需求做預測，然後再根據單位倉庫成本和單位採購成本計算最佳採購批量和最佳採購週期。

在有關配件管理解決方案中，首先根據產品生命週期對車型和配件進行分類。一般來說，車型和配件都存在各自不同的生命週期，即投入期、成長期、成熟期和衰退期。投入期的車型和配件的需求量增長緩慢，從投入期轉入成長期後需求明顯提高，在成熟期后需求量基本穩定，進入衰退期後需求量逐漸減少。當然，配件的生命週期要滯后於車型的生命週期，例如，即使是車型已經停產，但是配件的供應仍然還會持續若干年；而對於某些配件（如安全帶），可能要在車型投入市場若干年以后才會逐漸有需求。因此，在做配件需求預測的時候，需要充分考慮到配件和對應車型各自的產品生命週期。

採用基於配件生命週期的預測方法，配件的需求一般可以根據下面四個參數來預測：該配件所安裝車輛在某地區的保有量；車輛平均行駛里程；配件的使用壽命；配件的單車使用數量。

例如，計算機油濾芯的年需求量時假定：某地區保有車輛1,000輛，每輛車月平均行駛里程為2,000千米，濾芯使用壽命為5,000千米，每輛車安裝濾芯1個。

濾芯每年所需數量＝1,000×2,000×12×1/5,000＝4,800個。

這種方法適用於規律性的磨損和保養等需求，雖然有一定的局限性，但是仍然具有十分重要的參考價值。

b. 基於時間序列的配件預測模型。

時間序列法是一種定量預測方法,是一種廣泛使用的基於歷史觀測值進行預測的手段。根據時間序列的類型,它又可分為隨機、趨勢、季節性和週期性等。根據時間序列的不同特點可以衍生出不同的預測方法:

第一,一次指數平滑模型。一次指數平滑模型基於少量的歷史需求信息來確定未來的需求。其計算公式如下:

$$F(p+1) = a \times V(p) + (1-a) \times F(p) \qquad (4.1)$$

式中:F(p+1)表示對時間段(p+1)的預測;F(p)表示對時間段 p 的預測;V(p)表示上一個時間階段 p 的實際數值;a 表示平滑指數。

一次指數平滑模型是一種權數為 a 的加權預測,它既不需要存儲全部歷史數據,也不需要存儲一組數據,從而可以大大簡化數據存儲問題。該模型適用於進行短期預測和非季節性的、沒有趨勢的需求。

第二,移動平均模型。移動平均模型是對歷史上的配件消耗值通過由遠及近逐項移動計算平均值的一種預測方法。移動平均只適用於短期預測,並且在數據波動不是很大的情況下使用。其計算公式如下:

$$F(p) = \frac{V(p-1) + V(p-2) + \cdots + V(p-N)}{N} \qquad (4.2)$$

式中:F(p)表示對時間段 p 的預測;V(p-1)表示時間階段 p-1 的實際值。

第三,線性迴歸模型。線性迴歸是迴歸分析的一種,是依據預測對象內部因素變化的因果關係來預測未來的發展趨勢的一種預測方法。迴歸分析可以是一元的,也可以是多元的,可以是線性的,也可以是非線性的。配件需求預測領域使用較多的是線性迴歸,又可分為一元線性回性和多元線性迴歸兩種。其中一元線性迴歸包括一個變量。其計算公式如下:

$$F(p) = a + b \times X(p) \qquad (4.3)$$

式中:F(p)表示對時間段 p 的預測;A 表示常數;B 表示迴歸系數;X(p)表示自變量。

確定 a 和 b 的常用方法是最小二乘法,使得預測值與實際值的誤差平方和最小。

第四,季節趨勢模型。一年之內由於季節的變動會使配件的需求產生規律性的變化,這種規律稱為季節變化。季節趨勢模型可以表示如下:

$$F(p+i) = B(p) + i \times [T(p) \times S(P-L+1)] \qquad (4.4)$$

式中:F(p+1)表示對下一個時間段的配件需求預測;B(p)表示配件需求的基礎值;T(p)表示趨勢值;S(p)表示季節值,S(p-L)是去年同一時間的季節值,L —

般是12,即12個月;I表示所預測的時間階段距現在的差距。

綜上所述,不同的預測模型所針的配件種類不同,在配件管理解決方案中可以預先定義不同的預測模型,然后根據配件分類進行綁定。

c. 經濟訂貨模型。

為了保證售后服務的需要,「ZSF」需要建立一到多個配件中轉倉庫,以便在門店需要的時候及時送到。但是過多的存貨要占用較多的資金,並且會增加包括倉儲費、保險費、維護費和管理人員工資在內的各項開支。對於配件存貨的管理,就是盡力在各種存貨成本和存貨效益之間做出權衡,達到兩者的最佳結合。

配件儲備有關的成本,分為取得成本、儲存成本、缺貨成本來分析。

首先是取得成本。取得成本是為了取得某種配件而支出的成本,包括訂貨成本和購置成本。訂貨成本是指取得訂單的成本,包括辦公費、差旅費、郵費和通信費用等支出,其中有些費用和訂貨次數無關,有些費用和訂貨次數有關。購置成本是指配件本身的價值,是數量和單價的乘積。訂貨成本加上購置成本,等於存貨的取得成本。

其次是儲存成本。儲存成本是指為了保持存貨而發生的成本,包括存貨占用資金所應計的利息、倉庫費用、保險費用、存貨破損和變質損失等。儲存成本也分為固定成本和變動成本,固定成本和存貨數量無關,如倉庫折舊、倉庫職工的固定工資。變動成本和存貨的數量有關,如存貨資金的應計利息、存貨破損和變質損失、存貨的保險費用等。

最后是缺貨成本。缺貨成本是指由於配件沒有庫存而導致供應中斷而造成的損失,如果緊急向供應商採購配件解決缺貨損失則缺貨成本表現為緊急額外購入成本。

企業儲備配件的總成本等於以上三者成本之和,配件庫存的最優化管理即為總成本最小。

B. 採購訂單生成。

請購單生成后,系統會賦予一個請購編號,配套廠商在相應系統上維護訂單狀態,「ZSF」可根據請購編號對生產、交貨、待檢、入庫、結算等狀態進行追蹤查詢。

配件需求計劃審核后由採購部門結轉為採購訂單並下達給供應商。需求計劃結轉採購訂單時根據配件供應商進行分拆,相同供應商的配件需求合併到一張供應訂單。如果同一配件有多個供應商時,系統中定義配額比率由系統自動

分配，沒有定義配額比率時則需要手工確認供應商。配件需求計劃結轉並下達採購訂單之後，配件倉庫的帳面庫存和可用庫存都沒有發生變化，但是請購數量減少，在途數量增加。

C. 採購訂單入庫。

採購訂單發送至供應商後，供應商根據採購訂單進行分批發貨，「ZSF」可以跟蹤採購訂單的到貨以及驗收入庫的情況。

在實際採購過程中，往往會存在到貨驗收時發現有錯發、漏發和個別配件存在質量問題的情況，如果需要補發的數量比較多供應商可以在后續交貨時補齊，但是如果數量很少，下次交貨時間不確定或者比較久，並且「ZSF」訂貨時已經考慮到了留有餘量，因此對於這種情況可以對未完成的採購訂單執行強制完成操作。

當然，在實際工作中某些採購訂單執行過程中需要中止時，也可以使用採購訂單強制完成功能。

D. 採購開票結算。

對於已經到貨的配件銷售單打款後進行付款登記，並對「ZSF」開出的發票進行登記開票金額及發票號。

④門店配件銷售管理。

A. 業務流程分析（見圖4.3）。

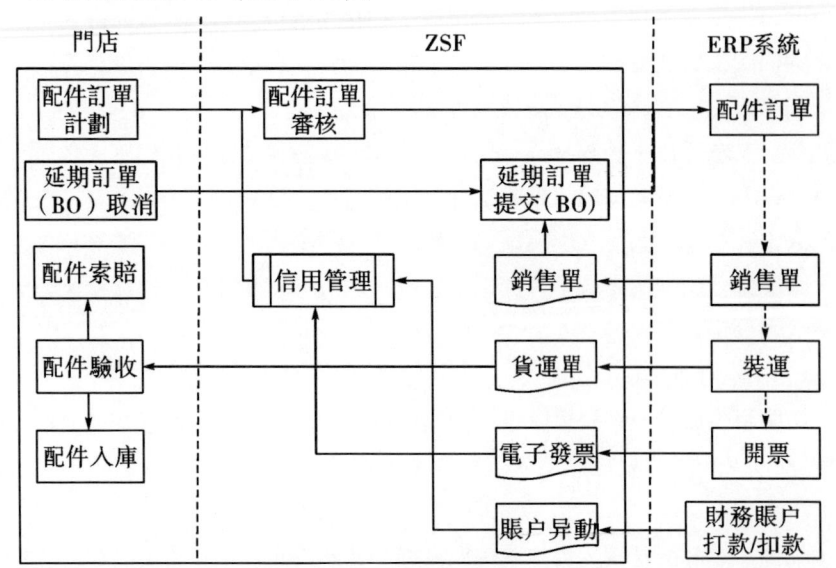

圖 4.3　業務流程圖

門店按照「ZSF」的配件業務管理規定（配件類型、週期、頻度）向「ZSF」上報配件訂單，「ZSF」對訂單進行審核，對審核通過的訂單進行配貨、裝運和發貨。當「ZSF」配件帳戶中的餘額不足時，則提醒門店進行打款。

門店可以查看和跟蹤訂單的狀態，對於「ZSF」不能及時滿足的訂單(B/O)，門店可以進行修改、取消或者由「ZSF」進行自動取消；對於到貨後不符合簽收條件的配件（如運輸過程中損壞），門店可向「ZSF」進行配件索賠申請，「ZSF」配件業務部門審核並同意後，進行相應的補貨或者退貨處理。

所有的影響配件庫存量的操作，都需要記錄流水帳，庫存配件的銷售價格和成本價格可以在權限範圍內做相應調整。具體可參見圖4.3，而相關的參數見表4.7。

表4.7　　　　　　　　　　　　　參數設置表

參數	說明
訂單最大行數	代表每個門店對每種訂單類型的訂單所能允許的最大行數。
自動拆單	如果設置為「是」，則當訂單行數超過訂單最大行數時，系統自動生成新訂單；如果設置為「否」，則系統報錯。需定義到門店。
延期自動提報時間	代表這種訂單類型的配件訂單，以指定時間作為自動生成延期訂單的時間間隔。需定義到門店（例如，6小時提交一次）。
延期自動取消時間	代表這種訂單類型的配件訂單，以指定時間作為延期訂單自動結案的時間間隔。需定義到門店。
週期類別	指上報處理週期的類別，主要有三種：自然季度（1~92）、自然月度（1~31）、自然周度（1~7）。
週期內允許上報次數	該訂單類型在一個週期的某一個上報處理週期內所允許的最多上報訂單數。
上報處理週期	上報處理週期包括兩部分信息： 一是門店配件訂單允許的上報週期，由開始日期、結束日期參數來管控上報週期的範圍，且上報週期不允許重疊； 二是「ZSF」對門店在每個上報週期上報的配件訂單的處理日期，由處理日期參數來管控，且處理日期不能重複。 每一行上報處理週期：指在週期類別內允許門店向「ZSF」上報配件訂單的第Y段時間段。 開始日期：指週期類別內的第N日。 結束日期：指週期類別內的第M日。 處理日期：指週期類別內的第K日。 (K>=M>=N) N, M可以為負數，表示上個週期的倒數第N×(-1)天；K不可以為負數。

「ZSF」根據配件的類型以及訂單提報的頻次不同，一般分為以下幾種訂單類型（見表4.8），不同的訂單訂貨價會有所差異。

表4.8 訂單類型表

訂單類型	說明	價格系數
常規訂單	普通的配件訂單。	常規價格系數。
監控訂單	「ZSF」對認為需要特別監控的配件（如發動機或車身等），訂單需要人工審核後才能提交配貨。	監控價格系數。
油品訂單	「ZSF」對一些有特別要求的配件（如油品和保險杠等），「ZSF」會統一送貨。	常規價格系數。
緊急訂單	門店可以選擇裝運條件（空運/海運/鐵路運輸/公路運輸/自提），緊急訂單的費率比其他類型訂單的費率要高（由「ZSF」設定），一個訂單週期內緊急訂單的次數可以設定。	緊急價格系數
特殊訂單	根據「ZSF」配件索賠審核結果，如果門店決定對審核通過的少裝和破損類索賠件重新進行訂購，則直接生成特殊訂單。特殊訂單的項目不能超越配件索賠單審核通過的配件項內容，且不能對配件索賠審核通過配件項進行重複下訂單。允許就單個配件索賠單做多個特殊訂單，特殊訂單沒有次數限制。	特殊價格系數
補充訂單	發生配件索賠（多裝）後，如果門店想保留，而「ZSF」也同意門店的請求則要自動生成補充訂單，補充訂單沒有次數限制。	特殊價格系數

此外，「ZSF」可以查詢門店的庫存信息，並對門店低於安全庫存或者總部設定的儲備要求條件的出庫配件進行預警。

D. 訂貨計劃。

根據門店庫存情況，物料 ABC 屬性、庫存資金控制自主設立計劃參數，並形成計劃方案，計劃方案可以有選擇性地對部分門店執行計劃，生成建議採購計劃，用於總部對門店進行業務指導。

門店採購訂貨可以由系統自動產生建議採購計劃，然后由手工編輯后上報；也可以由用戶在系統外產生 Excel 文檔的採購計劃，然后導入系統中進行編輯后上報。

E. 訂單管理。

針對門店提交的配件訂單，系統中會從資金和庫存兩個方面自動進行審核。資金審核時系統根據訂單金額判斷是否超出門店可用資金額度，對於超出額度的訂單系統不予通過，但是可以退回門店修改訂單或者「ZSF」增加門店

信用額度后重新審核。門店可用資金的計算公式為：

門店可用資金＝門店帳面余額－訂單鎖定金額＋門店信用額度

其中，訂單鎖定金額是指已審核未結算的累計訂單金額，訂單結算后鎖定金額減少，同時門店帳面金額也減少。門店訂單庫存審核時根據門店訂單數量判斷是否超出庫存可交貨數量，對於超出庫存可交貨數量部分的配件，系統根據門店提交訂單按規則做相應處理，對於同意欠貨補發的訂單系統會根據差額數量轉為採購需求提交給採購部門處理。庫存可交貨數量的計算公式為：

庫存可交貨數量＝帳面庫存數量－鎖定數量＋請購數量＋在途數量

其中：鎖定數量是由未完成的門店訂單鎖定或者手工鎖定（如預留）的數量；請購數量是已生成採購需求但是未下達採購訂單的數量；在途數量是已下達採購訂單但是未驗收入庫的數量。

F. 索賠管理。

「ZSF」在向門店供貨過程中，由於配貨、裝運、物流運輸等環節產生的差異，門店可向「ZSF」進行配件索賠。配件索賠是指門店針對少發或破損的這部分配件向「ZSF」進行索賠，多發的部分申請保留或者退款。

配件索賠類型有以下三種：

多裝：實際收到的配件數量比貨運單多或者收到一些貨運單之外的配件。

少裝：實際收到的配件數量比貨運單少或者未收到貨運單內的一些配件。

質損：實際收到的配件有損壞的情況，在物流交接現場就能發現配件質量問題。

多裝情況的處理：門店在系統中登記多運情況，可申請保留（不保留的代表回運），保留數量必須等於多運數量。當門店申請保留時，由「ZSF」審批，如果審批同意，多運轉「補充訂單」流程，如果審批拒絕，多裝轉回運清單；當門店申請不保留時，如果審批同意，多運轉回運清單，如果審批拒絕，退回申請，門店可重新提報索賠申請單。保留部分，則系統自動對多運配件生成「補充訂單」，該訂單進入標準訂單流程（在訂單流程中視為 DCS 已審批通過，訂單直接進入配件裝運環節）。

少裝情況的處理：門店在系統中登記少運情況「ZSF」進行審批，根據情況指定處理方式，若退款，則生成退款請求，更新門店的相應帳戶並向后臺 ERP 系統發送該請求以完成相應的 ERP 業務操作。若處理結果為補貨，則系統自動對少運配件生成「特殊訂單」，該訂單進入標準訂單流程（在訂單流程中視為 DCS 已審批通過，訂單直接進入后續操作流程）。

質損情況的處理：門店在系統中登記質損情況，要有一個質損描述的字

段,「ZSF」進行審批,可選擇是否對質損件進行回運,根據情況指定處理方式:退款或補貨。若退款,則生成退款請求,更新門店的相應帳戶並向後臺 ERP 系統發送該請求以完成相應的 ERP 業務操作;若補貨,則系統自動對質損件生成「特殊訂單」,該訂單進入標準訂單流程(在訂單流程中視為 DCS 已審批通過,訂單直接進入后續操作流程)。

回運與否並不影響審批,「ZSF」可以根據實際情況決定何時審批,可以在收到回運配件之後,再進行審批,也可以在發出回運指令後即審批。

G. 開票結算。

對已經入帳的銷售單進行收款、開票處理,對於未付款的客戶自動進行欠帳處理。

⑤門店配件庫存管理

門店配件庫存管理的業務如圖 4.4 所示,接下來分析幾個關鍵步驟的管控情況。

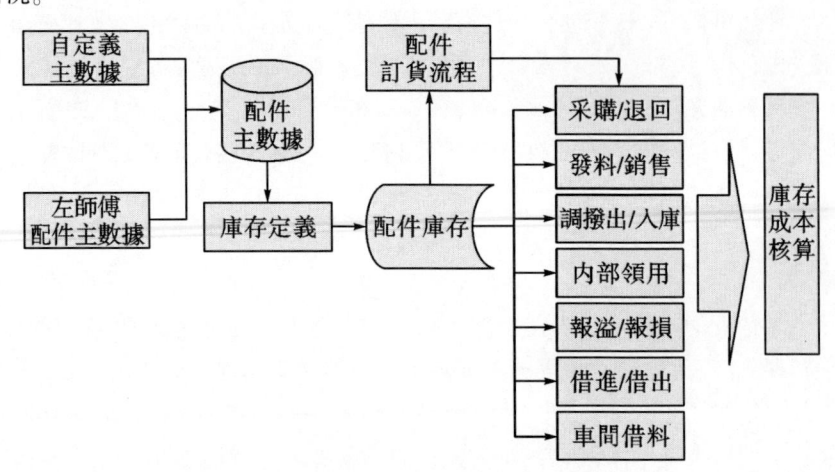

圖 4.4 門店配件庫存管理的業務流程圖

A. 入庫管理。

主要分為以下幾個業務關鍵點:

第一,採購入庫。

採購入庫是指向「ZSF」或第三方供應商採購的配件到貨後的入庫作業。如果是向「ZSF」採購,配件到貨時會同時下發電子貨運單和裝箱清單,4S 店先簽收貨運單,然後根據簽收的貨運單做採購入庫。如果是向第三方供應商採購,則 4S 店不會收到電子貨運單,此時,人工簽收後可直接做採購入庫操作。

第二，調撥入庫。

調撥入庫業務是指在不同單位或者同單位不同倉庫的庫存配件撥出或者撥入業務。調撥業務會生成調撥入庫單或調撥出庫單及流水帳，並由系統自動產生應收應付帳款信息。調撥入庫模塊主要用於查詢、新建、修改、作廢調撥入庫單，以及調撥入庫時的入帳作業，還可打印調撥入庫單。

第三，銷售退回。

銷售退回業務是指配件銷售后因一些例外情況需要退貨，如因質量問題客戶需要退回已經購買的配件。銷售退回是配件銷售的逆向流程。

第四，借進登記。

借進登記業務是指某些配件在暫時缺少的情況下臨時向別的單位借進配件時的入庫業務，這個業務的后續操作為借進歸還或者借進註銷后轉採購入庫。借進登記模塊主要用於查詢、新建、修改、作廢借進入庫單，以及借進入庫時的入帳作業，還可打印借進入庫單。

借進業務並且不影響系統配件庫存帳面庫存，但是會在配件可用庫存上體現。

第五，借出歸還。

借出歸還業務是指4S店向外部單位借出配件后，外部單位歸還時的入庫登記業務，借出歸還依賴於4S店的借出出庫登記單，沒有借出出庫登記單不能做借出歸還入庫登記操作。借出歸還子模塊主要用於配件借出歸還入庫登記單的歸還入帳、打印等操作。

第六，配件報溢。

在進行盤點或者其他業務的過程中發現配件實物庫存和帳面庫存量不一致（大於）時，通過配件報損來調整配件的帳面庫存量。配件報溢子模塊用於查詢、建立、修改、報廢、打印配件報溢入庫單，以及報溢入庫單的入庫入帳等操作。

B. 出庫管理。

第一，維修領退料。

維修領料是指由維修行為產生的配件出庫業務，維修領料依賴於維修工單。維修領料子模塊主要用於維修領料時的出庫發料單（工單維修材料清單）的查詢、編輯、出庫入帳、退料入帳、打印等，除此之外還可以按流水號重新打印出庫發料單，查詢工單維修項目和配件套餐等。

維修領料的配件在入帳前，可以直接刪除；入帳後則通過維修退料操作。

第二，配件銷售。

門店銷售配件通常有兩種方式：一種是由維修行為產生的維修配件銷售，這種銷售方式依賴於維修工單來做維修領料出庫；另一種是不由維修行為產生的直接零售，這種銷售方式可以根據銷售工單做配件銷售出庫，也可以不依賴任何工單直接做銷售出庫業務。

門店配件銷售依照銷售渠道，可以分為外銷和內銷。

對於未入帳的配件銷售訂單進行查詢和修改，對於已經入帳的銷售訂單，只能進行退料處理。

第三，採購退回。

採購退回是指4S店採購配件入庫后，對部分或所有配件退回給配件供應商的出庫業務，如果是向「ZSF」退貨，則只能根據退貨申請單來做退貨出庫，如果是向第三方供應商退貨，則可以直接退貨出庫。訂貨退回模塊主要用於配件訂貨退回出庫單的查詢、建立、編輯、導出、打印、出庫入帳等。

第四，調撥出庫。

調撥出庫業務是指一家4S店與另一家4S店之間或者同一家4S店內不同倉庫之間調撥配件時的出庫業務。調撥出庫模塊主要用於查詢、新建、修改、作廢調撥出庫單，以及調撥出庫時的入帳作業，還可以打印調撥出庫單。

第五，內部領用。

內部領用業務是指車間內部領用庫存易耗物料，易耗物料的結算方式可能不同於一般配件。內部領用后不能再退料。內部領用子模塊主要用於查詢、建立、修改、刪除、打印內部領用單，以及內部領用單出庫入帳等操作。

第六，車間借料。

車間借料一般是指車間技師在不確定的情況下向倉庫借用配件進行測試時的出庫業務，如果工單中有車間借料的配件在結算前需要先歸還才能結算。

第七，借出登記。

配件借出登記業務是指對已存檔的外部單位、客戶或內部員工借出配件的出庫登記業務。配件借出登記子模塊用於查詢、建立、修改、刪除、打印借出登記單，借出登記單出庫入帳等操作。

第八，借進歸還。

借進歸還業務是指4S店對借進外部單位的配件的歸還出庫登記，借進歸還依賴於4S店的借進入庫登記單，沒有借進入庫登記單不能做借進歸還出庫登記操作。借進歸還子模塊主要用於配件借進歸還出庫登記單的歸還入帳、打

印等操作。

第九，配件報損。

在進行盤點或者其他業務的過程中發現配件實物庫存和帳面庫存量不一致（小於）時，通過配件報損來調整配件的帳面庫存量。配件報損子模塊用於查詢、建立、修改、報廢、打印配件報損出庫單，以及報損出庫單的出庫入帳等操作。

C. 庫存管理。

門店可以對本公司的所有配件定義配件的存放信息（庫位）、庫存數量、配件銷售價、配件成本價、配件庫存數量等相關信息。庫存管理主要有以下幾種：

第一，庫存、庫位管理。DMS 系統支持多倉庫的庫存管理模式，門店通過庫存、庫位管理定義倉庫存放的配件品種存放區域，支持庫存金額、安全存量的定義。

第二，成本價管理。系統自動計算每一個庫存配件成本價（支持移動加權平均法、先進先出法），對於部分配件如果成本價發生異常，可以手工的方式調整配件的成本價。

第三，銷售價（批量）調整，單個調整或者批量調整的方法調整庫存配件的銷售價。

D. 盤點管理。

盤點業務流程如圖 4.5 所示。

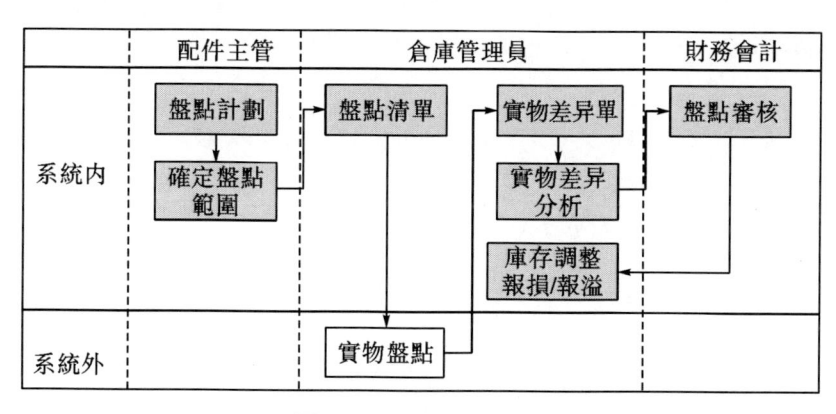

圖 4.5　盤點業務流程圖

配件主管根據本公司業務現狀制定盤點方法、盤點週期；倉庫管理人員按照盤點計劃定期進行盤點，盤點時首先確定配件的盤點範圍后打印盤點清單、

系統將自動鎖定盤點的配件。

鎖定的配件系統自動控制不能進出庫業務。倉管人員根據盤點清單進行實物盤點，並產生實物差異量；系統將盤點實物差異量錄入系統，並進行盤點差異分析；系統自動對配件進行解鎖；盤點結果由財務進行審核確認。

庫存實物盤點一直是倉庫管理的重中之重，也是衡量倉庫管理好壞的標準之一。根據盤點範圍的不同，盤點的方法主要分為以下幾種：

缺料盤點法：當某一物料的存量低於一定數量時，由於便於清點，此時做盤點工作，稱為缺料盤點法。

定期盤點法：又稱閉庫式盤點，即將倉庫其他活動停止一定時間（如一天或兩天等），對存貨實施盤點。

循環盤點法：又稱開庫式盤點，即周而復始地連續盤點庫存物料。循環盤點法是保持存貨記錄準確性的唯一可靠方法。運用此方法盤點時，物料進出工作不間斷。

⑥門店關鍵業務報表。

A. 訂單滿足率分析。

訂單滿足率可以分為數量滿足率和品種滿足率兩種，前者是所有滿足的數量和總訂單數量的比率，後者是滿足的品種和總訂單品種的比率。

根據訂單是否分批交貨，訂單滿足率又可分為一次滿足率和閉環滿足率。在一張訂單有多次交付的情況下，前者只按首次交付的數量統計滿足率，後者則按訂單執行完成後交付的數量統計滿足率（關閉的訂單有可能存在強制完成的情況）。

B. 庫存週轉率分析。

庫存週轉率是銷售收入與存貨的比值，計算公式有三種：

$$庫存週轉次數 = \frac{銷售收入}{庫存成本}$$

$$庫存週轉天數 = \frac{365}{庫存週轉次數}$$

$$存貨收入比 = \frac{庫存成本}{銷售收入}$$

計算庫存週轉率可以按年，也可以按季度或者月進行統計，以便做對比分析。在做週轉率分析的時候並不是週轉率越低越好，前提是需要滿足訂單的需求，因此需要結合訂單滿足率進行分析。

C. 財務資金分析。

針對配件的財務資金分析包括盈利能力分析、應收帳款利用率分析兩大類。

盈利能力分析主要是銷售利潤率分析,計算公式如下:

$$銷售利潤率=\frac{淨利潤}{銷售收入}\times100\%$$

銷售利潤率表示 1 元銷售收入所產生的淨利潤,該比較越大表示配件的盈利能力越強。

應用帳款利用率分析主要是應用帳款週轉率分析,計算公式有三種:

$$應收帳款週轉次數=\frac{銷售收入}{應收帳款}$$

$$應收帳款週轉天數=\frac{365}{應收帳款週轉次數}$$

$$應收帳款與收入比=\frac{應收帳款}{銷售收入}$$

通過應收帳款與收入比可以知道每 1 元錢的銷售收入需要投入的應收帳款金額。

D. 預警分析報表。

第一,預警分析主要分為訂單預警分析、庫存預警分析和資金預警分析三種。通過預警分析能夠及時掌握經營過程的異常情況並及時予以解決。

第二,訂單預警分析:一般是對逾期訂單進行預警分析,對預交期已經超過當前日期的訂單進行統計和分析。

第三,庫存預警分析:根據配件庫存高低限的設定,可以統計超額預警和缺貨預警。另外,採用批次管理的情況下可以統計出每個在庫配件的存放天數,然后對大於一定天數或者設定值的配件進行積壓預警分析。

第四,資金預警分析分為應收帳款預警分析和應付帳款預警分析兩種,一般採用帳齡分析的方法,按時間段統計一個月內、三個月內、半年內、一年內、兩年內和兩年以上六種應收帳款或者應付帳款的分佈,然后按輕重緩急予以解決。

4.1.1.3 應用價值總結

(1)規範門店業務操作,提升服務能力

「ZSF」目前門店沒有一套相對完善的業務規範管理機制,人為主觀判斷

的情況比較多，特別是門店技師現場維修服務，其隨意性較大。用友DMS提供的一套根據「ZSF」業務規範可配置的標準化管理平臺，將門店的接待、維修、銷售、退貨、結算、開票、索賠、服務活動以及客戶回訪等業務進行一體化管理，進一步規避人為主觀判斷所帶來的風險。

（2）加快市場回應，提高市場佔有率

「ZSF」目前的部品銷售僅有30%的業務屬於公司品牌，70%的業務都來自於市面上其他品牌，可見外購量的比重相當大；而單個門店外購量對於配件供應商來說並不算大客戶，因此在價格和收貨的時間上沒有優勢，就會導致門店在市場佔有率上處於劣勢。用友DMS管理系統直接將門店的配件外購需求統一由區域中心收集傳回「ZSF」，「ZSF」將幾十個甚至幾百個門店的需求統一採購，不僅在價格上可以讓供應商給予更多優惠，發貨時間上也更加優先，讓客戶能夠真正體會到物美價廉，從而進一步提高市場佔有率。

（3）提高客戶滿意度，提升品牌形象

「ZSF」目前的售后服務採取將三包費用和保養費用一次性結算給門店或代理商，客戶在產品出現各種問題后，到門店進行三包服務時，門店就以各種理由進行重複性收費，從而導致客戶對「ZSF」品牌產生消極的情緒；用友DMS管理系統將門店服務和總部服務關聯在一起協同作業，提供一套標準化的索賠管理流程，一旦出現各種問題后，客戶能夠在「ZSF」的任何門店都能夠享受到同等的售后服務，並且總部能夠即時地追蹤到客戶的售后服務信息，以電話回訪的方式與客戶互動，從而讓客戶享受到「ZSF」人性化的服務，進一步提升「ZSF」的品牌形象。

（4）更好監控和指導門店經營，從而提升盈利能力

「ZSF」目前的售后服務管理總部與門店的系統是獨立分開的，總部雖然有IBM的DMS分銷系統做支持，但是由於系統包含的要素不全，信息審核后，沒有后續追溯，也沒有報表支持，因此大部分業務都沒有在系統裡面操作；同時，門店的系統隨意性比較強，和總部的系統沒有實現協同作業。用友DMS管理系統提供即時的信息追蹤查詢功能，「ZSF」總部人員能夠直接在系統中查詢到門店的維修工單、索賠工單、產品故障現象、工單進度、結算情況等信息，可以更好地監控門店的業務；還提供豐富的門店經營性分析報表，能夠從多角度展現門店的業務實際情況，如配件的盈利、庫存週轉率、資金週轉率等；「ZSF」總部根據多維度的綜合報表，就能夠即時掌控門店的經營情況，及時發現問題。

4.1.2 「ZSF」全國式協同的供應鏈管理解決方案

4.1.2.1 「ZSF」供應鏈管理核心需求分析

（1）採購體系建設策略分析

需求理解：「ZSF」公司是多組織、跨地域經營，在集團公司統一管控模式下，採購中心進行物料統一的採購管理。「ZSF」公司在完全實現集團統一採購前，存在著分公司、門店自主採購與集團統一採購並存的情況。其主要採購的範圍包括生產資料、包裝材料、維修配件、部分品牌整車、備選易耗品、辦公用品等。「ZSF」品牌車輛維修所需配件由總部統一採購並配送，其他品牌摩托車配件由各子公司、旗艦店進行外部採購。從整體採購業務上來看，主要採購業務需求在集團公司、各子公司、旗艦店、採購執行部門、生產部門業務信息的全面協同。

「ZSF」業務面向三方品牌產品的服務，在未與三方品牌簽訂服務合同之前，各門店面向社會車輛維修的三方品牌專屬配件需求，只能通過市場進行採購。但採購價格、供方選擇及貨款結算必須納入公司統一控制。

由公司在各區域尋求各三方品牌配件經銷商作為供應商，並簽訂採購合同及價格協議。通過物料編碼相應字段，歸集採購貨源信息，補貨需求自動分解。各區域物流配送中心向定點經銷商傳遞採購需求並完成驗收入庫。

公司通過對各區域物流配送中心入庫數據統計匯總，向三方品牌配件供應商支付貨款。未來，對於外部供應商的摩托車零配件，由 ZS 集團確定採購價格，「ZSF」以這個價格直接向配套廠直接採購。採購需求由下面維修店向區域管理中心提出訂貨計劃，經區域管理中心匯總審核後，提交給「ZSF」總部，由總部直接向配套廠集中採購。

分析與建議：

具體採購體系建設採取兩步走策略。

第一步：在連鎖服務網路籌建初期，總部主要控制三方品牌專屬配件採購價格，實行自採自收集結，快速回應市場需求。

第二步：在連鎖服務網路初具規模時，採用集採分收集結，進行總部集中化採購，發揮集中採購的成本與議價優勢。

（2）「ZSF」存貨成本與外採物資控制問題

需求理解：目前，庫存成本核算，在採購入庫沒有確認存貨成本，每個月底匯總庫存，確認庫存。現在只要求門店零售賣價高於採購價格即可。存貨成

本控制不嚴，需要 IT 系統支持。江津店經營的零配件產品百分之六七十是在當地採購的，只有百分之三四十的 ZS 產品，外部採購比例較高。另外，產品標準化較差，特別是整車品種繁雜，零部件狀態及供方體系更新、淘汰頻繁，可替代性較差，且缺乏完整的技術變更履歷記錄及產品維修方案。目前，「ZSF」公司產品目錄已達 10 萬余條，產品狀態確定困難、採購難度大，導致市場需求回應速度慢、回應率低等問題。

分析與建議：建議「ZSF」門店為車主維修服務時，對於通用件優先使用「ZSF」的產品，建立「ZSF」自有產品與第三方品牌產品的替代關係，這樣可以採購降低外採比例，提高上級公司產品銷售量。

（3）「ZSF」的分級庫存管控需求

需求理解：區域中心、旗艦店、RDC 對庫存管理的權限各不相同，要求系統需要具備分級授權功能，能夠按照業務的輕重緩急分配權限，並支持安全庫存管理。

管理建議：旗艦店、RDC 需要建立完整的庫存管理策略，根據銷售出庫量等信息計算出相應的庫存上限、庫存下限、安全庫存。安全庫存可以人工設定出庫存供應水平的安全庫存量，主要用來平衡分配庫存的問題。倉庫管理需要啟用條碼管理，從入庫到出庫需要提高效率，並且減少誤差。庫存管理部分存貨需要應用批次管理、效期管理，油品類別等商品需要管理有效期。總部庫存、RDC 庫存、旗艦店庫存需要能看到全局庫存，並且對失效商品、庫存的流轉量進行全面監控。

（4）「ZSF」的系統與宗動和宗機系統集成問題

需求理解：目前，對於上級公司體系內部的產品，「ZSF」與機車工廠共用一個平臺，「ZSF」直接在平臺上錄入配件採購訂單和對經銷商的銷售訂單，簡化內部的採購和銷售單據。未來 IT 平臺不統一的情況，如何實現現在 IT 運行效果，即「ZSF」只需要在系統錄入一次採購和銷售數據。

分析與建議：將來「ZSF」的 SCM 系統規劃時，通過 ESB 企業數據總線與上級公司動力和上級公司機車的業務系統集成。

（5）「ZSF」的商業模式與銷售價格問題

需求理解：目前，上級公司的零配件銷售採用的是傳統經銷商代理、門店直銷、直營店和合營店向下屬加盟店批發混合銷售模式。對於上級公司生產加工發動機的配件由「ZSF」統一對外銷售，但機車的配件由原經銷代理商和「ZSF」共同銷售經營。但是，現在直營店、加盟店的批發和零售價格在全國沒有統一。市場價格體系不統一，將來會出現竄貨現象。

由於上級公司服務和產品銷售實行代理制，渠道經銷商的經營能力參差不齊、進貨渠道無法有效管控，市場需求不能得以真實反應。經銷商訂貨數量小、隨機性強，無法形成批量採購和運輸，致使採購成本和物流運輸成本較高，從而使銷售價格變高；而銷售價格高則會制約經銷商的銷售積極性。

分析與建議：針對目前的渠道銷售問題和價格問題，考慮到零配件的市場風險，在過渡期，建議重點規範「ZSF」能掌控的銷售體系，清晰商務模式，如分銷批發模式、連鎖零售模式、分銷零售混合模式，統一「ZSF」內部的價格結算體系和對外的市場銷售價格體系。

4.1.2.2 「ZSF」供應鏈管理系統支撐

(1) 建立「ZSF」集團化採購管理模式

根據「ZSF」集團實際情況定義組織機構、崗位角色、商品基本檔案、供應商基本檔案等基礎數據內容，支持「ZSF」採購組織結構的變化及調整。根據配件、包裝物資等採購業務分類，應用流程配置平臺定義採購業務流程規則，支撐控制採購業務流程的執行。採購過程中各部門的採購範圍，依據配置好的業務流程執行採購過程：採購員進行採購計劃安排並進行供應商選擇及尋報價；按崗位職責提交給相應的採購員執行；質檢部門進行到貨檢驗；倉庫庫管員進行採購入庫和庫房業務，支持將供應商選擇、定價、採購權、質檢權及支付權相分離的應用模式。詳見圖 4.6。

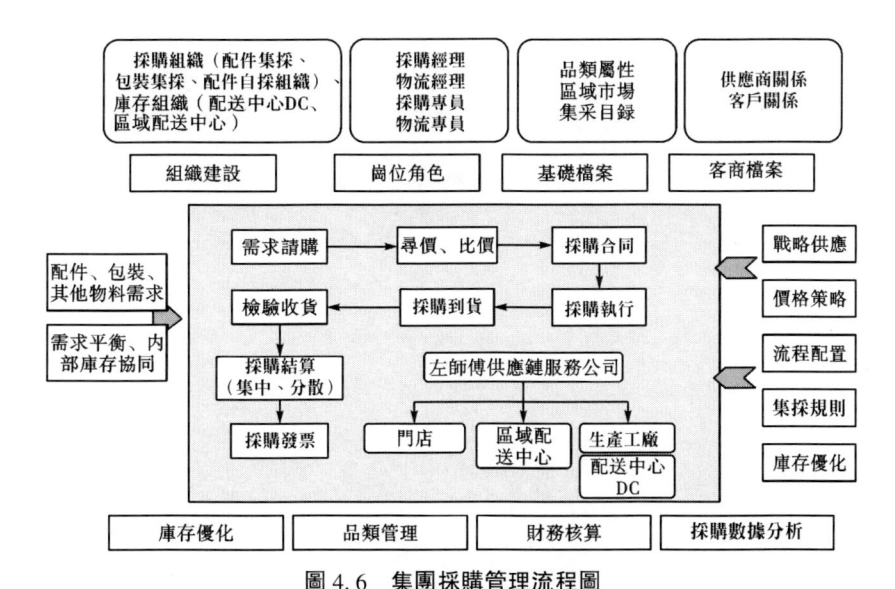

圖 4.6　集團採購管理流程圖

但是,「ZSF」集團根據不同品類可配置差異化採購策略與流程。企業根據行業特點、商品分類、企業管理需求,商品採購供應將採用不同的採購策略、採購業務流程,如集中配件採購、自主配件物資採購、採購結算后商品退貨業務等。

①總部集中採購業務。

在連鎖服務網路初具規模時,採用集採分收集結,進行總部集中化採購,發揮集中採購的成本與議價優勢。對於「ZSF」集團採購業務來說,採購配件物資占用了企業的主要採購資金,主要包括組裝、維修使用的本公司品牌配件和門店維修業務使用的外部品牌配等,詳見圖4.7。

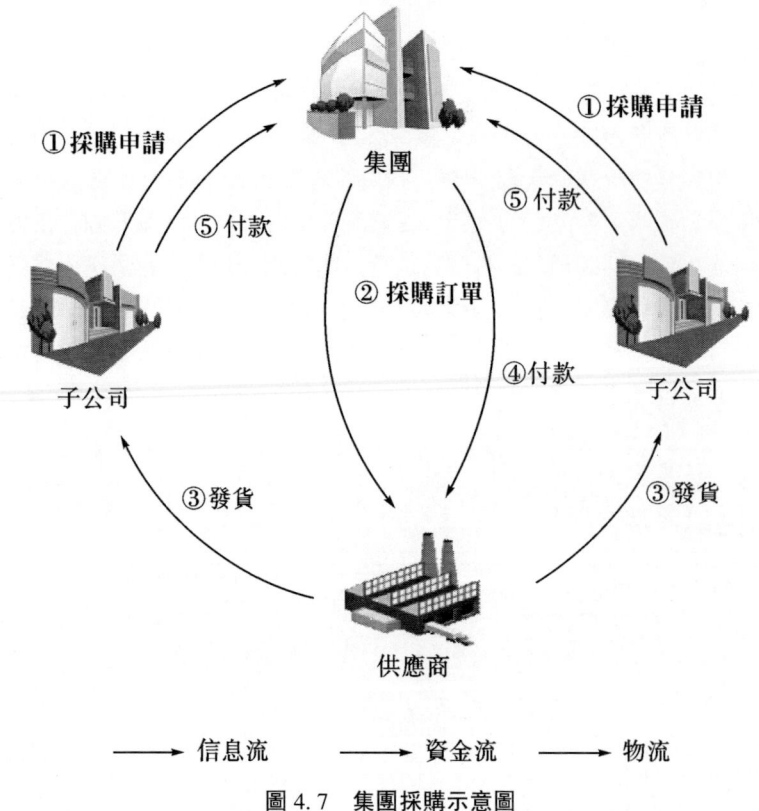

圖4.7 集團採購示意圖

物資採購有以下特點:配件、品牌類別較多;採購數量大;通常按長期合同採購;短週期合同採購;供應商通常為「ZSF」本廠品牌主供應商、戰略供應商等。

集中化採購是理想的採購模式,實現集中化採購后所有配件及物資採購在

執行採購業務時必需按照集中化採購清單、供應商貨品對照執行。

要貨計劃（配件）：門店通過庫存管理策略及維修需求形成配件的要貨計劃，通過逐級匯總（旗艦門店到配送中心），在 ERP 系統中形成集團物資需求。

請購單（配件）：「ZSF」物流配送部門可以通過需求平衡功能自動生成配件請購需求，在 ERP 系統中生成請購單，而后協同採購人員處理。

採購訂單（配件）：總部的採購部門通過採購尋報價、比價並生成價格審批單的流程取得價格，總部可進行統一尋價、比價，在必要時報採購相關領導審批，根據審批結果與供應商簽訂合同執行採購；同時也可以根據實際業務需要先與供應商簽訂合同后續執行採購，採購部的採購人員在每次下訂單時根據請購需求生成或直接生成採購訂單，並協同關聯採購合同取得採購價格；已簽訂的採購合同（配件）的類型可為長期合同或短期合同；採購訂單生成后，將執行前的採購訂單交由採購總監及相關領導審批。

到貨單：區域配送中心、子公司、門店可以根據實際到貨進行協同採購訂單生成，並且確認到貨數量，同時交由品質保證部門的檢驗人員進行質量檢驗。在確認到貨時，如果與實際到貨數量有差異可以按參數控制要求進行確認。

庫存採購入庫：區域配送中心、子公司、門店保管員依據採購訂單核對供應商的送貨單與實物是否一致。驗收入庫后，由物流部保管員填寫進貨報單並反饋給資材部採購員。物流部保管員據此在 ERP 系統中協同到貨及質量檢驗報告單生成庫存採購入庫單。

採購暫估：當月未到發票時，暫估採購成本入庫。

採購發票：供應商與總部財務部進行集中結算，根據採購入庫單生成系統的採購發票。

採購結算：若當月已收到採購發票，則直接形成採購成本單據，同時掛應付帳款；若當月未收到採購發票，則須做暫估處理，並在后續發票到時再做（單到）補差/回衝；若是費用發票，則直接歸集到對應的採購入庫單上進行成本分攤。

採購付款：總部財務集中進行付款時，採購員填寫付款申請，交由財務人員審核付款（並在 ERP 系統中制付款單）。

②門店自主採購業務。

在連鎖服務網路籌建初期，總部主要控制第三方品牌專屬配件採購價格，實行自採自收集結，快速回應市場需求。

自主採購有以下特點：配件、品牌類別較多；庫存占用總部的控制力較弱，很難實現統一管理；供應商通常為外部品牌廠家的配件採購採用此種模式；自主採購模式，總部是可以控制其採購的價格在一定的範圍內來執行或者約束其配件的來源，總部可以指定供應商進行自主採購業務。具體見圖4.8。

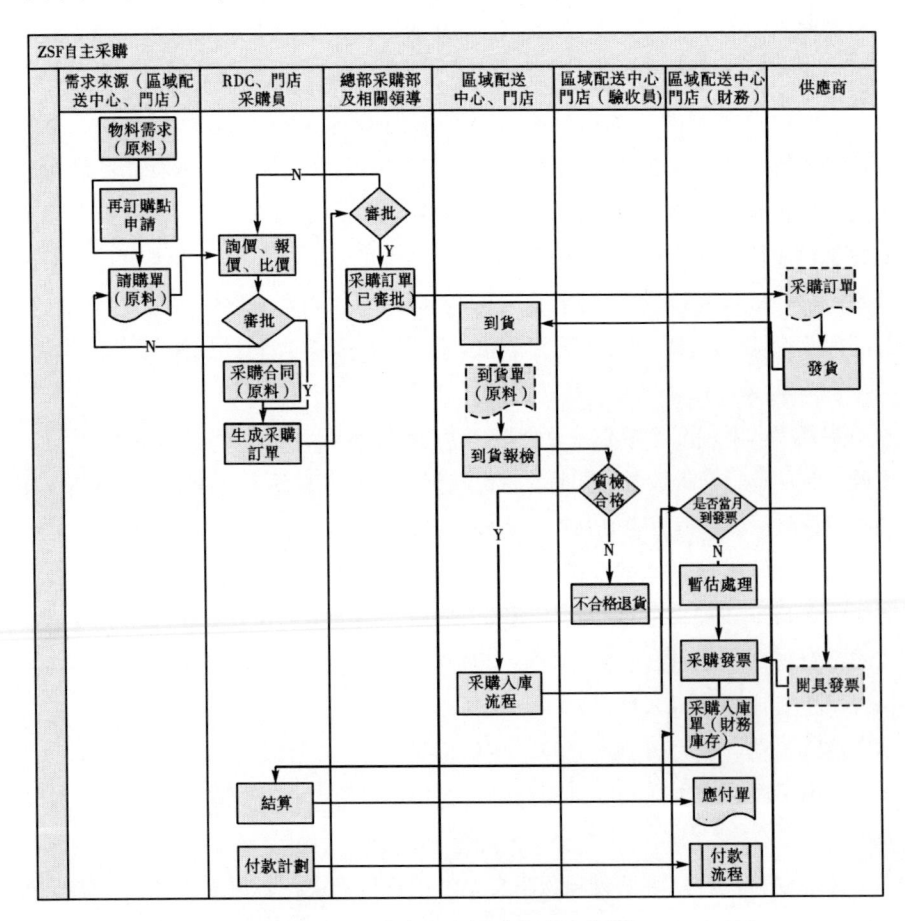

圖4.8　門店自主採購業務流程圖

③固定資產採購業務。

固定資產採購業務見圖4.9。其流程說明如下：

各事業部、部門、分公司的使用部門提出固定資產採購申請，並提交審批（不同的採購金額，審批流程不同）；採購申請審批通過後，採購人員進行採購；各事業部、部門、分公司收貨，然后使用部門領用；資產會計將收到的資產錄入固定資產卡片；最后統一由財務報批支付款項給供應商進行結算。

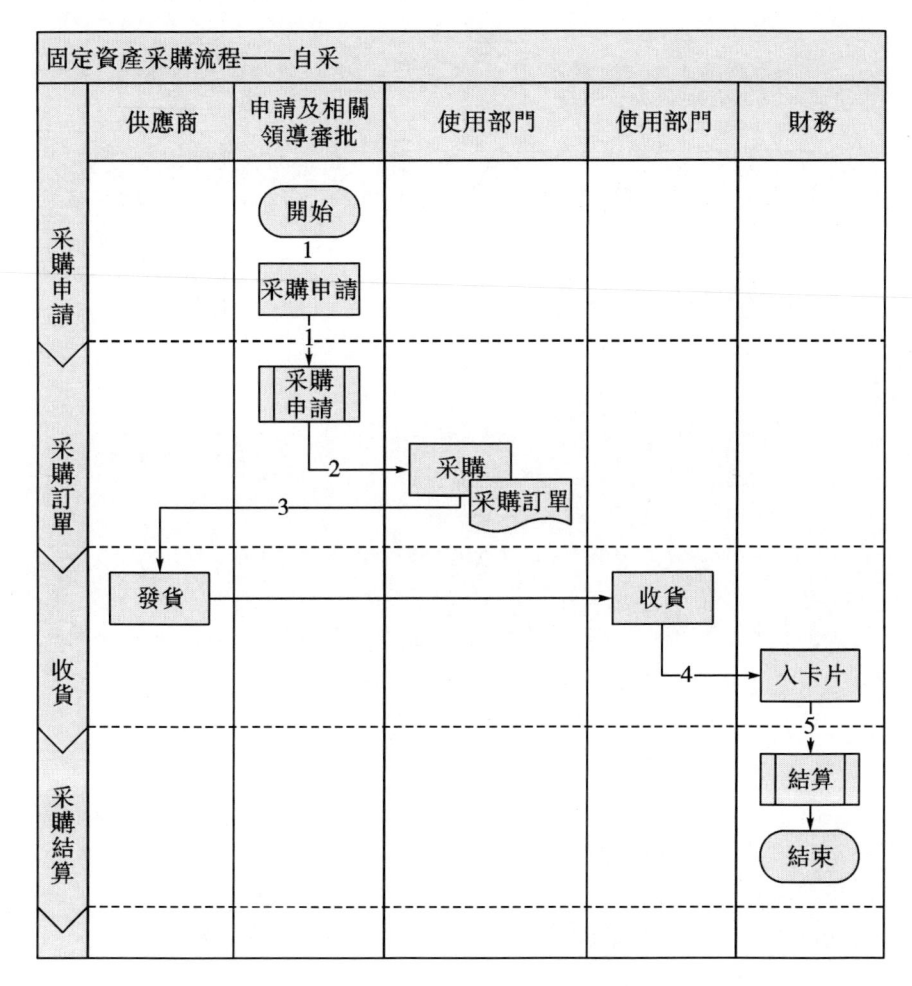

圖 4.9　固定資產採購業務流程圖

④供應商管理應用。

建立一個科學全面的供應商信息庫，輔助採購系統與應付系統進行業務處理。通過查詢供應商交易歷史與供應商評估，幫助採購人員選擇最佳供應商，為採購訂單、採購業務提供供應商選擇的決策支持。可以提高「ZSF」對供應商的監控與合作能力，從而保持「ZSF」與供應商的最佳關係。見圖 4.10。

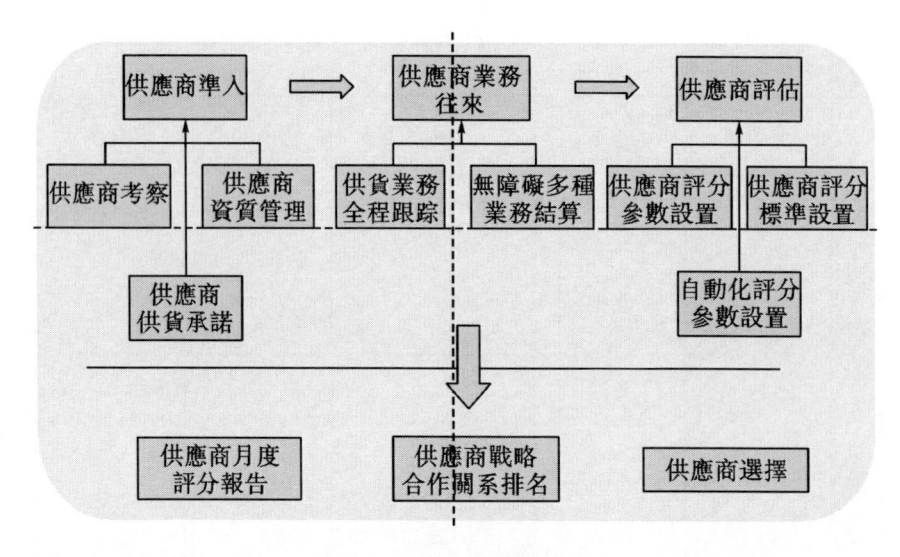

圖 4.10 供應商管理圖示

供應商評估是供應商管理最為重要的組成部分，構建一個科學全面的評估體系是 ERP 系統的關價值。因此，評估可以按照一定的科學模型進行操作，見圖 4.11。

評價項目	分值	評價標準	標準分 杠杆型	標準分 版硬型	標準分 戰略型	評分標準	扣/加分數
質量	10	產品質量穩定可靠，未發生退貨現象；能提供質保書、檢驗報告和合格證等有關資件	25%	20%	20%	質檢不符合要求，獲得妥善解決 質檢不符合要求，未獲得妥善解決 生產部門反映原材料使用問題 未提供相關質量證件	-0.5 -2 -1 -0.5
價格	10	價格透明度較高，報價準確合理，能按市場行情變化及時反饋價格信息	45%	20%	25%	虛報價格 未能及時溝通價格信息 擅自改變付款方式和付款條件 未能及時寄送發票	-2 -0.5 -0.5 -0.3
交貨	10	嚴格按照合同條款履約按時按量供貨	25%	40%	25%	供貨延遲一次 送貨數量差額在合同規定的誤差比例以增、補貨不及時 滿足緊急組織供貨 合同外接受零星定貨	-2 -0.5 -0.3 +0.5 +0.3
創新	10	能夠配合進行產品創新	0%	0%	10%	合作開發創新產品	+2
技術	10	技術先進、安全可靠，能夠通過技術改進提高生產率、降低次品率、降低采購成本	0%	10%	10%	研發新技術降低產品成本 研發新技術提高產品質量	+1 +1
服務	10	售前保持溝通，售中經常徵求意見及回訪，售後服務周到；出現特殊情況時能夠及時采取應變措施	10%				

評級

		界限
首選	大于9分 小于等于10分	
可接受	大于8分 小于等于9分	警戒線
限制	大于6分 小于等于8分 ⇩	
剔除	小于等于6分	淘汰線

圖 4.11 供應商管理模塊圖

供應商管理的主要功能包括：

A. 維護存貨關係。

維護存貨關係是定義供應商與存貨之間的對應關係以及它們之間所共有的信息，包括質量等級、供貨配額、發貨提前期、最小訂貨量等，同時記載供應商—存貨的價格信息，是採購管理取價規則的重要信息載體。

B. 業務凍結。

業務凍結主要是對供應商進行凍結或解凍已凍結的供應商同時記錄凍結記錄，包括凍結、解凍和凍結記錄查詢。

C. 歷史交易查詢。

歷史交易查詢是對供應商交易的歷史情況進行查詢，提供用戶進行供應商管理的依據。歷史交易查詢包括存貨供應價格查詢、供應商供應存貨價格查詢、供應商質量信息查詢、供應商交期履約情況查詢、供應商綜合信息查詢五部分。

D. 評估基礎設置。

評估基礎設置是供應商評估的一部分，對供應商評估中需要的參數、評估標準進行設置，是供應商評估的基礎，包括參數設置、主標準設置、次標準設置。

E. 評估分數設置。

評估分數設置是供應商評估的一部分，對設置的評估標準的分數進行設置，是進行供應商評估分數計算的基礎。在進行供應商評估分數計算時，自動次標準的分數是由系統根據採購記錄和自動次標準分數範圍設置自動計算的，半自動次標準和人工次標準的分數都是人工設置的。在供應商評估時如果需要考慮半自動次標準和人工次標準，則應該對它們的分數進行手工設置，否則在進行評估時將不考慮未設置分數的半自動次標準和人工次標準。評估分數設置包括自動次標準分數設置、半自動次標準分數設置、人工次標準分數設置三部分。

F. 評估分數計算。

供應商評估分數計算是根據已設置的供應商評估的主標準、次標準並根據採購記錄對供應商進行評估並得出評估分數的過程。

G. 評估報告。

評估報告主要是對供應商的評估情況進行查詢，用戶可以根據供應商的評估情況來選擇供應商。可以查詢供應商的整體評估分數，也可以查詢供應商在某個存貨或存貨分類上的評估分數情況；可以查詢哪些供應商未進行過評估，

還可以查詢在特定日期后有哪些供應商未進行評估,這樣可以提醒用戶及時進行評估,保證供應商評估分數的及時性和完整性。評估報告包括供應商排名表、按存貨/存貨分類的供應商排名表、未評估的供應商清單、特定日期后未評估的供應商清單四部分。

供應商排名表是按照供應商評估分數對供應商進行排名。可以按照供應商評估總分對供應商進行排名,也可以按照供應商某一個主標準評估分數對供應商進行排名。另外,選擇一個主標準還可以查詢其下屬次標準的明細供應商按存貨或存貨分類的評估分數情況。

供應商管理應用價值主要體現在以下幾個方面:第一,對供應商的日常業務管理工作,包括供應商與物料的關係管理、供應商凍結管理等;第二,查詢和分析供應商在供貨價格、質量等方面的歷史表現情況;第三,根據供應商的歷史交易信息對供應商定期進行科學的量化評估;第四,記錄供應商報價信息,作為「ZSF」採購的價格依據之一;第五,提供供應商評估記錄,作為「ZSF」採購時選擇供應商的依據之一。

⑤採購需求應用。

總體要求:

支持各個部門對需求計劃的申報處理工作,如原料、包裝物資、其他物資等各種物料使用需求。

解決方案:

支持需求計劃管理全面處理「ZSF」來自原料、包裝物資、其他物資等各種物料使用需求,可以記錄需求來源、需求用途;支持對需求進行全面追溯和控制;系統提供完整的可自定義的審核功能;支持完善的變更和變更審核控制。

具體功能:

請購單管理,包括維護請購單、審批請購單(可維護數量);查詢請購單的執行狀態(請購資金預算、執行明細、執行統計);根據當前的庫存狀況對請購需求的匯總平衡,根據平衡結果進行採購;請購單審批通過后形成採購訂單,根據採購訂單進行採購;使用採購計劃控制「ZSF」各個部門的請購數量、單價、金額。

⑥採購合同應用。

總體要求:

提供採購合同管理,可以記錄正式採購合同文本的相關信息。支持可定義的合同類型,支持採購協議管理。支持附件上傳,可以將合同文本掃描作為附件保

存在系統中。支持合同完成狀況的自動反饋。支持完善的變更和變更審核控制。

解決方案：

提供合同檔案管理功能，對公司內所有的合同進行記錄和整理，包括合同的具體條款；與採購訂單和銷售訂單建立關聯，可以實現對訂單的有效監控；能夠支持採購計劃、需求計劃管理直接轉合同/訂單；能夠支持對供貨時間的管理；支持多種合同類型，包括長期合同、一般合同、一次性訂單合同；能夠制定相關合同，包含價格、付款方式、信用條款等；合同的簽訂應實現電子化，並自動生成，信息系統要具有電子合同管理功能。

主要功能：

提供合同檔案管理功能，包括合同的錄入、審核、生效、變更、凍結、終止、廢止及查詢統計等內容；採購合同與採購訂單建立對應關係，可以對后續訂單進行約束；可以查詢採購合同的執行情況。

⑦採購尋報價應用。

提供完善的採購價格控制體系。可以詳細記錄供應商每次的採購價格和採購報價，可以提供價格走勢分析；可以控制物料的最高採購價格。協助「ZSF」有效地控制採購成本。

解決方案：

採購價格系統可以幫助「ZSF」及時瞭解原料、包裝物資、其他物資的價格波動，選擇最佳供應商，並對採購價格進行即時控制；通過採購詢價、報價、比價，幫助採購選擇最佳供應商和採購策略，有效地降低採購成本；進行採購價格的分析，為採購成本的控制提供依據。支持採購詢價、報價、比價的網上應用。

主要功能見圖 4.12。

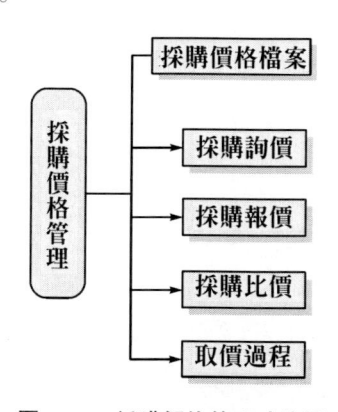

圖 4.12　採購價格管理功能圖

4　「ZSF」連鎖營運管控平臺解決方案　93

對於詢價、比價記錄，系統將進行記錄，對於採購價格審批流程，可以在系統中自動傳遞到相關領導進行處理，避免了領導審批只見數字、不見業務的情況，同時領導可以針對每一價格明細，可以查詢其他幾家的報價和記錄。

輔助決策、提升管理：及時、準確提供採購與倉儲業務的相關信息，系統提供多種排行分析，加強對供應商、配件、價格的綜合考核管理。通過採購管理可以實現全方位、全過程的採購透明管理。

（2）建立「ZSF」全國化銷售管控中心

構建規範化的銷售信息平臺，實現合理的需求驅動的銷售業務，見圖4.13。

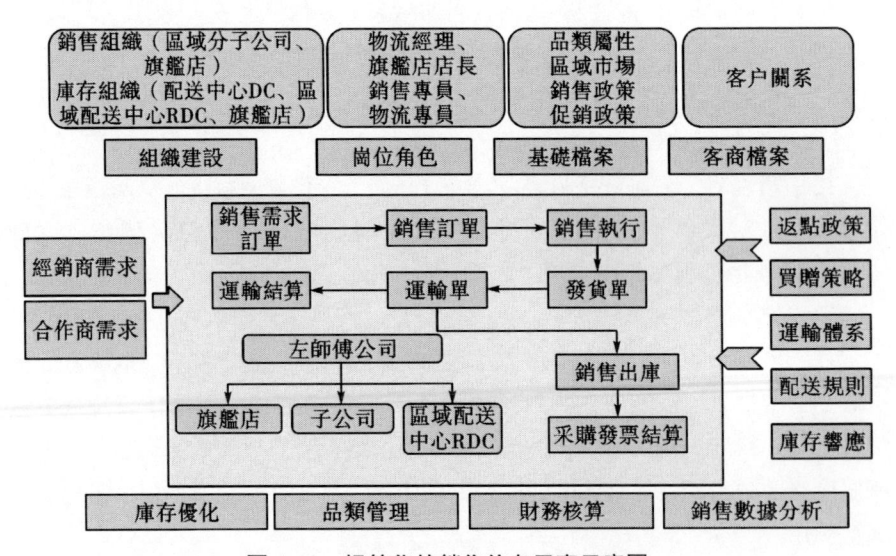

圖4.13 規範化的銷售信息平臺示意圖

實現銷售業務從經銷商、合作店訂貨平臺、銷售訂單、銷售訂貨、買贈策略、價格策略、返點策略、運輸配送、銷售出庫、銷售出庫成本核算、會計核算、統計分析等整個銷售業務鏈的管理，確保各項業務的有效執行、業務過程可控、可視，並能夠根據「ZSF」發展要求隨時調整執行。

「ZSF」銷售業部行銷體系業務具有一定的特點，旗艦店保證最小庫存積壓的原則，從經濟庫存的角度思考配件等物資庫存補給，合理安排採購、分配資源變成主要因素。

確保「ZSF」銷售政策體系：銷售價格、買贈政策、返利點等銷售政策在整個銷售體系中得到有效的貫徹執行。

經銷商、合作店訂貨時需要通過要貨平臺完成，以此作為發貨依據，通過

ERP 系統完成集成工作。

　　解決銷售給經銷商、合作店的訂單及時補貨問題，庫存種類繁多，庫存條件有限，因此補貨頻率較高，進行及時跟蹤補貨情況是 ERP 系統重要的功能。

　　根據「ZSF」實際情況定義組織機構、崗位角色、貨品基本檔案、經銷商基本檔案等管理基礎數據內容，「ZSF」的銷售業務單元在銷售業務組織結構變動在發展時期為常態，這也是初期營運的特點，ERP 系統支持「ZSF」組織機構的變化。

　　「ZSF」的銷售業務處於變革階段，由原渠道銷售業務向適應「ZSF」連鎖經營渠道要求的經行銷售轉變，因此銷售業務應用需要通過流程配置平臺定義銷售業務流程規則，支撐控制銷售業務流程的執行。

　　支持定義「ZSF」行銷業務差異化的銷售策略與流程。「ZSF」的銷售業務將採用不同的銷售策略、銷售業務流程，如賒銷銷售流程、現款銷售流程、跨組織銷售、銷售退換貨業務等。

　　解決應用物流業務處理：「ZSF」公司的物流體系處於初級發展階段，通過訂單生成揀貨單業務，進行揀貨出庫到待發區，完成出庫后返回確認簽字狀態，在 ERP 系統進行簽字出庫。「ZSF」的出庫業務需要通過條碼技術應用完成揀貨、出庫、發貨等業務操作。

　　①賒銷銷售業務。

　　賒銷業務流程如圖 4.14 所示，經銷商、合作店要貨下單中明確具體的品種、數量、交貨時間，子公司、旗艦店在系統中下銷售訂單，由所屬子公司、旗艦店銷售部進行確認審批，完成銷售訂單確認，同時系統進行信用及相關政策檢查。當信用失敗時，通知經銷商、合作店打款，再次進行檢查，待信用等無誤後生成發貨通知給對應的倉庫，倉庫根據銷售訂單上的發貨地址發貨，可以多地址發貨。

　　銷售訂單下單時檢查庫存數量，當庫存不足時生成缺貨登記，到庫存滿足時進行補貨。在銷售訂單上可以看到訂單數量、發貨數量、出庫數量、發票數量。待收到發貨通知時進行出庫。

　　倉庫的物流員根據銷售訂單發運配貨形成發貨單（裝箱單），再根據發貨情況生成運輸單（包裹單）。物流調度安排，如果使用第三方物流安排車輛發貨，則物流公司打印物流詳情單。物流部門裝車配送，貨物運輸到經銷商、合作店處，進行簽收確認，形成簽收單。由物流公司帶回給發貨倉庫物流人員進行收貨確認，如果有貨差貨損，則形成途損單。根據途損單來決定後續的貨物處

圖 4.14　賒銷銷售業務流程圖

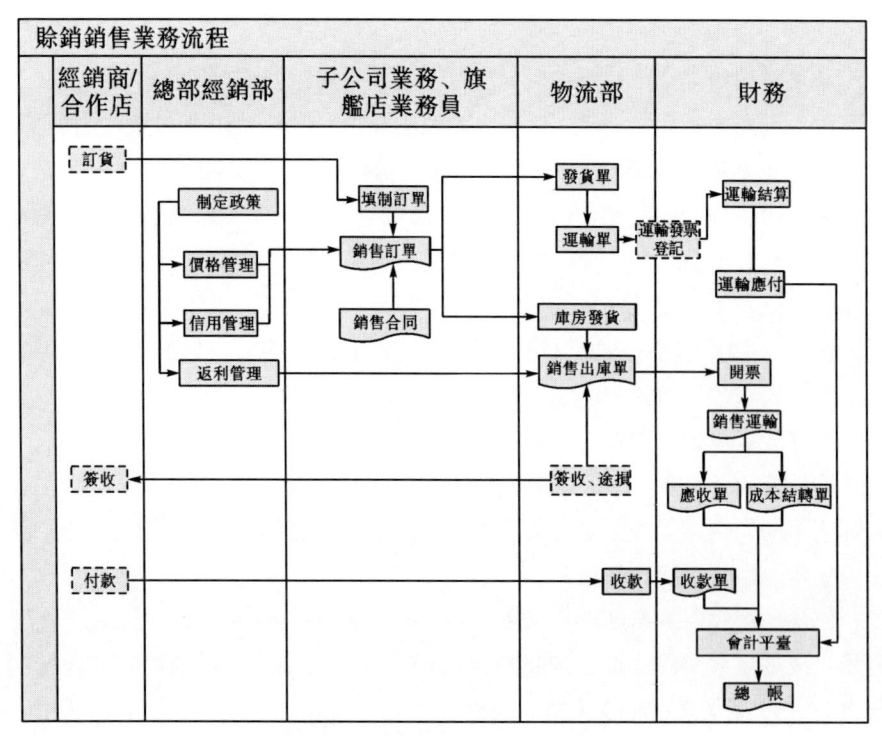

理，如果是貨損發貨倉補貨，退回損壞貨物，如果是貨差則需要由承運商賠付。

月底根據經銷商貨物簽收的情況與貨差賠付情況與承運商進行運費結算對帳，對帳無誤后形成運費結算單，通知財務支付運費。

②現款銷售業務。

經銷商、合作店要貨下單中明確具體的品種、數量、交貨時間，子公司、旗艦店在系統中下銷售訂單，同時把對應的物款進行支付，由所屬子公司、旗艦店銷售部進行確認審批，完成銷售訂單確認，同時系統進行收款檢查。當貨款不夠時，通知經銷商、合作店打款，再次進行檢查，待款項等無誤后生成發貨通知給對應的倉庫，倉庫根據銷售訂單上的發貨地址發貨，可以多地址發貨。見圖4.15。

③經銷商退貨、換貨業務。

經銷商進行退貨、換貨時提交退換貨申請。由子公司、旗艦店進行審批，並且確認退回的貨是否存在問題，並且查詢原銷售訂單是否有買贈政策在當時執行，確認無誤后在 ERP 中根據退貨申請生成退貨通知單。

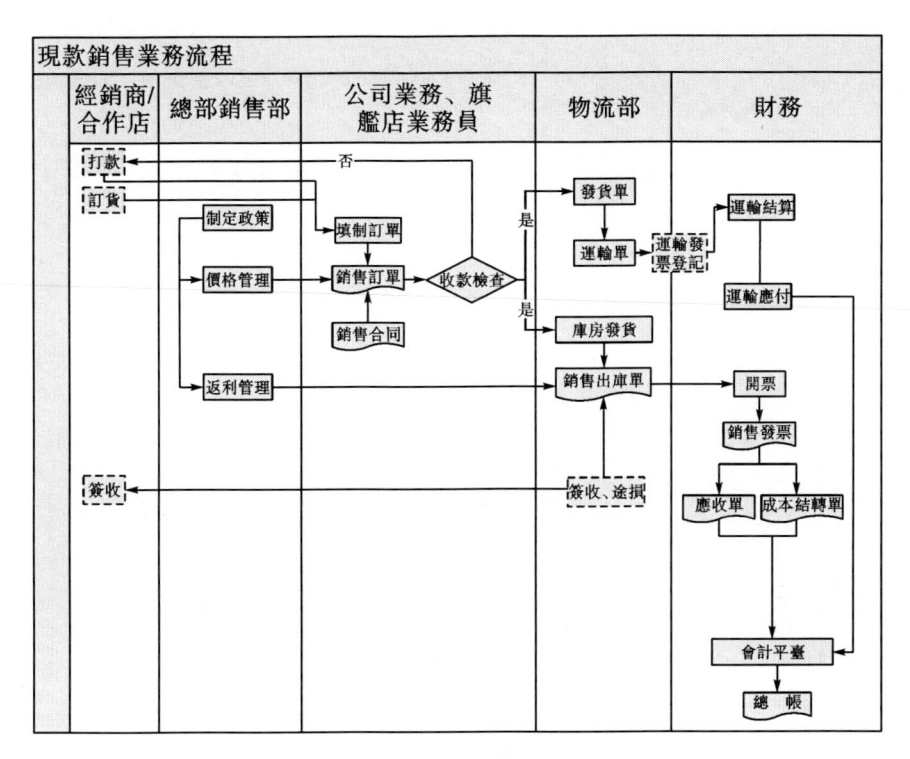

圖 4.15　現款銷售業務流程圖

　　子公司根據銷售退貨通知單生成銷售退貨單，並且退回相應的贈品。

　　經銷商進行換貨時先走退貨流程，並且退貨時指定換貨信息，退貨流程完成后再根據退貨單形成新的銷售訂單，見圖 4.16。

　　④銷售價格管理。

　　系統目標為：支持集團制定統一價格；支持公司分別制定價格；支持價目表維度自定義；支持價保、返利；支持集團對多個公司的調價。

　　隨著「ZSF」經營規模的擴大，市場多樣化以後可能發生價格體系的升級，管理會更為複雜，ERP 系統是可以支持多維度的價格管理體系，價目表維度可以進行自定義，同時可以按任意條件進行定價，按時間段、產品類、經銷區域、訂貨量等因素制定價格管理策略；具體見圖 4.17。應用流程詳見圖 4.18。

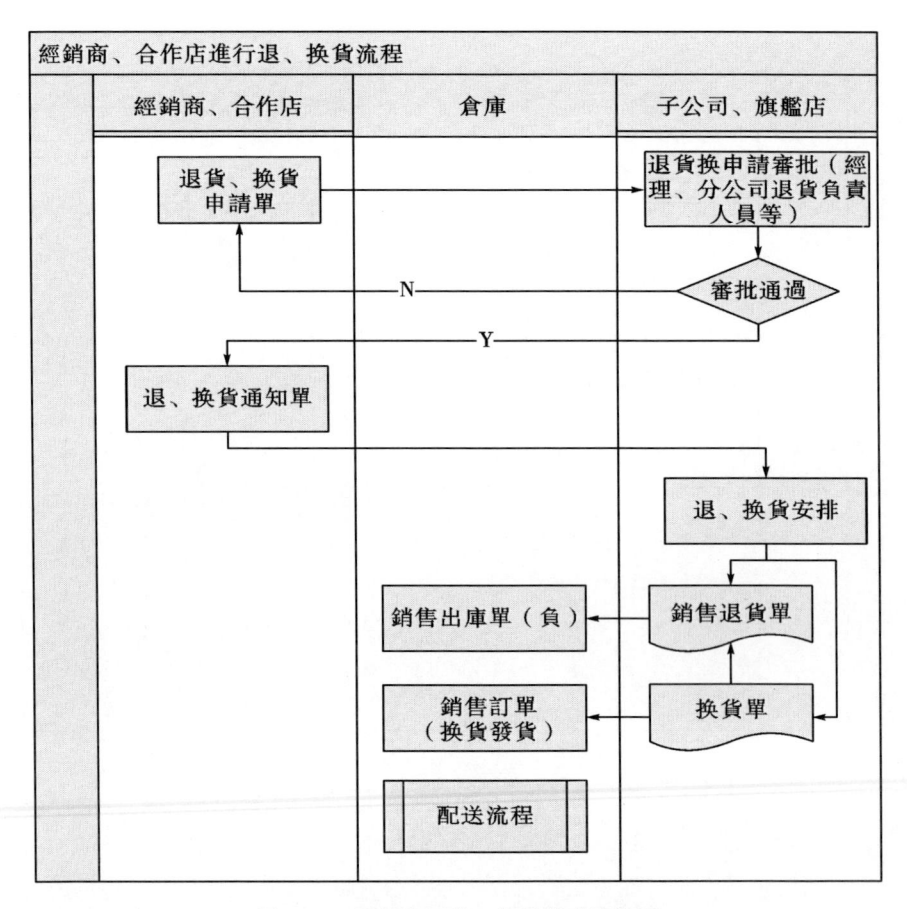

图 4.16　經銷商退貨、換貨業務流程圖

⑤銷售返利管理。

系統目標如下：

支持企業常用各種返利計算模型，如基於銷售數量、銷售金額、收款、應收帳款週轉天數等進行返利，支持超額累進、全額累進兩種計算方式。支持集團統一制定返利政策、公司獨立制定返利政策、集團+公司制定返利政策等模式。支持特殊返利政策，對特殊返利政策的執行情況進行審批；支持手工錄入返利單，對一些複雜的返利提供錄入接口；支持對返利計算結果即返利單的多級審批，滿足企業管理需要。支持返利金額的后續業務處理：衝減客戶應收、合併開票。

應用流程詳見圖 4.19。

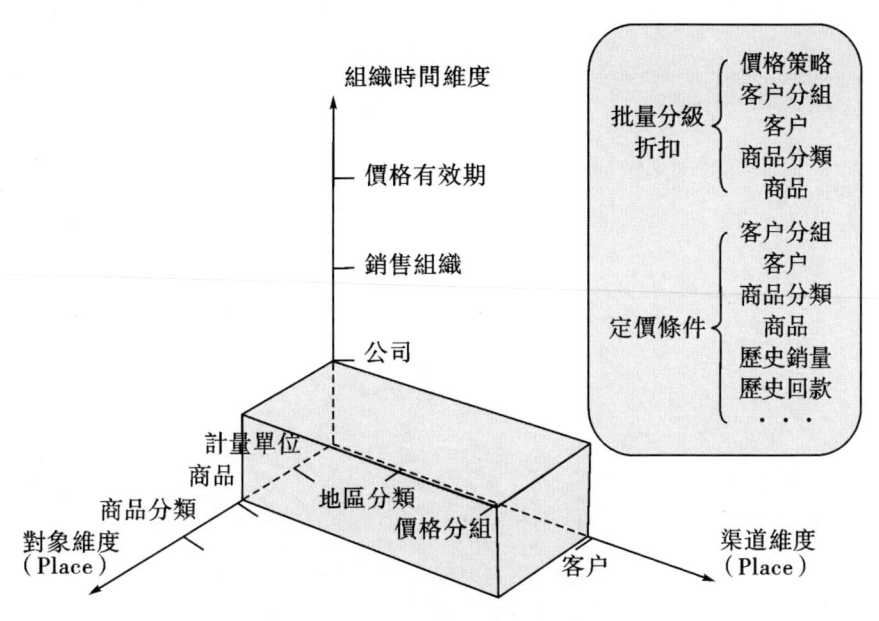

圖 4.17　銷售管理的影響因素圖示

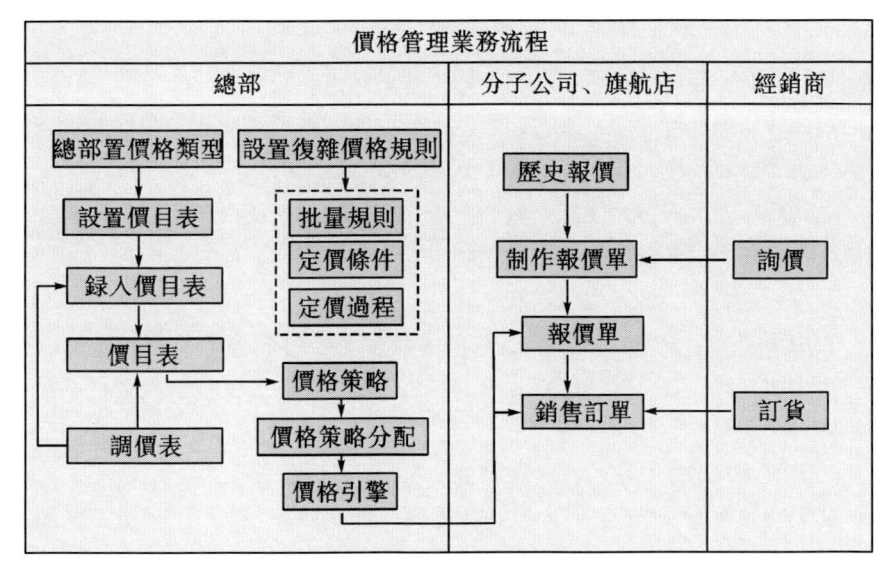

圖 4.18　價格管理業務流程圖示

4 「ZSF」連鎖營運管控平臺解決方案

```
┌─────────────────銷售返利管理業務流程─────────────────┐
│  倉儲部門    │    商務部門     │    財務部門      │
└──────────────┴─────────────────┴──────────────────┘
```

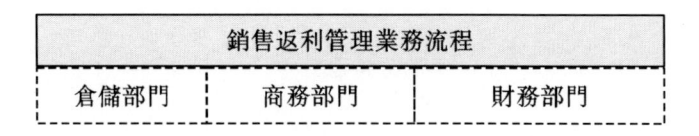

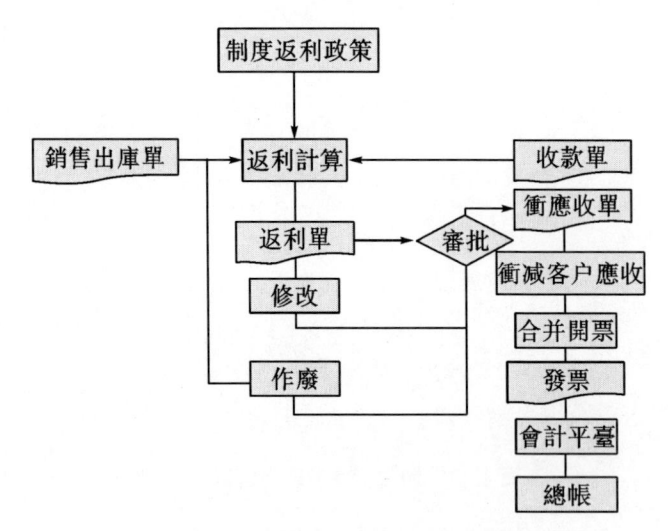

圖 4.19　銷售返利管理業務流程圖

系統功能定義：計算客戶返利時的依據以及返利的計算方法。當返利按商品大類或商品分別計算時，需在返利政策中對不同商品類或商品選擇返利計算時應採用的返利政策。

返利計算：根據客戶匹配的返利政策，計算應享受的返利金額。保存計算結果時，將按客戶分別生成對應的返利單；返利計算結果如果不保存，則認為返利計算只是試算，並不生成返利單。

費用類型：定義用於給客戶返利的費用類型，可設置各種費用類型的預算，對比預算與該費用類型的實際返利情況。返利兌現：支持抵貨款、返現金等模式。

(3) 建立「ZSF」全國式庫存調度中心

建立有效的補貨機制（安全庫存補貨、最低庫存補貨），使補貨更趨合理；建立全局庫存管理，可以即時查詢各個區域的庫存狀況；建立由旗艦店、RDC 進行要貨的模式，擴充倉庫發起的向下補貨；建立全面的條碼管理機制，庫存業務通過條碼實現高效、準確管理，形成對旗艦店、RDC 的完善的考核制度，從而更好地控制庫存成本；建立有效的預警體系，實現庫存的管理風險最小化，具體見圖 4.20。

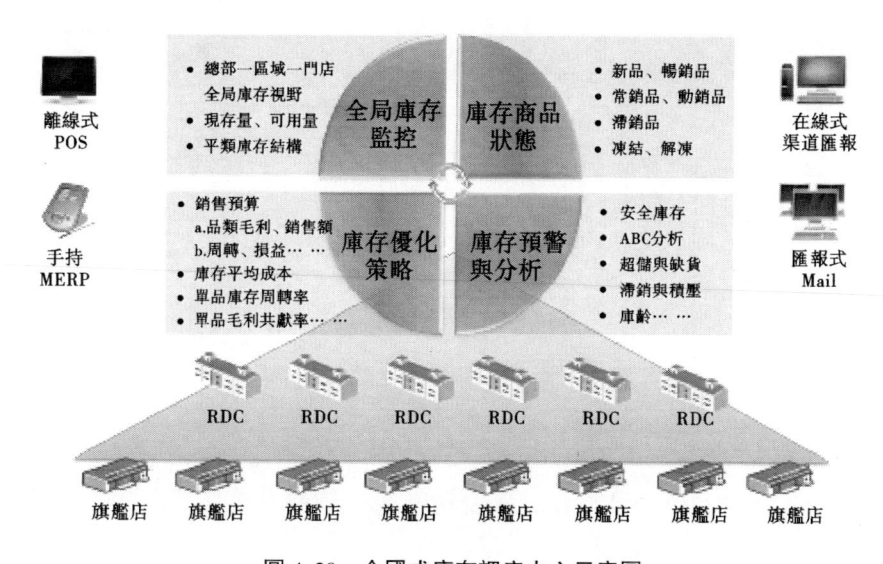

圖4.20　全國式庫存調度中心示意圖

①總部出入庫業務流程。

「ZSF」總部庫存主要有工廠、配送中心，其庫存主要有配件、油品、整車等。

總部的出入庫業務包括生產領料、配送產成品、採購、產成品完工入庫。用友 ERP 系統為集團級平臺，因此對於 ZS 集團的系統在做出入庫業務時可以協同起來完成相應業務。在生產完成後進行箱號編號，然後進行產成品入庫業務。業務體系中完成出入庫業後生成庫存帳的出入庫單，同時財務體系會協同生成財務的存貨成本的出入庫單據，經過成本計算后產生憑證記帳。詳見圖 4.21。

②旗艦店、RDC 出入庫業務流程。

「ZSF」六省一市的庫存主要集中在旗艦店、區域配送中心，其庫存主要包括配件產成品、油品、其他物資。旗艦店、RDC 的出入庫業務包括配送業務、銷售出庫。業務體系中完成出入庫業後生成庫存帳的出入庫單，同時財務體系統會協同生成財務的存貨成本的出入庫單據，經過成本計算后產生憑證記帳。詳見圖 4.22。

4　「ZSF」連鎖營運管控平臺解決方案　101

图 4.21　总部出入库业务流程图

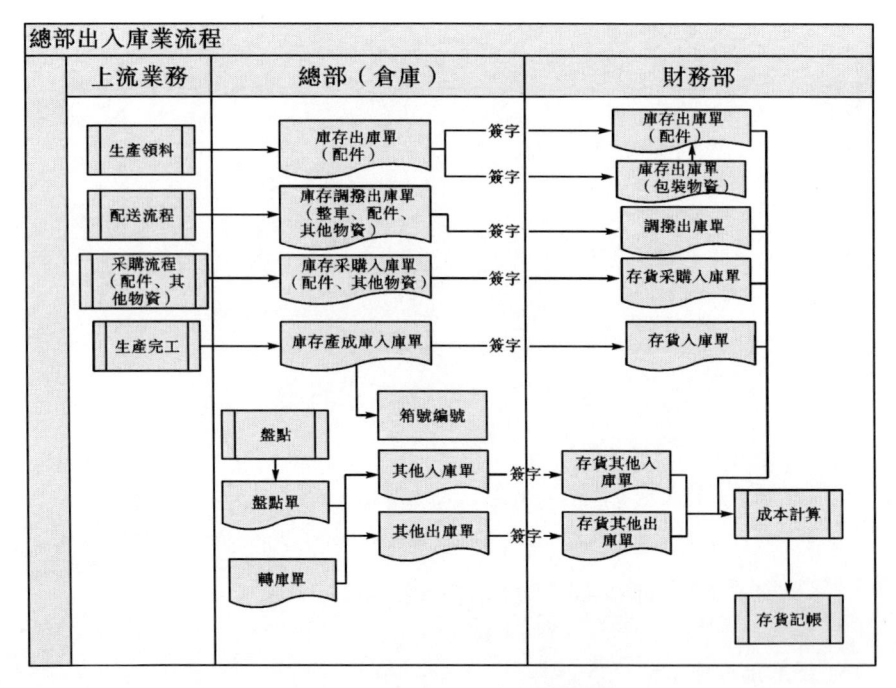

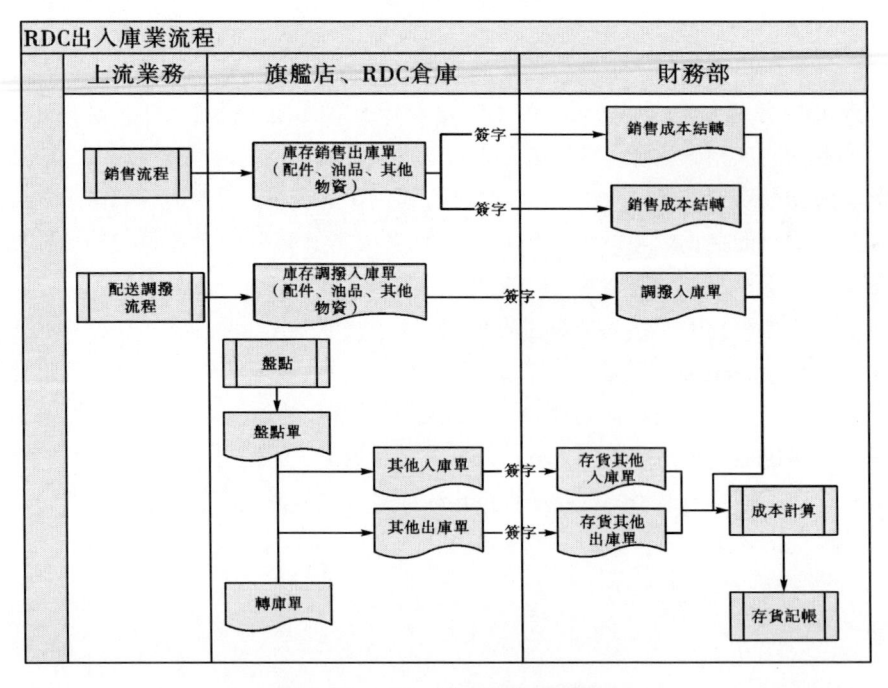

图 4.22　RDC 出入库业务流程图

③庫存基礎信息管理。

「ZSF」倉庫設置主要包括多級倉庫關鍵屬性內容、多級倉庫檔案管理。商品關鍵屬性管理內容主要包括商品計量單位、是否保質期管理、是否批次管理、是否條碼管理、ABC 分類管理等。計量單位：多計量分為基礎單位、中包裝、外包裝、拆零單位。條碼管理包括條碼規則的定義、條碼的解析、條碼字典。見圖 4.23。

倉庫管理	• 倉庫的劃分通常是按倉庫存儲類別。 • 倉庫的屬性通常與倉庫承載業務的性質有關。（是否影響ATP、是否進行成本核算、是否門店倉庫、是否用於零售）
貨位管理	• 貨位的劃分通常是多層級劃分，按庫區用處劃分為不同庫區。如按規格劃分、按性狀屬性劃分。 • 按規格大類、小類綜合分區劃分貨位。 • 按貨位存儲區分散件區、原件區。
存貨屬性	• 基礎屬性：管理批次、管理有效期、是否條碼管理、ABC分類管理等。 • 計量單位：多計量分為基礎單位、中包裝、外包裝、拆零單位。
商品庫存控制策略制定	• 商品數量控制策略：最高庫存控制、最低庫存控制、安全庫存控制、限額庫存控制等。 • 商品庫存占用資金控制策略；商品儲備資金定額控制。

圖 4.23　庫存基礎信息圖

④全程條碼管理。

全程的條碼管理，詳見圖 4.24。

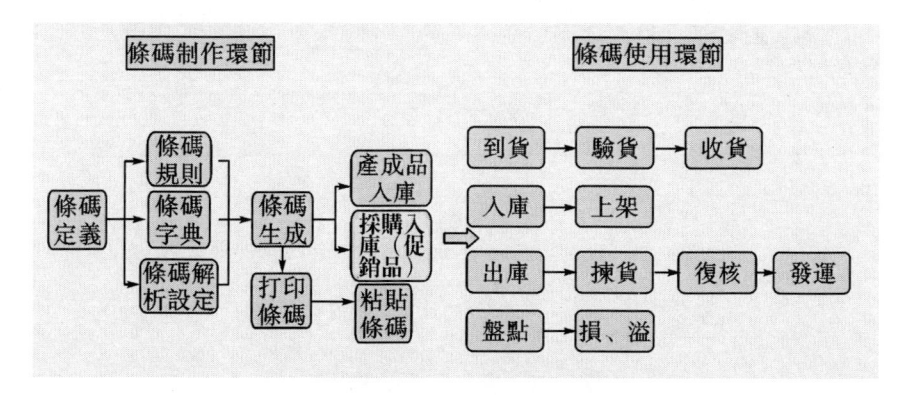

圖 4.24　條碼管理示意圖

條碼管理相關的硬件方案如下：

倉庫條碼管理由條形碼倉庫管理系統配合條碼打印機、條碼標籤、條碼掃描器、數據採集器等硬件設備集成而成，真正實現了現代科技化的倉庫條碼管理。倉庫智能化管理解決方案綜合了軟件系統、條碼應用、硬件系統、無線網路、系統擴展接口等多種技術，整個方案以倉庫管理為中心，通過系統擴展接口與外部系統連接，所有倉庫業務納入系統一體化作業管理，通過無線移動終端設備，智能信息化應用滲透到倉庫作業的每個細節及倉庫現場。

集成無線終端設備、條碼技術、無線網路通信技術，對倉庫現場作業進行支撐，並實施收集庫存移動數據，通過系統擴展接口與外部系統進行數據共享，使上層系統庫存數據及時、準確，真實反應庫存的實際情況，為統計部門、銷售部門、管理部門提供有效的數據支持，並對倉庫日常作業進行自動控制，提高作業的效率和精準度。

主要集成硬件設備有手持終端機（盤點機）、條形碼掃描儀、條碼打印機、PC 終端、無線掃描槍等。

⑤庫存管理策略。

商品庫存控制策略主要包括：第一，商品數量控制策略，包括最高庫存控制、最低庫存控制、安全庫存控制、限額庫存控制等。ERP 系統可以根據需求進行增加庫存管理策略控制條件：最高庫存、最低庫存、安全庫存高、安全庫存中、安全庫存低、管理存量計算。第二，商品庫存占用資金控制策略：商品儲備資金定額控制。詳見圖 4.25。

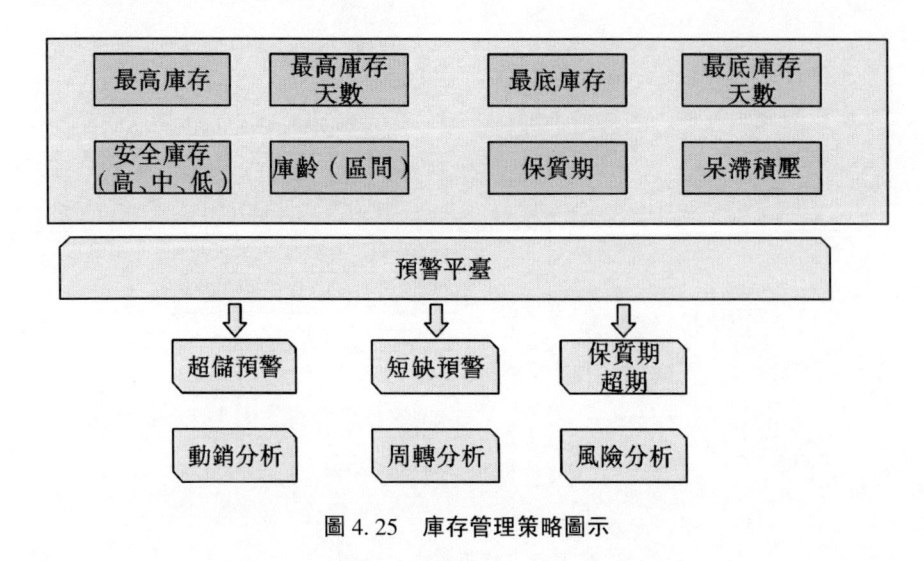

圖 4.25　庫存管理策略圖示

⑥存貨批次管理。

要全程進行跟蹤管理存貨批次，從採購入庫、庫存管理、生產領用到質量追蹤、從原料到產成品下線、產成品入庫后形成產成品批次、到銷售出庫、配送到經銷商整個全週期的批次管理與監控。存貨批次需要記錄如下信息：所屬存貨、供應商、到貨日期、並對存貨按此批次進行庫存及領發料的監管、從原料到產成品下線、產成品入庫后形成產成品批次。

原料採購入庫環節：在倉庫人員在做採購入庫單時系統自動生成批次。生成批次的規則可以在定義存貨批次生成規則時進行設定對應的批次生成規則。領料/發料出庫環節：在生產部門領料時選擇批次進行出貨。產成品入庫環節：在生產出產成品下線時，做產成品入庫單時系統自動生成批次。可以對產成品的該批次指定相關的成本價格。銷售出庫環節：銷售出庫時可以選擇對應的批次進行出庫。庫存日常管理環節：可以根據存貨批次查找統計庫存數據，按批次進行盤點等庫存操作。出庫環節：發生領料時，倉儲人員編製材料出庫單，指定所選批次出庫。詳見圖4.26。

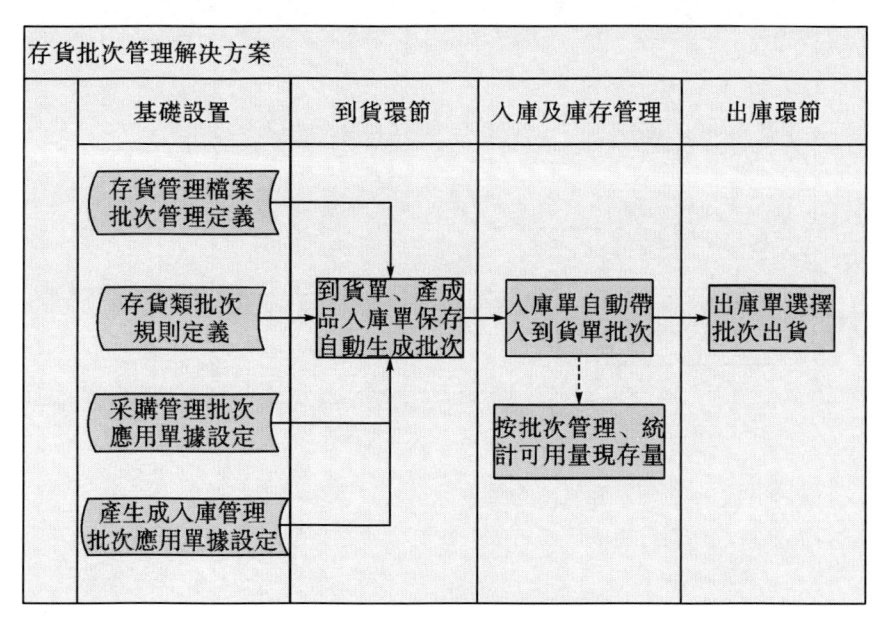

圖 4.26　存貨批次管理流程

方案應用價值：原材料從入庫、在庫到出庫全週期的材料批次管理，細化倉儲管理控制力度；銷售出庫選擇批次可以準確跟蹤所有存貨批次的全程流向，加強了分業物流全程管控力度；庫存數據可以按批次進行查詢、統計、及

時掌控批次存貨信息。

⑦存貨保質期管理。

針對原材料採購，從採購入庫、庫存管理、質量追蹤需要做原材料的保質期管理與監控。針對產成品入庫，從產成品入庫、庫存管理、質量追蹤需要做產成品的保質期管理與監控。「ZSF」在入庫環節錄入到貨、產成品入庫時存貨批次的生產日期，存貨本身的保質期天數相對固定，基於此需要進行保質期管理，並且在保質期來臨以及過期時提供相關人員預警。詳見圖4.27。

存貨保質期管理解決方案			
基礎設置	到貨環節	入庫及庫存管理	出庫環節
存貨管理檔保質期天數定義	到貨單、產成品入庫單錄入生產日期	入庫單自動帶入生產日期	選擇未失效的批次做領料出庫
存貨類批次規則定義			
采購管理批次應用單據設定		庫存存貨保質期查詢、統計	
進行入庫管理批次應用單據設定			
系統預警平臺		倉庫存貨保質期失效、臨近預警	

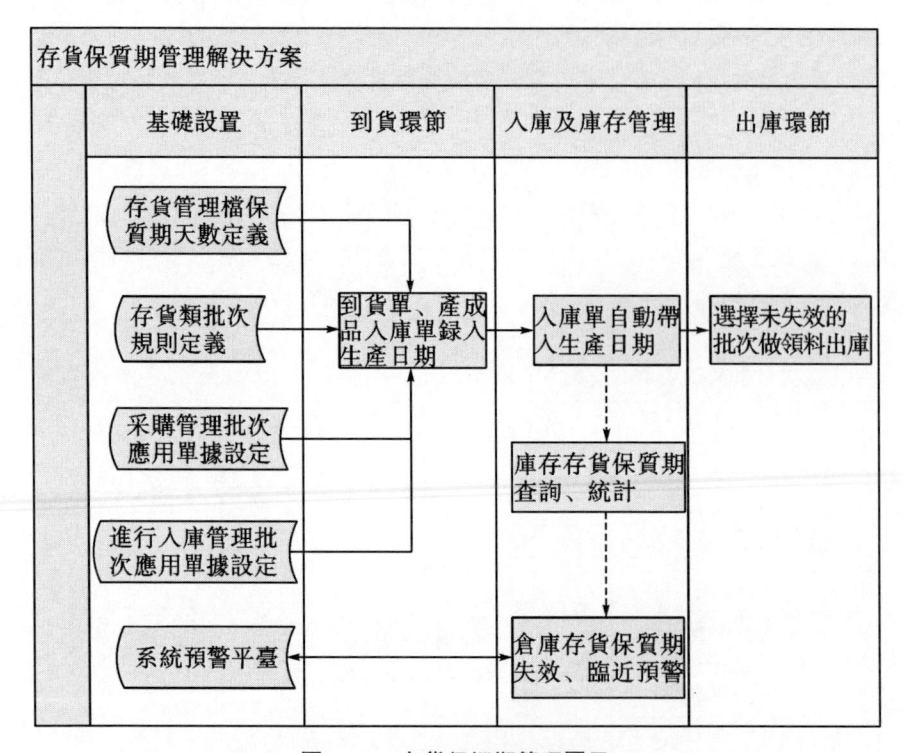

圖4.27　存貨保證期管理圖示

原料採購入庫環節：在倉庫人員做採購入庫單時系統自動生成批次，在生成批次時需要指定對應批次的生產日期，系統依據存貨的保質期算出失效日期。

產成品入庫環節：在生產出產成品下線時，做產成品入庫單時系統自動生成批次。在生成批次時需要指定對應批次的生產日期，系統依據存貨的保質期算出失效日期。

庫存日常管理環節：可以根據存貨批次查找統計庫存數據的保質期天數，進行統計分析。

出庫環節：發生領料時，倉儲人員按批次出庫，可以看到保質期剩餘天

數，對於過期的存貨則不應出庫。

應用價值：原料從入庫、在庫到出庫全週期的材料保質期管理；產成品入庫、在庫到銷售出庫全週期的保質期管理；庫存數據保質期可查、可按批次追溯，提高庫存質量管理的準確性；系統提供的自動預警功能，使得保質期管理真正做到事前提醒、事中控制，提高庫存質量管理的安全係數。

⑧全局庫存管理。

全局化庫存業務信息統計與分析：「ZSF」的庫存體系為多級庫存，在集團體系內是可見工廠庫存、RDC全局庫存。同時，庫存業務信息統計與分析包括需求申請查詢、商品請購計劃查詢、庫存存量查詢與統計、庫存帳簿查詢、庫存儲備分析、庫存統計分析等。

4.1.2.3 應用價值總結

（1）銷售管理方面

銷售管理系統通過靈活的約束關係設置和流程配置，可以很好地體現企業內部的銷售管理制度，並能支持多種銷售模式和結算模式，滿足日用品行業企業的銷售需求。

銷售管理系統與銷售價格系統的集成，可以實現存貨銷售的自動詢價，極大地方便了銷售過程中的價格處理機制。銷售管理系統與銷售信用的集成，可以使銷售員隨時查看客戶的信用情況，並通過審批流的配置，可以對客戶信用、帳期進行檢查，從而規避信用風險。

支持跨公司銷售，銷售訂單上可以發其他公司的存貨，在銷售訂單審批後形成發貨公司與銷售公司之間的調撥訂單，貨物可以直接由發貨公司發送到客戶，也可以由發貨公司發送到銷售公司后，由銷售公司發送給客戶，銷售公司與發貨公司之間進行內部結算。

合理地建立分銷渠道關係，選擇和招募自己的合格網點（包括大的直接客戶），為其建立網點檔案和大客戶檔案。同時，由企業採取積極的措施，幫助分銷商建立下級分銷商以及最終消費者的檔案並合理地獲得和使用這些檔案信息。通過這些檔案信息，建立一個完整的分銷網路體系視圖。

利用這一網路體系視圖，使銷售政策管理、促銷活動管理和市場信息管理能夠採集和發布渠道成員所需的並且有權限獲得的各種信息。並且利用這些信息，輔助企業或渠道成員發現渠道中存在的問題，以提示渠道管理者加以解決，如竄貨、不合理降價等。

（2）採購管理方面

實現「ZSF」的多組織、跨地域經營採購供應支撐，在集團公司進行採購

統一管理、自主採購模式同存。

採購系統滿足對集團本部及各個子公司所有物資的採購管理集中化，包括供應商評估管理、採購過程管理、採購控制管理、採購需求管理、採購結算管理等內容。

實現「ZSF」通過採購需求管理、採購價格管理（尋報價、比價、採購價格審批）、採購合同管理（長期合同、短期合同、一次性合同）、採購業務控制規則的配置，構建「ZSF」及各級部門的採購業務管理平臺，實現按需採購、及時採購、優質合理化採購、有效控制庫存的目標。

實現全面信息化集成：實現採購與倉儲、財務相關重要信息的集成應用。

全面效率提升：實現採購與倉儲相關部門之間協同工作、數據共享，提高採購與倉儲相關部門的工作效率、數據處理及時性、準確性。

有效控制加強：嚴格商品採購供應過程控制，降低採購與庫存占用成本。

（3）庫存管理方面

幫助用戶更加準確地制定庫存管理策略，降低成本及庫存風險；動態的存量查詢：現存量、預計入、預計出、在途庫存、凍結量、借入量；多商品屬性庫存管理：多計量、批次、保值期、自由項、序列號、條形碼；幫助用戶更即時、準確、高效地完成庫存出入庫業務，提高工作效率；幫助用戶即時監控庫存業務與庫存狀態；支持用戶自定義集團庫存的統計結構樹，進行多公司庫存的匯總查詢。集團可直接查詢多公司的收發存匯總表。幫助用戶規範庫存業務，提升庫存管理水平。具體見圖4.28。

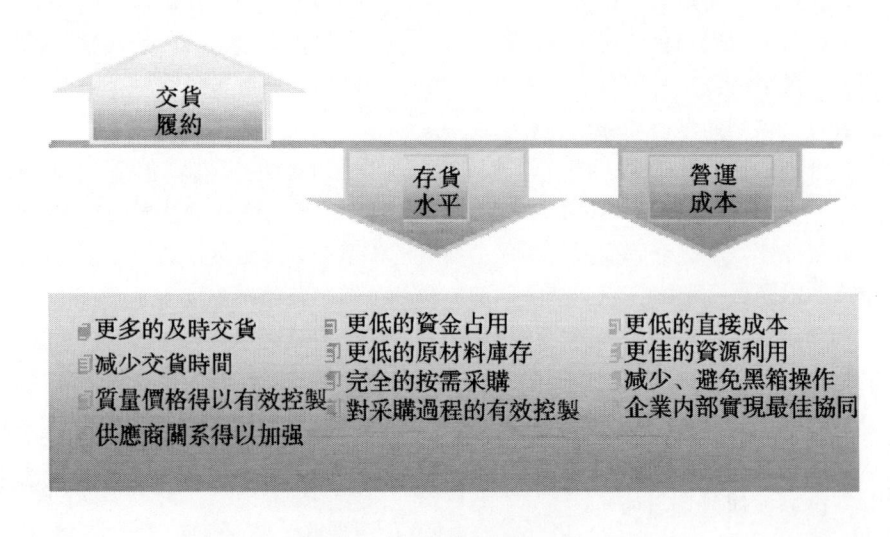

圖4.28 供應鏈管理優勢圖

4.1.3 「ZSF」精益物流管理解決方案

4.1.3.1 「ZSF」物流管理核心需求分析

(1) 倉儲中心佈局方面

倉儲現狀：目前，零配件倉儲採用前店后倉的模式，沒有專門的配送中心或中轉倉進行統一的庫存管理和配送。江津銷售服務店倉庫有 150 平方米，庫存金額 20 萬元左右，零配件種類約 2,500 種。江津店倉庫存儲區域是按品類劃分的，採用貨架加貨格的方式存放，發貨出庫策略採用先進先出原則。考慮整車生產日期、零件生產日期，一般整機提前 6 個月，再加上 2 個月流通時間，三包期根據銷售票日期確認。目前，對於經銷商退貨、舊件和壞件處理如下：對新件退回進行掛帳，舊件實物返回工廠，衝減應收帳款。在庫存管理上，倉庫分為舊件與新件區域，庫位分開。對於過了三包期的壞件按帳外物資進行處置。

包裝現狀：目前，包裝作業主要是上級公司品牌的機油灌裝及包裝作業，在上級公司專門包裝作業生產線。包裝物採購與領用管理是基於 MRP 計算出來的，與配件產品採購一起執行。機油灌裝是按銷售訂單和庫存相結合的方式進行計劃排產的，且由「ZSF」自己負責排產計劃。機油灌裝屬於生產包裝，其費用歸集為生產成本，物流包裝費用歸集為銷售費用，如進貨包裝、一些簡單配件套裝和組裝。

經銷商地理區域分佈散亂，對下級客戶覆蓋和輻射能力不足，物流運送週期長、成本高。

分析與建議：區域物流配送中心是整個「ZSF」物流系統的樞紐，是物流過程中的重要節點。佈局是否合理直接影響到配送中心各項物流活動的成本、作業效率、服務水平和經濟效益。「ZSF」的區域物流中心的建立應充分考慮各「ZSF」店的分佈、交通運輸條件等情況，其布點及從屬關係與其他業務可不相同，覆蓋的店面可跨區域管理中心的經營管理職能範圍。

建立區域物流中心需考慮的因素如下：

佈局：根據需覆蓋的「ZSF」店的分佈及數量，原則上以半徑為 300~500 千米的物理位置，或常規運送週期 1~2 天到達為目標建立配送中心，以保證運送的快速到達。

運輸條件：物流中心的選址應接近交通運輸樞紐，使配送中心形成物流過程中的一個恰當的結點。

規模及投入：應在對物流中心所覆蓋的業務區域歷史需求情況進行充分的分析，對未來業務拓展情況進行評估後，確定物流中心的規模及前期貨物儲備。

倉儲條件：根據商品特性，選擇適合的倉庫，包括房屋結構、通風、消防等。同時，應考慮現代物流信息化對通信、網路等條件的需要。

其他：人力資源因素、投資額的限制、運輸與服務的方便程度等。

(2) 零配件編碼問題

需求理解：對於不同供應商的零配件產品如何識別，如何統一不同的供應商的產品的編碼規則？上級公司百分之七八十的產品是有編碼的，有條碼識別的，可以通過以下 3 種方法進行識別：通過 BOM 可以分解下面部件編碼；出廠銷售配件都貼有條碼、防偽碼；零配件變更記錄。如果沒有統一編碼體系，「ZSF」各門店就很難對外面採購的零配件進行識別。

分析與建議：統一零配件編碼體系，側重考慮零售與物流管理的需要。

對於外面採購的零配件的識別問題，建議「ZSF」重新編碼。這個編碼規則制定工作應由技術部門牽頭，由總部 SCM 採購部門、門店和區域物流部門配合，共同確認零配件編碼方案，全面考慮維修識別、物流管理、採購管理、銷售管理需求。統一上級公司和外部品牌的配件產品編碼。在技術層面上，可在「ZSF」產品編碼與廠商產品編碼之間建立關聯關係。

(3) 庫存儲備管理問題

需求理解：渠道經銷商物流管理水平較低，缺乏有效的需求分析與預測，物資儲備不合理，無法達到快速回應市場需求、解決市場問題的要求；區域間物流信息不能共享，無法形成聯動，造成各經銷商庫存無法盤活，資金積壓、管理費用較高；目前，直營店和合營店前店后倉的庫存佈局，在后續網路建設過程中會產生很大的庫存成本以及庫存損失風險。零配件儲備風險很大，配件產品呆滯在庫存中變壞的不確定性很大。

分析與建議：庫存管控與調度。

根據區域需求情況分析，並執行庫存補貨配送的方式一般不會產生庫存積壓或呆滯，但出現以下情況時，就需各層級配送中心應對所覆蓋的各倉儲進行庫存檢查和貨物調度調配。因銷售需求量變化或銷售政策不當時，造成物資的積壓。銷售訂單錄入錯誤，造成到貨無法使用和消化。正常供貨渠道無法回應需求，而其他倉庫有儲備。

由於「ZSF」在導入期與成長期和成熟期的網點佈局廣度與深度、物流量不同，需要不同的物流體系與網路結構模式進行支撐，因此，物流網路中的核心節點（配送中心）構建和佈局的合理與否，決定著物流網路的效率以及服

務的及時性。對於不同發展時期「ZSF」的物流營運體系的庫存控制應從以下幾個方面來考慮：滯銷品，隔離庫存，其他地方有需要，系統判斷進行調撥；總部沒有庫存，區域中轉倉和門店有庫存，可以進行調撥調配；總部控制區域中轉倉庫存調撥，中轉倉控制各級門店調撥；建議最多設置兩級庫存體系，庫存體系層次不宜過多。

（4）物流運輸體系建設

需求理解：目前，「ZSF」運輸體系是採用獨立於上級公司的外部第三方物流公司執行運輸業務，具體運輸方式主要是零擔運輸。

與第三方物流商的運輸費用結算方式是月結，已經合作很長時間。以前是按重量階梯方式定價，根據運輸配件稱重情況，選擇適用運輸費率計算運輸費。現在是根據以前全年的配件銷售額，與第三方物流商確定運費占銷售額的比率。然后，每個月統計配件銷售額，按銷售額的運費比率結算，不按每單配件重量和運價計費結算。

分析與建議：

「ZSF」的業務範圍、商品特性及低成本物流運作的要求，決定了物流運輸需求的多樣性，故需建立能快速滿足各種運輸要求的立體運輸體系，運輸方式呈多樣化態勢。需根據區域實際物流運輸條件及業務實際情況，選擇適合的運輸合作單位和不同的運輸方式。

大宗運輸：整車汽運、鐵路運輸、船運是目前國內運輸成本較低的運輸方式，但前提是大批量、規模化的大宗貨物運輸。「ZSF」物流體系中，只有各區域物流配送中心可達到此要求。

零散運輸：零擔、隨客運是主要的零散貨物運輸方式。其特點是適合各區域物流配送中心對各「ZSF」店的運送。

快運：航空、特快專遞及各類快運業務。其特點是回應速度快、安全、運價較高。「ZSF」業務中，有部分需快速解決的服務維修配件或特殊情況的發貨需求，需以此方式滿足。

自行送貨：短距離運送或隨其他業務並行到達的情況。

其他運輸方式：郵寄包裹等，可作為運輸體系的有效補充。

各物流配送中心根據各配送對象的銷售訂單和庫存情況，主動向配送對象進行補貨配發，而不是傳統的被動接受配送對象的訂貨。一方面可有效控制下級進貨渠道；另一方面可減少物流環節人員配置及人為造成的工作失誤，從而降低物流運作成本，提高物流效率。

(5) 物流結算及資金管控問題

需求理解：按照「ZSF」公司渠道策略，「ZSF」業務真正實現貨物價值轉移和增值的環節是在各「ZSF」店。所以，公司對物流的結算應在各區域物流配送中心與各「ZSF」店之間，公司總部與各物流配送中心間只是貨物實體的轉移關係，只需核算貨物成本，不需要進行結算。並且因公司總部與各物流配送中心間無加價環節，所以可以減少公司稅負。

分析建議：通過對物流數據的歸集與統計，實現區域營運中心和各「ZSF」店的銷售業績及應收帳款核算，並通過區域營運中心執行資金的回籠和管控計劃。

「ZSF」店間的層級關係及利潤分配，可通過銷售返點等方式實現。

(6)「ZSF」物流運作模式規劃

「ZSF」物流模式具有以下主要特點：支持外部社會物流和企業內部物流雙服務模式；集中化調度；網路化協同；一體化運作；個性化服務。參見圖 4.29。

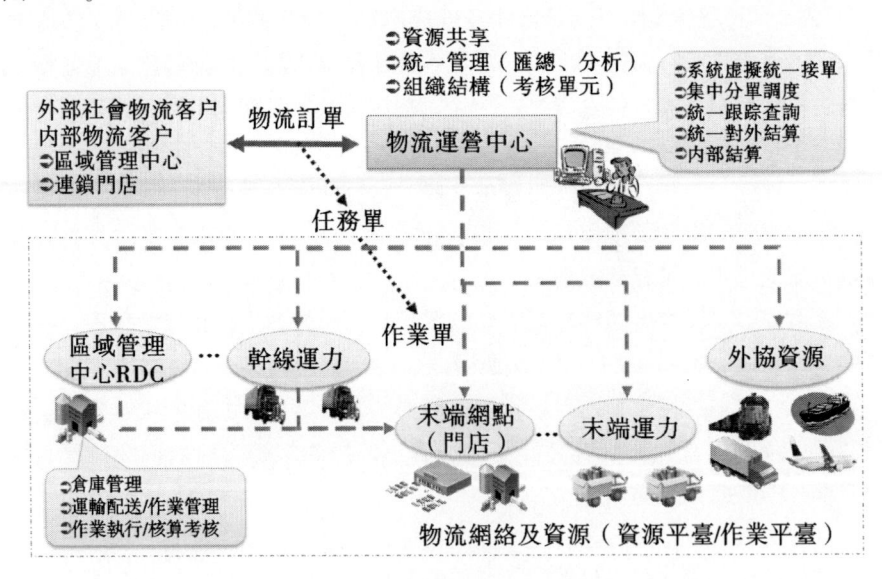

圖 4.29　物流運作模式規劃圖

(7)「ZSF」物流配送網路體系設計

「ZSF」物流配送網路體系建設採用二級配送網路模型，將母公司工廠視為虛擬中央配送中心，「ZSF」連鎖渠道體系內部只設置區域中轉倉和門店庫。具體物流網路體系設計如圖 4.30 所示。

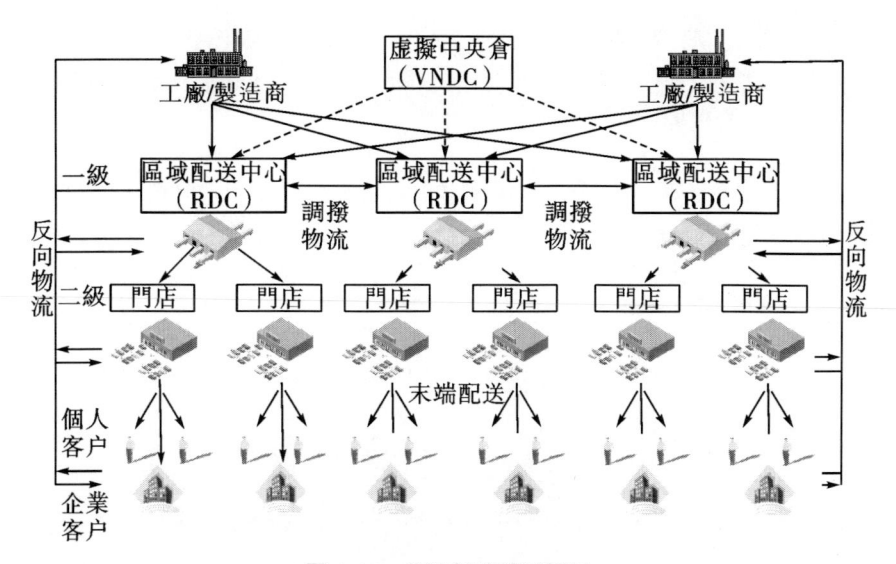

圖4.30　物流網路體系圖示

4.1.3.2 「ZSF」物流管理系統支撐

（1）「ZSF」物流管理系統整體應用架構

根據「ZSF」連鎖物流需求，「ZSF」物流管理系統整體應用架構設計如圖4.31所示。

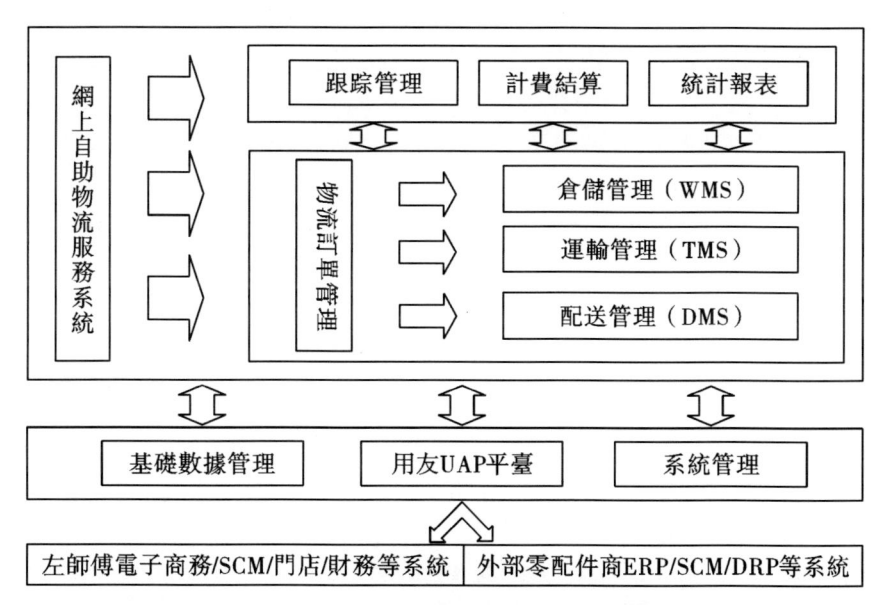

圖4.31　「ZSF」連鎖物流整體應用架構圖

4　「ZSF」連鎖營運管控平臺解決方案 ｜ 113

(2)「ZSF」物流管理系統與其他系統之間的數據關聯關係

物流管理系統與供應鏈管理系統、門店管理系統、電子商務系統和財務管理系統之間的數據關聯關係如圖 4.32 所示。

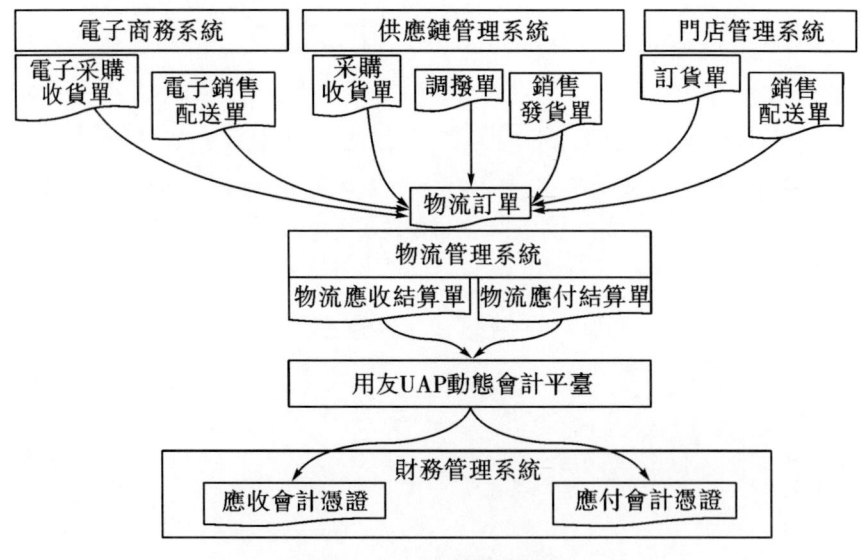

圖 4.32 數據關聯關係圖

(3) 網上自助物流服務系統

網上自助物流服務系統是專門提供給門店或合作夥伴使用的應用系統，網上自助物流服務系統的用戶一般是通過 Internet 來使用。該子系統主要是面向「ZSF」合營店、加盟店、合作夥伴（如協議車隊）等用戶開發的自助物流服務系統。網上自助物流服務系統一般是提供給加盟店、VIP 客戶和合作夥伴使用，他們通過網上自助物流服務系統進行一些商務協同的操作。那麼對於一般性的查詢需求，系統將提供訂單跟蹤系統（在網頁上輸入訂單號就能跟蹤整個訂單的處理狀態）等電子商務類的功能。

本子系統具有以下功能：

網上下單管理：客戶可直接在網上進行委託單或訂單的下單，並可查詢下單後的相關處理情況。入庫電子訂單、出庫電子訂單、調撥電子訂單、配送電子訂單。

網上業務量的查詢：業務客戶可直接在網上查詢任意時段的業務量。

網上庫存管理：客戶可直接在網上查詢相應的貨品或原材料在物流公司配送中心的庫存結餘以及進出庫信息等；客戶可根據系統自動補貨報表提醒功能進行連續補貨、自動補貨、庫存帳查詢（庫存數查詢、超期型號查詢）。

跟蹤管理：訂單跟蹤查詢、車輛跟蹤查詢和貨物跟蹤查詢；客戶可以通過委託/訂單號、運單號、業務聯繫單號、貨品編碼或條形碼等跟蹤瞭解訂單及其貨物的運輸動態信息。訂單跟蹤：物流訂單、任務單、作業單證跟蹤；MS訂單跟蹤。車輛跟蹤：車輛位置、動態維護與跟蹤。貨物跟蹤：條碼跟蹤；貨損跟蹤。

網上結算管理：客戶可直接在網上查詢對帳表，瞭解相關費用及往來帳信息，並進行費用核對。

（4）物流訂單管理

物流訂單管理的主要功能包括：

入庫委託：物流公司提貨入庫委託和客戶送貨入庫委託，入庫業務類型可分為外購入庫、產品入庫、退貨入庫、第三方物流入庫、其他入庫。

出庫委託：物流公司配送出庫委託和客戶自提出庫委託，出庫業務類型可分為銷售出庫、第三方物流出庫、其他出庫。

調撥委託：「ZSF」內部交易調撥、第三方物流庫存調撥。

幹線運輸委託：中央配送中心（CDC）到區域配送中心（RDC）以及RDC之間的幹線運輸業務；外部客戶委託的幹線運輸業務。

配送委託：RDC和門店倉的末端配送。

分單管理：自動分單與手工分單。入庫委託單手工拆單、出庫委託單手工拆單。

任務單管理：入庫任務單管理、出庫任務單管理、運輸任務單管理、配送任務單管理。

任務指派：任務接受確認、任務撤銷與任務指派。在出入庫時，指派貨品的收貨倉庫：區域中心倉庫、門店倉庫。

（5）倉儲管理

倉儲管理的主要功能包括：

入庫管理：預入庫計劃，包括入庫計劃查詢（入庫通知單管理）；收貨管理：點數、質檢；入庫操作。

出庫管理：預出庫計劃，包括出庫計劃查詢（出庫通知單管理）；揀貨管理：根據出庫計劃和揀貨策略編製揀貨計劃；出庫操作。

庫存期初以及庫存盤點：支持明盤、暗盤、循環盤點，以及庫存調整、物權轉移、倉儲日結。

庫存帳查詢：庫存結存表；出入庫流水帳；網點/門店庫存數查詢；庫存數查詢，包括全局庫存查詢、庫存結構查詢；安全庫存預預警；日結查詢；超

期型號查詢，包括保質期預警、呆滯週期；庫存分析，包括週轉率、週轉天數、存貨庫齡分析。

物流加工：貨品打包管理、貨品拆包管理、貨品加工管理；加工類型可自定義，包括如貼標籤、切割、分裝等。

倉儲策略：入庫默認貨位和策略設置；相鄰策略。出庫貨位策略設置：先進先出、后進先出、最少揀貨點、PTC策略、批號（升序、降序）策略。入庫批號規則設置。

倉庫檔案：倉庫檔案管理、三維（行列層）貨位設置、虛擬貨位定義：收/發貨虛擬庫位、待檢虛擬庫位。

安全庫存控制：最高庫存量、最低庫存量、安全庫存量設置。

(6) 運輸管理

運輸管理包括調度管理和運力資源管理兩大功能。

A. 調度的主要功能包括：

車隊調度：運輸計劃調度（干線運輸調度）；運輸任務單；運輸外派單。

車輛調度：派車單：下達、回單管理。車輛配載（運輸任務單調度、任務單貨品明細批量調度）。運輸作業單：下達、回單管理。

綜合作業單管理：鐵運、海運回單管理。

B. 運力資源管理的主要功能包括：

車輛管理：車輛檔案管理（基本信息、車輛技術參數、營運牌證管理）、車輛檔案導入。

司機管理：司機檔案管理（司機信息、獎懲記錄管理）；司機檔案導入。

車隊檔案管理、車輛維修保養管理：維修保養計劃；維修保養執行。

車輛輪胎管理：輪胎檔案管理、輪胎翻新管理、輪胎更換管理、車輛耗油管理。

車輛事故管理：事故記錄、責任鑒定、保險索賠處理、車輛損壞記錄、貨物損壞記錄管理。

(7) 配送管理

配送管理的主要功能包括：調度管理、車隊調度；配送任務單、配送外派單；車輛調度；派車單（下達、回單管理）。車輛配載（配送任務單調度、任務單貨品明細批量調度）；配送作業單（下達、回單管理）；倉儲管理；配貨計劃管理（配貨通知單管理）；揀貨管理；出庫操作。

(8) 物流跟蹤管理

物流跟蹤管理的主要功能包括：訂單跟蹤（委託訂單、任務單、作業單證

跟蹤）；TMS訂單跟蹤（公路貨物托運單狀態跟蹤查詢）；車輛跟蹤（車輛位置、動態維護與跟蹤查詢）；貨物跟蹤（條碼跟蹤）；貨損跟蹤（貨損查詢、查看）。

(9) 物流計費結算

物流計費結算的主要功能包括：

費用管理：費用維護（應收/應付費用結算製單）；結算單管理（結算單商務和財務兩級審核）；費用核對；對帳表管理；費用報銷；司機費用（如過橋、過路費、加油費等）報銷管理。

結算設置：匯率維護；費用計算方案管理（結算對象自動計算方案自定義）；變量設置（計算方案公式引用的變量自定義）。

(10) 物流統計報表

物流統計報表的主要功能包括：訂單貨品查詢、區域/門店貨品查詢、回執單統計、貨損貨差查詢、到貨反饋查詢、費用統計、RDC屬性統計、ABC客戶屬性統計、RDC里程分類統計、訂單處理週期統計、KPI考核指標（物流成本率、庫存週轉率、訂貨滿足率、無誤交貨率、交貨及時率、貨物破損率、物流費用率、配送中心收益、營運費用比率等）。

4.1.3.3 應用價值總結

(1) 物流管理方案總體應用價值

物流管控方案的總體應用價值詳見圖4.33。

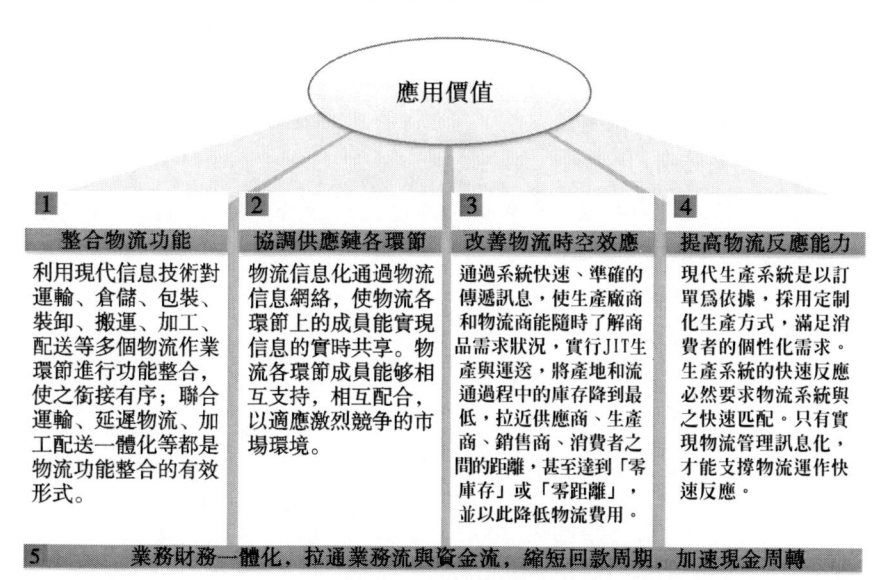

	應用價值		
1 整合物流功能	**2 協調供應鏈各環節**	**3 改善物流時空效應**	**4 提高物流反應能力**
利用現代信息技術對運輸、倉儲、包裝、裝卸、搬運、加工、配送等多個物流作業環節進行功能整合，使之銜接有序；聯合運輸、延遲物流、加工配送一體化等都是物流功能整合的有效形式。	物流信息化通過物流信息網絡，使物流各環節上的成員能實現信息的實時共享。物流各環節成員能夠相互支持，相互配合，以適應激烈競爭的市場環境。	通過系統快速、準確的傳遞訊息，使生產廠商和物流商能隨時了解商品需求狀況，實行JIT生產與運送，將產地和流通過程中的庫存降到最低，拉近供應商、生產商、銷售商、消費者之間的距離，甚至達到「零庫存」或「零距離」，並以此降低物流費用。	現代生產系統是以訂單為依據，採用定制化生產方式，滿足消費者的個性化需求。生產系統的快速反應必然要求物流系統與之快速匹配。只有實現物流管理訊息化，才能支撐物流運作快速反應。
5 業務財務一體化，拉通業務流與資金流，縮短回款週期，加速現金周轉			

圖4.33 物流管控方案的總體應用價值圖示

（2）倉儲系統應用價值

減少單證錄入錯誤，提高庫存準確性，優化庫存水平設置，降低渠道庫存成本和風險，降低客戶訂單缺貨損失；縮短單證處理、收貨、揀貨、發貨時間，規範倉庫管理，精細控制接單、分單、收貨、質檢、存儲、揀貨、加工包裝、發貨等作業過程，消除存儲和揀貨錯誤，使其環環相扣，全程作業狀態可視化；實現智能化信息系統指導作業，標準化作業流程，降低對人員的依賴性；通過系統優化庫區、合理佈局，提高倉庫利用率，提高庫內管理可視化程度；通過系統報表即時匯總數據，幫助管理層即時獲取全面、準確的經營情況，為決策層提供決策數據，提高其業務趨勢洞察力；從作業執行到門店物流信息服務，關注連鎖門店物流期望，提高門店物流服務滿意度。

（3）運輸系統應用價值

提高單證處理效率，降低工作強度。系統自動進行運輸任務的歸類、分解、生成運輸計劃；打印派車單；系統進行到貨確認。系統支持單證傳遞的整個過程，信息採集全面、準確、及時，實現信息的高速傳遞，提高工作效率；借助系統減少裝運錯誤，提高車廂實載率，優化運輸線路，降低運輸成本；優化車隊車輛使用率並減少燃油灌消耗和司機成本；通過系統信息透明化，監督調度人員，保證車輛合理調度，建立公平的司機排班機制，提高司機滿意度和保持力；通過集成 GPS/GIS 實現對整車運輸過程的定位和監控。控制車輛在途運行，保證車輛和貨物的安全性、貨物送達的及時性；對運輸車輛進行即時導航，提高司機對新運輸線路的適應能力，降低對經驗司機的依賴；運輸過程透明化，滿足客戶、管理人員和調度員對運輸過程的監控；提高連鎖門店零配件物流服務水平，門店倉庫管理員可在線即時跟蹤查詢訂單、車貨狀態。

（4）配送系統應用價值

根據連鎖門店終端維修保養需求信號同步備貨和發運；靈活的「一車多單、一單多車」配載，實現多點共同配送；借助系統減少裝運錯誤，提高車廂實載率，優化配送線路，降低配送成本；優化車隊車輛使用率並減少燃油灌消耗和司機成本；通過系統信息透明化，監督調度人員，保證車輛合理調度，建立公平的司機排班機制，提高司機滿意度和保持力；通過集成 GPS/GIS 控制車輛在途運行，保證配送及時性；支持多級配送中心網路服務操作，信息共享，資源優化調配；在線即時庫存查詢與訂單、貨物狀態跟蹤；動態貨物庫存的管理。

4.1.4 「ZSF」集團財務集中核算解決方案

4.1.4.1 「ZSF」的核心需求分析

（1）財務管理組織的建立

需求理解：從管理上看，「ZSF」的管理組織分為總部、區域分公司、直營/合營門店三級；從核算角度看，區域分公司僅僅是總部前置的一個管理機構，並非獨立法人，因此核算組織為兩級——總部、門店。如何建立適應「ZSF」連鎖服務體系發展的財務管理體系，在管理會計、會計核算、風險控制、稅務規劃等方面起到業務指導和監督監控的作用，是「ZSF」財務管理工作的重點。

分析與建議：在財務組織的搭建方面，總部設置財務部，財務部下分網店、核算、資金管理、營運分析等科室，區域中心設置副主任分管財務，門店設置會計和出納。在業務上，門店財務人員受區域中心和總部財務部的垂直管理，在統一的財務制度要求下執行操作；在行政上，門店財務人員由店長進行日常管理，服務於門店業務。財務管理體系內的所有成員需要共同保障「ZSF」財務管理規範的一致，在統一的會計制度下處理日常事務。

在未來，可以發展到總部和區域分公司的兩級核算模式，末級的門店作為區域分公司的下級門店進行管理，享受企業所得稅合併納稅優惠。這時候，分公司既是管理組織也是獨立的核算組織，門店則作為內部獨立核算單元；門店之間的物資流動作為庫存調撥處理，分公司間的物資流動作為內部關聯方交易進行處理，需要由分公司—總部—分公司進行三方結算。這也是連鎖經營企業比較常見的組織運作模式。

建議部署集團化的財務管理系統，從制度、規範上保證從上到下的一致，管理者即時獲取各門店的財務數據，並隨時監控當前操作者的業務行為。

（2）存貨額度管理

問題描述/需求理解：在額度管理方面，「ZSF」投入了不少的精力，對合營店的信用額度管理、應收帳款管理有明確的管理辦法；在存貨額度的管理方面也定義了計算公式，目的是為了減少資金佔用、降低資金風險。

分析與建議：額度管理上是一種抵禦風險的辦法，不同的門店分別維持多少的庫存才是合理的，既不影響經營，又不會造成資金佔用，存貨額度的管理實際上就是安全庫存管理。如何解決這個問題，本書認為可以從以下兩個層面進行分析。

①從倉儲物流的模式角度分析，如果未來設置區域配送中心，那麼門店的庫存量就會極大降低，此時就基本上不存在門店需要維持高庫存量的問題了。

②如果未來不設置物流倉儲中心，庫存還是置於門店；或者說在「ZSF」連鎖經營體系發展的前期，還是以門店庫存模式為主，那麼就需要建立安全庫存的定義模型。安全庫存的管理模式又可分為靜態安全庫存和動態安全庫存，靜態安全庫存主要考慮安全因子（服務水平）和平均絕對偏差（MAD），動態安全庫存主要有覆蓋天數法和動態比例法。根據相關的諮詢服務經驗，不同的企業和業務需要進行針對性的、全方位的分析。

(3) 財務分析需求

需求理解：財務管理部門希望能夠進行經營情況和毛利情況的分析，進行關聯交易的數據統計，並支持報表合併的處理。

分析與建議：做好財務分析的前提是定義分析的模型（或者樣表），然後從各職能部門、門店完成數據收集，最後生成報表。企業的經營分析也是如此。本書認為，分析模型的定義是和企業的管理訴求分不開的，連鎖經營企業的分析模型通常由採購、銷售、庫存、成本、人力資源、資金等板塊構成，每個板塊分別提煉分析指標。以財務分析為例：分析對象，包括收入、成本、費用、利潤等；分析維度，包括全公司、分公司、地區、單店、單服務項目等；分析模型，包括盈虧平衡點模型、投入產出比模型、MAP分析圖等自定義模型；分析方法，包括結構分析、趨勢分析、同比分析等。

分析方法和管理要求需要由「ZSF」以及諮詢服務提供方共同設計，而最終的實現必須通過軟件系統，否則難以完成取數、數據整理、計算和圖形化展現的工作；數據分析之後，緊接的工作就是從分析結果查找原因，通過信息化系統穿透查詢到原始單據，並找到原因，這也是專業的信息化系統必備的能力之一。

4.1.4.2 「ZSF」集團財務管理系統支撐

(1) 建立總部共享財務服務中心

「ZSF」企業在現有的會計核算處理方式下，由於下屬單位的會計核算制度不統一、基礎數據不規範，造成匯總會計信息滯後、失真，對下屬企業財務監控困難。

用友NC系統可以幫助「ZSF」構建集中的會計核算系統，在總部建立共享服務中心，規範基礎信息，有效地貫徹和執行統一的會計核算政策，提高會計信息的可比性和一致性。詳見圖4.34。

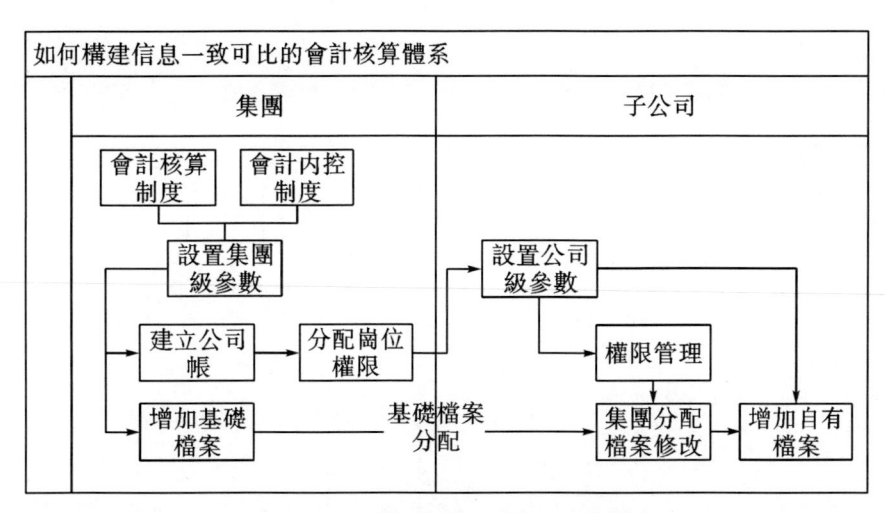

图 4.34　集团财务管控总体流程图示

图注说明：

（1）通过集中设置系统参数落实集团会计制度和内控制度；
（2）根据组织结构建立相对应的会计核算主体帐簿；
（3）根据财务人员岗位分工情况进行角色设置、权限分配；
（4）规范基础信息，集中编制公用档案并分配给子公司使用。

①建立会计核算体系。

「ZSF」因其管理模式不同、组织形式不同、核算要求不同，其会计核算体系建立也存在很大的差异。并且，随着企业业务的发展，其组织结构在不断地变化之中，要求会计核算体系能够灵活方便的适应变化。

用友 NC 系统根据组织结构灵活地映射会计主体和会计组织，可根据企业组织结构的变化灵活调整，支持企业的快速扩张，快速复制会计管理模式。详见图 4.35。

②统一核算政策。

根据自身实际情况选择相应的会计核算政策，用友 NC 系统还可以全面支持《新会计准则（2014 年）》；在用友 NC 系统集团参数中固化会计政策，控制下属单位执行。

根据内部行业、地区分布不同设置不同的会计科目方案；根据数据汇总需要选择对下属单位科目控制的级次；按照下属单位性质进行对会计科目的设置；严格控制科目变更。

③规范核算流程。

用友 NC 系统能够帮助「ZSF」规范会计核算流程，从而规范所有分支机

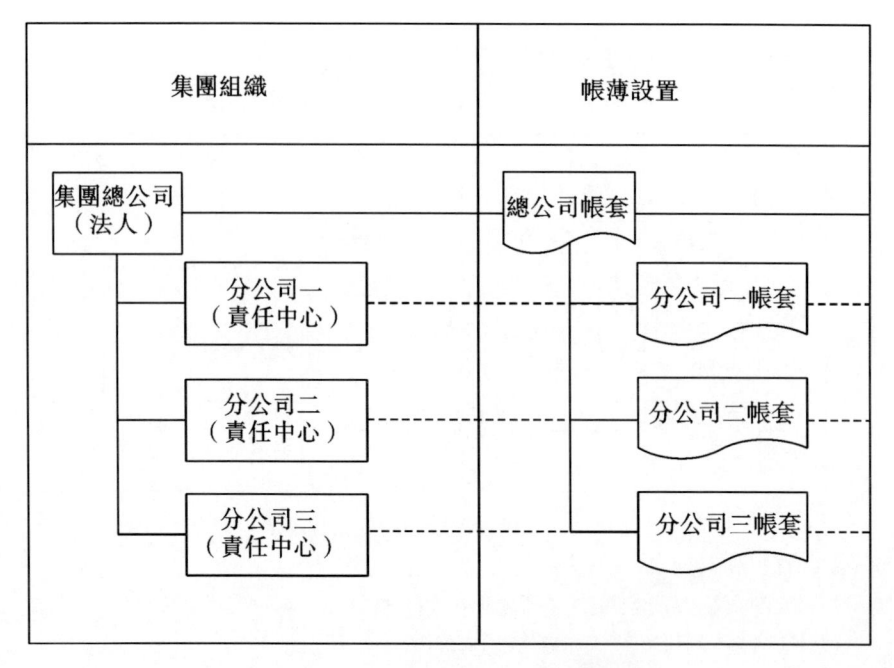

```
   集團組織              帳薄設置

 集團總公司              總公司帳套
  （法人）
     ├── 分公司一 ------- 分公司一帳套
     │  （責任中心）
     │
     ├── 分公司二 ------- 分公司二帳套
     │  （責任中心）
     │
     └── 分公司三 ------- 分公司三帳套
        （責任中心）
```

圖 4.35　NC 應用模式下的建帳方式圖

構的會計核算工作。制定統一的會計核算流程；在用友 NC 系統中固化該流程並控制分支機構遵照執行，如憑證審核后才能記帳、上月未結帳是否允許記帳、是否反記帳、核銷順序、憑證序時控制等。通過對這些參數的使用，使得下屬企業按照財務管理要求進行會計處理，保證會計信息的完整性，降低會計舞弊的可能性。

④規範基礎信息。

為規範「ZSF」管理基礎信息，實現同一檔案信息在整個企業內的共享，提高數據查詢和統計的一致性。集團統一規範基礎檔案的分類規則、編碼規則；集團增加公用基礎檔案，並分配各下級單位使用；根據集團下發權限，下屬單位可以根據集團編碼規則增加自己的基礎檔案。

（2）從系統機制上保障內控制度的貫徹執行

「ZSF」在現有的財務管理模式下，由於缺少有效的管理工具，企業既定政策、制度在下級單位得不到很好的貫徹執行。

用友 NC 系統通過集團參數設置、權限設置、審批設置、預警平臺等手段在制度上和權限上落實內控制度，有效地保障了內控制度在整個企業的貫徹和執行。

①通過系統參數貫徹內部控制制度。

用友 NC 系統中預設很多控制參數，參數分為集團級參數和公司級參數，可由總部統一設置。這些參數對業務處理流程和相關操作進行控制，有效落實內部牽制制度、不相容職務相分離制度。如：在業務流程中，製證、審核權限分開，從而貫徹相互牽制制度；在總帳中的憑證審核中，本人不能審核本人單據，強制貫徹不相容職務分離制度；應收帳款中設置錄入人和審核人是否為同一人，審核人和反審核人是否為同一人等設置；在報帳中心子系統的參數部分，通過設置參數核銷方式、核銷順序、截至本月收付款單全部核銷，並且控制下級，從而保證企業內部應收、應付核算制度的統一和執行。

②通過權限管理落實內部控制制度。

用友 NC 系統提供了功能強大的權限管理，可以按照人員、角色分配權限，保證各操作人員在職責範圍內進行相關業務處理，提高數據的安全性。

可以設置的權限有：人員權限和角色權限；功能權限、主體帳簿權限；數據權限。

③通過審批流管理實現事中控制。

「ZSF」現在處於高速發展的狀態，針對整個企業在營運中的重點業務通過審批流平臺設置審批流控制，以減少營運風險：審批人設置、審批人權限設置、審批流程設置、審批管理制度的制定和執行。

用友 NC 系統可以實現以單據驅動的審批程序，並使用多種消息驅動模式通知相關審批人員，審批人員可以直接通過待辦事務進行業務處理，實現工作流和業務流的統一。如固定資產增加審批、報帳審批、付款審批、事項審批等。

④通過預警平臺實現異常業務防禦。

用友 NC 系統的預警平臺可以針對企業內部重點監控事項進行提前預警，便於企業及時對關鍵業務做出回應，如憑證大額支出、資金短缺預警、應收應付報警、事項審批到期預警、資產報廢提示等，從而及時監控企業的重大事件。

⑤通過穿透查詢即時透視各級單位的財務狀況和經營情況。

用友 NC 系統集中管理下屬單位數據，實現從最底層的會計數據直接匯總，減少了中間層的層層匯總和加工，提高了信息的及時性、真實性。

用友 NC 系統提供了多種查詢手段，可以實現跨年度、跨公司主體的多維度查詢，支持從報表—總帳—明細帳—憑證—原始單據的溯源查詢，即時監控下屬單位的經營過程。

(3) 解決「ZSF」成員之間對帳難的問題

「ZSF」門店眾多，未來在門店間必然存在內部調貨的往來活動，而門店又是獨立核算的主體，因此需要以關聯方交易的方式進行處理。在「ZSF」企業成員之間進行內部交易，因雙方入帳的時間不一致、入帳的科目不對應等原因而導致月末內部交易對帳不平，交易雙方需要耗費大量的時間和資源尋找對帳不平的原因，進行調帳，同時也給企業合併報表的編製造成巨大影響。

用友 NC 系統通過企業對帳能夠快速、準確地完成企業內部對帳工作。通過業務協同處理，實現企業內部跨單位的協同作業，實現業務的同步自動觸發。

①財務環節的內部交易協同，參見圖 4.36。

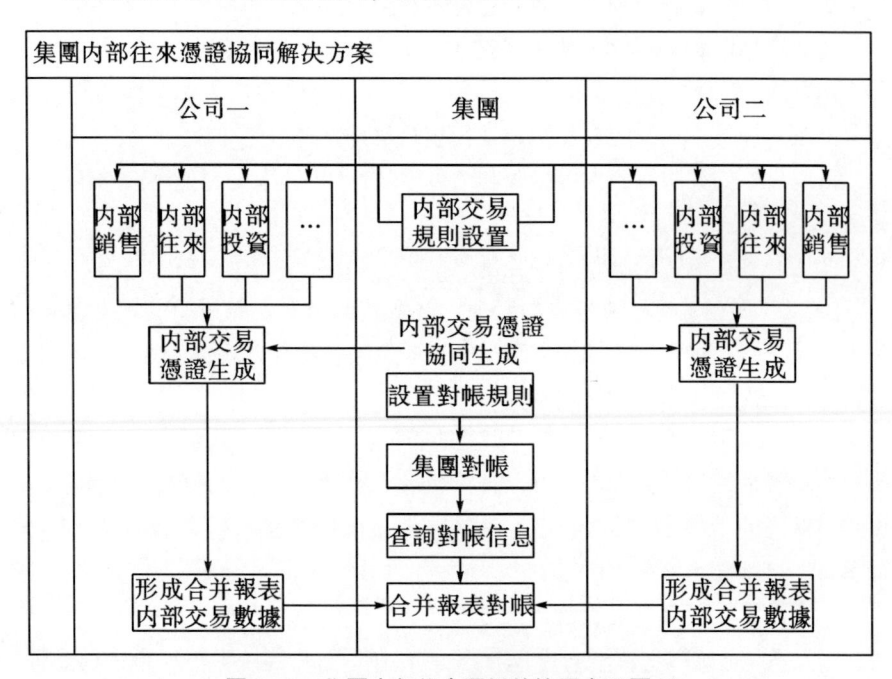

圖 4.36　集團內部往來憑證的協同處理圖示

圖註說明：

(1) 總部定義不同單位不同類型的協同業務憑證模版；

(2) 各子公司在權限範圍內可以根據情況自行定義部分協同業務憑證模版；

(3) 公司在處理日常內部協同業務時調用協同憑證模版，進行協同保存，生成對方公司的內部交易憑證；

(4) 對方公司進行確認后生成內部交易憑證，從而在入帳時間、入帳科目方面保證業務處理的一致性；

(5) 總部根據內部交易業務類型定義對帳規則，根據規則總部、子公司進行內部對帳；

(6) 各子公司在編製合併報表時可以根據內部交易數據快速生成內部數據採集表；

(7) 總部在編製合併報表時可自動讀取內部交易數據，快速完成內部對帳工作。

②業務環節的內部交易協同。

用友 NC 系統為從根本上解決「ZSF」對帳難的問題，提出了單據協同處理解決方案。即在業務單據發生的同時根據業務處理規則自動生成對方單位的業務單據，從業務處理環節上解決了企業內部成員單位之間對帳難的問題。見圖 4.37。

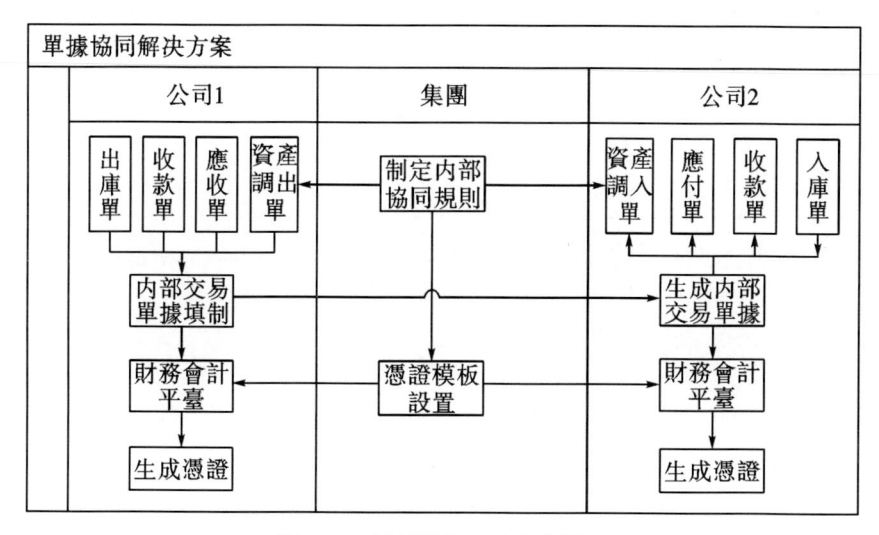

圖 4.37 單據協同解決方案圖示

圖註說明：

（1）根據日常業務處理情況，設單據協同規則，從而實現在內部業務單據處理時，直接生成對方相關單據；

（2）進行協同處理的單據有憑證—憑證、應收單—應付單、收款單—付款單、固定資產調出單—固定資產調入單；

（3）通過會計平臺，總部設置統一的憑證模版；

（4）各方的業務單據通過會計平臺自動生成會計憑證；

（5）對內部交易數據進行及時地對帳和查詢。

（4）即時掌控「ZSF」資產情況

通過用友 NC 系統對固定資產全生命週期信息的記錄，方便子公司、總部的管理人員隨時查詢集團固定資產的各種帳表信息，從而即時監控資產的安全、完整和使用效率，分析公司折舊政策是否合理，評價固定資產成本費用發生的合理性，考核預算的準確性和執行情況，為集團固定資產管理改善奠定基礎。

（5）有效防止集團資金體外循環

在銀行對帳環節，集團建立貨幣資金日清月結內部控制制度；設置多公司

4 「ZSF」連鎖營運管控平臺解決方案 | 125

對帳帳戶，可使用憑證或收付單據作為資金數據來源；從網上銀行或結算中心定期下載各單位對帳單；系統自動生成各單位銀行余額調節表；集團對各單位長期未達事項進行專項跟蹤審查。

下屬單位的銀行對帳環節：執行貨幣資金日清月結管理機制；日常業務處理貫徹出納簽字和資金赤字控制制度；定期下載銀行對帳單或手工錄入銀行對帳單；進行自動勾對或手工勾對對帳處理；系統自動生成余額調節表；關注和核查未達事項。具體見圖4.38。

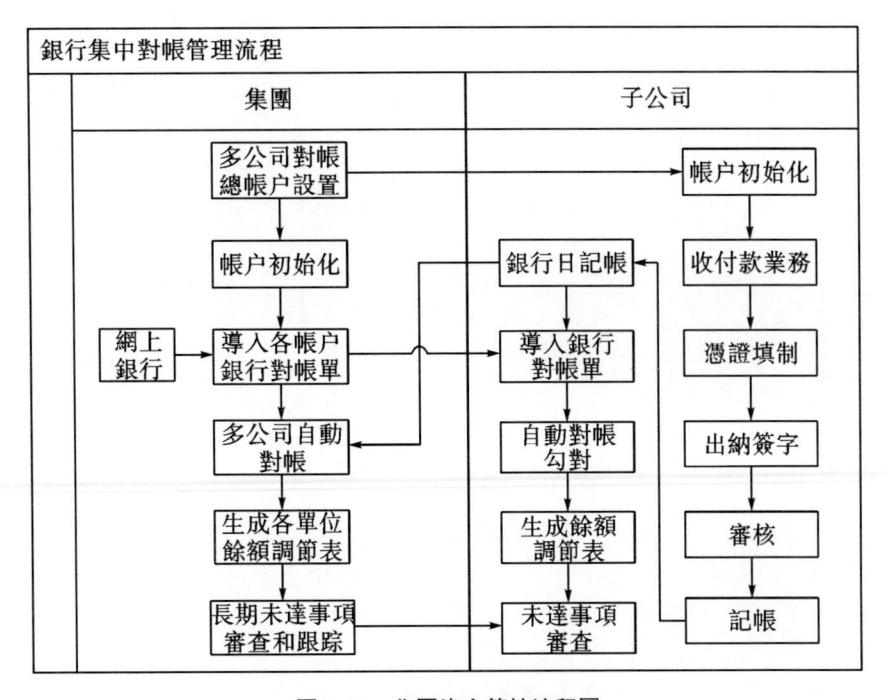

圖4.38　集團資金管控流程圖

此外，通過用友 NC 系統的現金流量模塊，可實現現金流量表的自動編製，無須會計人員進行大量調整和編製工作，提高了現金流量表編製效率；並且可以跨單位查詢分析，為使用者及時提供動態的資金流入和流出情況。

（6）構建面向不同報告要求的會計核算帳簿

①建立面向不同報告要求的核算帳簿。

「ZSF」現在正處於起步階段，未來的發展走向具有極大的空間。如同 ZS 集團的其他版塊一樣，獨立運作上市也是有可能的。屆時，對外報送的報表需要採用上市公司的編製格式和數據來源，但集團內部管理又需要執行另外的考核標準，因此存在同一筆數據做一次生成兩套報表的需求。詳見圖4.39。

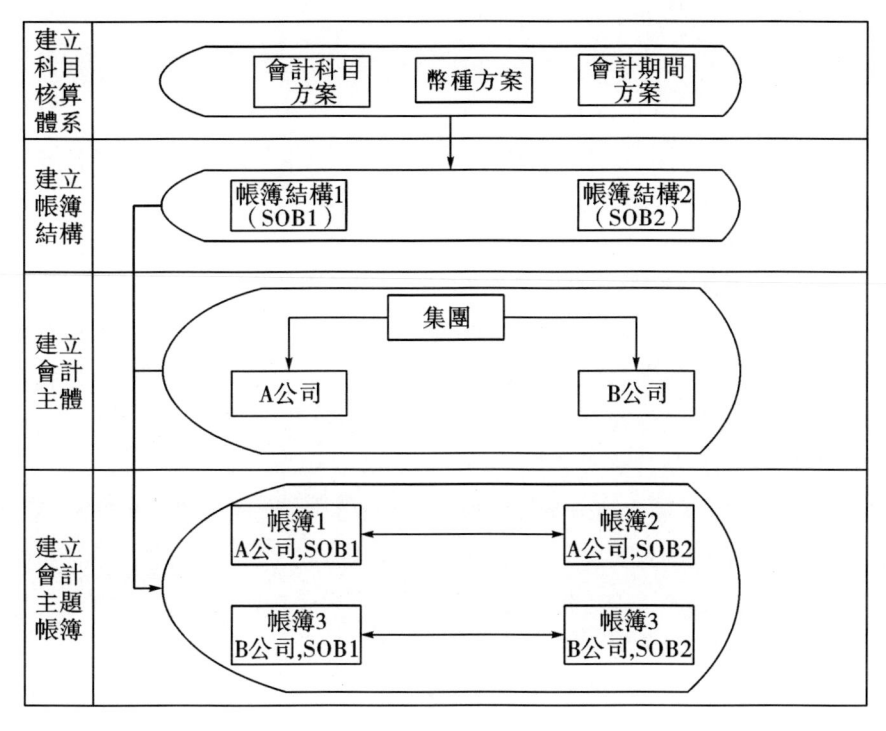

```
┌─────┬──────────────────────────────────────────────────┐
│建立  │   ┌──────┐    ┌──────┐    ┌──────┐              │
│科目  │   │會計科目│   │幣種方案│   │會計期間│              │
│核算  │   │ 方案 │    │      │    │ 方案 │              │
│體系  │   └──────┘    └──────┘    └──────┘              │
├─────┼──────────────────────────────────────────────────┤
│建立  │     ┌──────────┐          ┌──────────┐          │
│帳簿  │     │ 帳簿結構1 │          │ 帳簿結構2 │          │
│結構  │     │ （SOB1） │          │ （SOB2） │          │
│     │     └──────────┘          └──────────┘          │
├─────┼──────────────────────────────────────────────────┤
│建立  │              ┌──────┐                            │
│會計  │              │ 集團 │                            │
│主體  │              └──────┘                            │
│     │         ┌──────┐      ┌──────┐                   │
│     │         │ A公司│      │ B公司│                   │
│     │         └──────┘      └──────┘                   │
├─────┼──────────────────────────────────────────────────┤
│建立  │    ┌────────┐         ┌────────┐                │
│會計  │    │ 帳簿1  │◄───────►│ 帳簿2  │                │
│主題  │    │A公司,SOB1│        │A公司,SOB2│              │
│帳簿  │    └────────┘         └────────┘                │
│     │    ┌────────┐         ┌────────┐                │
│     │    │ 帳簿3  │◄───────►│ 帳簿3  │                │
│     │    │B公司,SOB1│        │B公司,SOB2│              │
│     │    └────────┘         └────────┘                │
└─────┴──────────────────────────────────────────────────┘
```

圖 4.39　集團核算的建帳圖示

圖註說明：

（1）集團建立適應不同會計準則的會計科目方案、幣種方案、會計期間方案；

（2）根據科目、幣種、會計期間方案組合形成多套會計核算帳簿體系；

（3）通過公司組織結構映射會計組織與會計主體及內部責任考核主體；

（4）建立會計主體和帳簿的引用關係，為每一個主體建立滿足不同報告要求的多個會計核算帳簿。

②日常業務數據通過系統自動取數。

在涉及多個帳簿之間的數據如何傳遞處理時，根據憑證來源不同存在三種處理方式：業務系統通過會計平臺自動生成多個帳簿的憑證；錄入憑證后通過財務自動折算成其他帳簿憑證；不同會計主體之間通過憑證協同自動生成其他會計主體憑證。

固定資產多帳簿處理，如果報告帳簿和主帳簿同時啟用，錄入一張原始卡片；如果報告帳簿和主帳簿不是同時啟用，則需要從主帳簿複製一張原始卡片；不同帳簿可採用不同的幣種、會計準則進行折舊計提；固定資產增減變動業務數據通過會計平臺自動生成多套帳簿憑證。

③多帳簿的智能分類和匯總查詢。

因為同一會計核算帳簿具有相同的科目體系、相同的會計期間和相同的記帳本位幣，所以不同的會計主體如果對應使用了同一會計核算帳簿，則可以實現對同一核算帳簿下多會計主體數據的集中匯總查詢。

（7）滿足集團各層級報表匯總、合併管理要求

①靈活的報表組織建模和報表設計。

用友 NC 系統集團報表的組織架構，可以與集團的組織架構一致，也可以設置靈活的組織架構。在進行報表的匯總和合併時，可以逐級合併，單位選擇的範圍僅限於單位樹上的直接下級；也可以大合併，可選單位的範圍有兩種確定方式：可以是行政隸屬關係所反應的單位樹上的所有下級單位，也可以是根據實際投資控股關係確定的子公司。

提供原 2007 年的會計準則和 2014 年新修訂的會計準則的報表格式模版預置，快速套用報表格式模版，生成標準財務報表格式。同時支持手工靈活定制報表格式，並可以把手工定制的報表格式保存為模版，方便以後調用修改。

財務報表的各個數據之間一般都有一定的勾稽關係，將報表數據之間的勾稽關係用公式表示出來，我們稱之為審核公式。無論是套用的報表格式還是自由定制的報表格式，都可以設置報表的表內、表間審核公式。

審核公式定義后，在公司填報數據進行上報之間，必須經過表內審核公式審核和表間審核公式審核後，才能進行數據的上報操作。「ZSF」由於採用的是分散式報表數據收集，各公司上報數據的準確性難以控制，通過報表審核公式，建立勾稽關係的審核，在上報過程中發現報表問題，及時反饋給上報單位。

對於需要進行集團報表合併的單位，都需要分配一個任務，合併報表的數據可以按照任務保存，實現一次基礎數據採集，不同的任務合併，不同合併任務得到不同的合併報表結果數據。

不同的報表需求，可以由集團統一設置報表格式，也可以由下屬各單位自由設置，報表的格式可以共享。「ZSF」的集團報表任務可以由「ZSF」統一制定，各下屬二級子控股公司也可以制定自己的集團報表任務。同一報表格式數據可以分配到不同的集團報表任務。

②全程的報表數據追溯聯查。

集團報表、合併報表、工作底稿、工作底稿簡表、合併抵銷表查詢，提供抵銷分錄明細表、抵銷分錄匯總表、一覽表的查詢，為集團報表的分析、追蹤

提供原始依據。同時還提供專門的報表分析平臺，可以自由定制查詢、維度、報表進行強大的報表查詢和分析。

③高效的現金流量表編製管理。

現金流量表是反應企業一定時期內現金流入和現金流出的會計報表，即以現金為基礎編製的財務狀況變動表。目前，編製現金流量表的方法主要有工作底稿法和T型帳戶法。

用友NC系統借助總帳核算與集團報表的無縫集成優勢，在總帳核算處理憑證分錄時，現金流量流入和流出科目輸入現金流量項目。現金流量項目及時歸集到現金流量表中，從而快速編製現金流量表，簡化月底財務人員編製現金流量表的時間，同時也規避了由於財務經驗的影響導致現金流量表編製不準確的問題。

現金流量表工作底稿縱向分成三段：第一段是資產負債表項目，分為借方項目和貸方項目兩部分；第二段是損益表項目；第三段是現金流量表項目。通過現金流量表，可以追溯查詢到現金流量表的工作底稿。

④智能化的合併報表處理。

合併任務、合併範圍的不同，進行不同的合併，得到不同的合併結果，滿足集團不斷變化和多層面合併的需求。主要有以下兩種合併方式：一是逐級合併。逐級合併時，單位選擇的範圍僅限於單位樹上的直接下級。二是大合併。大合併時可選單位的範圍有兩種確定方式：可以是行政隸屬關係所反應的單位樹上的所有下級單位，也可以是根據實際投資控股關係確定的子公司。不同的合併任務和範圍，直接影響當次合併報表的合併結果。

⑤先進的合併報表算法。

根據「ZSF」目前的集團報表管理模式，合併的方法將有所變動。在對長期股權投資以成本法作為長期股權投資確認的方法進行合併時，提供成本法自動生成權益法調整憑證的功能。詳見圖4.40。

支持複雜的合併抵銷關係定義。合併抵銷關係的管理是合併報表的核心，抵銷關係模板的正確與否，直接關係到最后合併報表的數據準確性。抵銷關係模版即抵銷分錄的模板，是系統進行對帳檢查、自動生成抵銷分錄的依據。

支持內部交易及對帳檢查。內部交易數據是指合併範圍內的單位之間的權益性投資、內部往來、內部銷售等內部交易的數據。內部交易數據是合併報表抵銷的數據來源。

支持自動抵銷和手工抵銷。提供自動進行抵銷分錄生成功能，同時也支持

- 投資數據功能節點：爲每筆投資標識出財務後續計量的方式（權益法、成本法），每次投資變動均需要標識。
- 合并報表：合并時，根據投資數據的設置，自動生成成本法轉權益法的個別報表調整憑證，并在此基礎上進行合并。

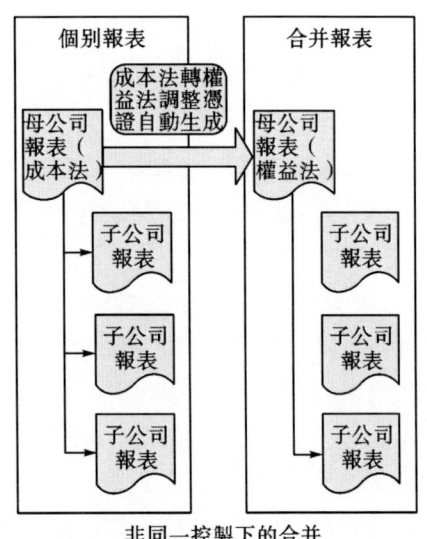

非同一控製下的合并

圖4.40 長期股權投資核算圖示

手工錄入合併報表調整抵銷分錄。自動抵銷和手工調整的靈活應用，滿足了「ZSF」在集團報表管理上需要進行特殊抵銷的需求。

支持合併工作底稿的數據追溯，能夠根據自動抵銷分錄數據自動生成合併工作底稿。通過合併工作底稿，追溯查詢工作底稿中合併抵銷數據的來源。

4.1.4.3 應用價值總結

本解決方案重點實現以下管理價值：

(1) 幫助「ZSF」建立信息一致、可比、完整的信息系統；
(2) 從機制上保障整個公司內控制度的貫徹執行；
(3) 解決區域中心、門店之間內部對帳的問題；
(4) 解決新會計制度在新系統中的使用問題；
(5) 實現對財務數據的即時反應和監督；
(6) 即時掌控全公司的資金使用情況；
(7) 建立集團合併報表體系，滿足組織變化、行業業務分部報表的需求；
(8) 建立集團報表體系，滿足集團各層級報表的編製和匯總等報表管理功能。

4.1.5 「ZSF」系統集成應用方案

4.1.5.1 系統集成的兩種技術類型

（1）輕量級的樸素應用集成

只要異構系統之間存在邏輯上的聯繫，那麼這兩個系統就存在著集成的需求。我們在軟件的實施過程中，不知不覺地做了很多集成的工作。這種集成往往是幾家軟件廠商根據用戶的需求，使用他們最擅長、最直接的方式將幾個異構系統聯繫起來，滿足用戶的眼前需求。

應用集成的方式有很多種，比較常見的有將自己系統的數據庫設計和用戶名、密碼告知其他廠商，其他廠商自行讀取和寫入數據。通過建立中間數據庫來傳遞數據。使用 OpenURL 的方式來相互通信，交互信息。見圖 4.41。

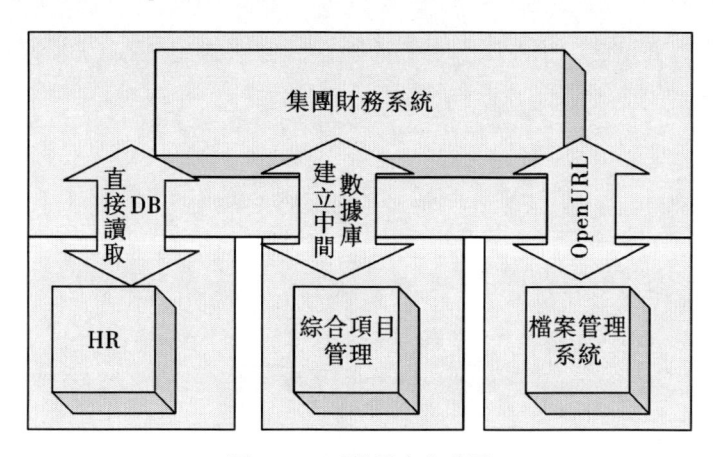

圖 4.41　系統緊密集成圖

這種樸素的應用集成方法雖然能夠滿足用戶眼前的一些需求，但是它將這些系統緊密地結合在了一起，隨著應用的深入它暴露出很多明顯的問題：

①沒有一個獨立的應用集成組織負責企業的應用集成工作。所有的集成工作都是軟件廠商兩兩商議的結果，談判時間長，採用多種集成方法，集成工作量大。

②集成系統維護困難。當某個系統發生改變的時候，可能導致數據無法傳送，比如數據庫表的改變或者其他的一些原因。這樣就需要這個系統的廠商和其他軟件廠商再次協調改動集成程序。

③系統擴展困難。當企業中採購了新的軟件系統的時候，需要這個系統的

廠商和所有與這個系統有關係的其他系統廠商進行應用集成談判。

④系統不可替代。當系統發生更替的時候，如果新的系統不能支持老系統所採用的集成方式，那麼對於集成工作無異於一場災難。

(2) 面向 SOA 的應用集成

SOA 應用集成方法有效地避免了上述應用集成中的一些缺點和不足。我們把應用集成看成一項獨立的工作來完成。我們為各個異構系統規定統一的通信方式，制定交換數據的格式，制定相互調用的服務規範。我們不管參與集成的系統是用友的軟件系統還是 SAP 的系統，我們都要把這些系統變成符合集團應用集成規範的系統。這些經過規範化的系統，就好比集團應用集成平臺上的一個個標準組件一樣，不但實現了集成的功能，還可以隨時擴展，更換和再次組裝。

①標準化服務。

規範的制定是集成系統可替換、可拔插的關鍵。就好比我們在工業領域制定的大量工業規範一樣，沒有規範的建立就難以實現應用系統組件化。見圖 4.42。

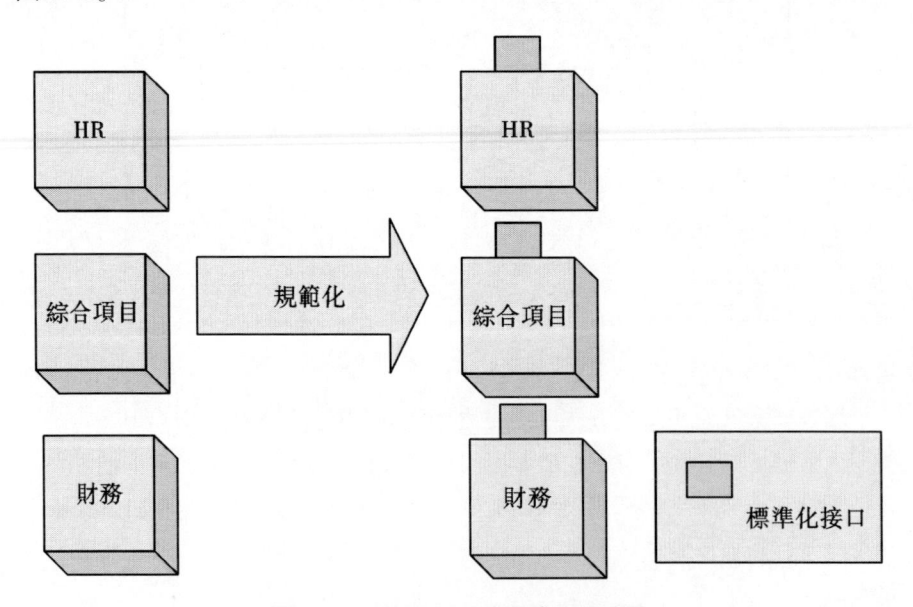

圖 4.42　各個系統進行標準化改造圖

廠商實現服務是一個簡單的過程。在服務的設計過程中，設計師所設計的服務必定是廠商已經實現過的。標準化服務只是在輸入、輸出和數據的格式上重新進行了定義。

規範制定的好壞取決於設計師的設計水平。良好的設計需要讓服務保持恰當的力度和適當的抽象程度。保證我們設置的服務規範可以讓軟件廠商方便的實現並且在以後的使用中增大服務的可復用程度。

②可擴展性。

當有新的系統需要加入到集成平臺中的時候，這個系統就可以使用我們所制定的所有服務，這個系統在經過服務規範化改造以後，也可以為企業中的其他系統提供服務。見圖4.43。

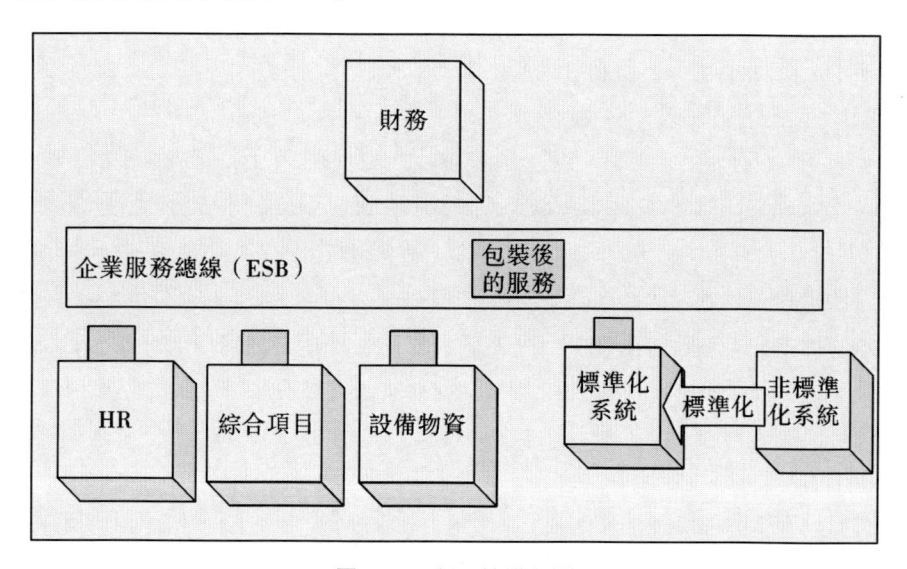

圖4.43　新系統增加圖

③可維護性。

應用集成的工作是需要不斷進行的。當現有的系統發生結構變化的時候，往往會引起集成方案的變動。採用 SOA 的方式進行應用集成過程中，由於服務的標準都是規範的，當某個系統中的數據結構、算法發生變動的時候，系統只需要按照程序約定把以前做的函數適配再更改一下就可以了。這樣就把本身系統的變動隱藏了起來，不會影響與其他系統的集成。見圖4.44。

4.1.5.2　從系統集成向系統一體化的切換過渡

信息化的建設過程是分階段的，目前「ZSF」信息化的重點在於連鎖營運管控，門店端、渠道端的系統是信息化的重心。未來將逐漸減少異構系統的接口、實現企業的全面一體化。作為過渡方案的系統集成模式，建議在必要的環節做數據交換，對於非必要的環節，盡量減少開發投入。

图 4.44　可维护、可替换图示

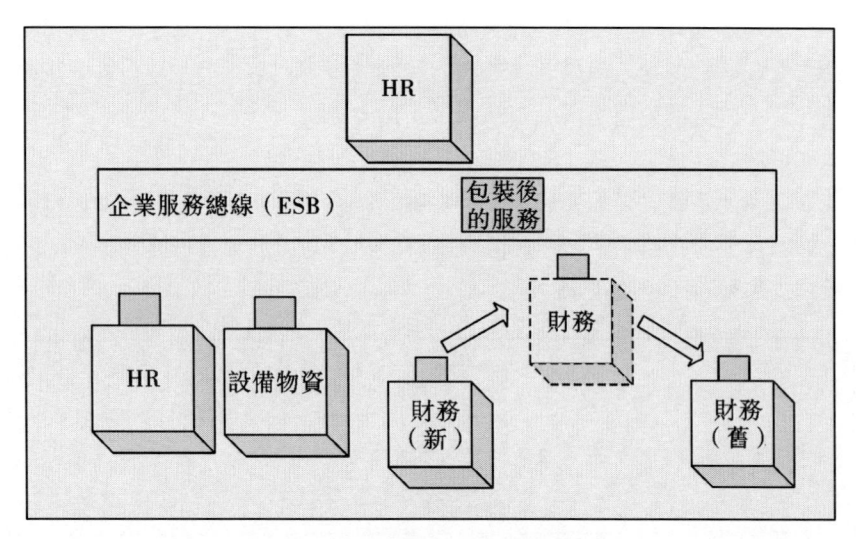

同时，为保证多系统集成模式下的易用性，我们将采用统一门户的方式，避免多次登录系统，避免多次登陆不同的界面，从用户体验上实现界面统一。在未来实现了系统全面一体化的时候，我们将最大限度地继承原有数据。

4.2　二期强化业务管控、实现前端后端一体化

4.2.1　「ZSF」总部业务管理

4.2.1.1　「ZSF」总部业务管理核心需求分析

（1）自制件的编码管理

现状描述：「ZSF」目前的自制件编码基本都是借用动力集团和机车集团的编码和编码规则，编码为三段编码，即 5-4-4/6。前 5 位表示名称，中间 4 位为产品车型码，后 6 位或者 4 位为状态码；用于销售的自制件状态码第一位为 X，意为销售。「ZSF」需要保持编码规范和动力集团、集成集团的统一性，以防止未来发生编码混乱和无法匹配的问题。

分析与建议：保持内部编码的一致性和唯一性，对于企业管理和企业信息化管理系统来说，都是非常重要的。但是长期来看，对于「ZSF」来说，完全引用上级集团的编码并不是最好的选择。

①動力集團和機車集團的編碼規則不完全一致，這就產生了「以誰為準」的問題，同一個物料也不能在系統裡建兩次檔；

②目前的編碼規則更多是基於生產管理要求的，並不一定完全適合連鎖服務型企業。

因此，本書建議按照「ZSF」建立獨立的編碼體系，按照自身的管理要求和市場特徵進行設計，並培養自己的編碼維護、升級、評估團隊。在自主編碼的情況下，需要解決的一個最重要的問題就是「ZSF」編碼和動力、機車集團編碼的對照關係。根據有關的經驗，有兩種方式可以解決這個問題。第一，建立標準化工作室，集中維護多套編碼之間的對照關係，並對編碼的統一、變更和升級工作負責。第二，通過信息化系統解決編碼問題。在信息化系統中建立主編碼、次編碼和編碼對照功能，以「ZSF」的編碼規則建立物料的主編碼；同時，記錄當前物料的動力集團編碼和機車集團編碼，通過系統接口完成雙方的編碼對照、變更聯動和多編碼統計查詢。這樣，動力和機車的編碼變動和「ZSF」的編碼變動不會對對方的編碼體系造成影響，而管理者既可以按照「ZSF」的編碼體系來查詢和對帳，也可以按照動力、機車的編碼體系來查詢和對帳。

（2）外購件的編碼管理

問題描述：「ZSF」目前對於外購的、用於銷售的配件，編碼方式上是沿用自製件的思路，即5-4-4/6，不同的是中間的4位車型碼替換為4個0，因為外購件很難區分適用車型。但是通過對門店的實地考察，諮詢團隊發現這種編碼方式存在很大的問題。

分析與建議：通過對江津店的實地業務調研和原始單據分析，我們發現同樣的外購配件（如后視鏡），有購自望江的，有購自隆鑫的，但是在物料編碼上無法區分（中間都是4個0），這就是「多物一碼」的問題，這給后續庫存管理和統計分析帶來很大的麻煩。

同時，「ZSF」的外購件所占比重是非常大的（約為70%），其他品牌主機廠/外購配件廠家也有自己的編碼和名稱，「ZSF」難以要求對方完全採用上級公司的編碼體系，但是雙方的溝通、對帳又要求「對話語言」必須一致。「ZSF」曾經也因此發生過代理商使用通俗叫法進行訂貨，到工廠發貨之後，才發現並不是代理商想要的配件。

本書建議，「ZSF」進行自主編碼，統籌考慮自製件和外購件的編碼規則。可以在編碼上區分不同的廠家；也可以採用一個編碼，並同時建立「廠家」屬性，用來記錄所屬廠家，並支持后期的分類統計工作。通過信息化系統實現

內外部編碼的對照管理，將「ZSF」的編碼體系和外部廠家的編碼體系同時導入信息化系統中，並通過對照功能實現「語言翻譯」。這樣，可以以任何一方的編碼作為統計口徑進行查詢，而且同時會自動生成以另一方編碼為口徑的結果。

（3）編碼錄入口的設置

需求理解：編碼錄入的權限是放在門店還是放在總部。從管理上看，為保證編碼不出錯、不混亂，編碼規則的維護權限放在總部是正確的；但各門店的外購件較多，因此出於業務效率的考慮，門店需要擁有外購件的編碼權限。

分析與建議：單從業務效率的維度來說，在發展的前期，由門店根據自己的業務情況編碼是沒有問題的；但是在多家門店同時擁有編碼權限的情況下，勢必造成重複錄入和編碼混亂的問題。在不遠的將來，勢必要進行編碼的「二次整理」，門店數量越多，整理的難度越大。

要徹底解決編碼入口問題，需要兩個支撐，缺一不可。

①需要解決物流和倉儲的問題。

歸根到底，門店自主編碼的癥結在於「ZSF」未建立集中採購、區域物流中心和門店物資管理的統一體系，導致目前必然存在大量的門店自主採購行為。而這種行為並未能發揮做事規模化優勢，而且配件的質量也難以控制，這是連鎖經營和特許加盟管理模式中的大忌。因此，需要建立區域物流倉儲中心；由總部進行採購行為的監督監控；降低門店的庫存量，門店只需要保證常用品類配件的低庫存量，由物流倉儲中心承擔倉儲職能。門店沒有了庫存，也就不需要採購權限了，自然就沒有門店編碼不規範的煩惱。

②解決了物流問題之後，還需要解決編碼權限的分配級次問題，是放在總部還是放在區域分公司。

本書建議放在區域分公司，因為區域公司隸屬於總部，而且公司數量較少，便於管理。將日常的編碼權限下放到區域分公司，由專業人員進行物料的識別和編碼的維護，確保「一物一碼」。「ZSF」總部對編碼規則和編碼權限進行管理，確保區域公司間的步調一致。

總之，「ZSF」在網路布點的同時，也需要抓緊分公司籌備、物流中心規劃的工作。

（4）技術資料歸檔管理

需求理解：技術資料從建立、變更、審批到歸檔的過程管理，對於「ZSF」來說意義重大。這裡的技術資料包括動力、機車的技術資料，也包括外購件的技術資料。

分析與建議：「ZSF」作為 ZS 集團的新盈利增長點，需要完成從知識繼承到知識管理到知識創新的轉變。動力集團和機車集團的技術資料規範不一致，需要解決集中和統一的問題。

圖文檔等技術資料存在著信息量大、變更維護難、多版本對照管理等難點，因此可以考慮借用 PLM 系統等具備圖文檔管理能力的系統進行技術資料的歸檔管理，並借助系統完成圖文檔的授權控制、審批管理。

4.2.1.2 「ZSF」供應鏈管理系統支撐

(1) 建立「ZSF」總部物資管理系統

總部的庫存管理系統，主要是針對總部摩托車配件、通機、通機配件、罐裝機油及其配套生產物資進行管理。見圖 4.45。

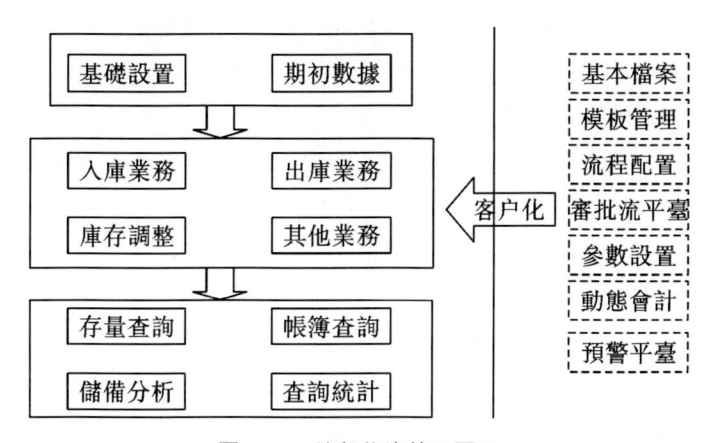

圖 4.45 總部物資管理圖示

通過庫存管理分系統，不僅可以為各有關部門提供及時、準確的動態庫存信息，而且通過完善庫存各種期量標準，可以為物資採購管理部門編製科學合理的採購計劃提供基礎數據，進而達到降低物料庫存水平、減少庫存資金占用，加速資金週轉，杜絕物料積壓與短缺現象，提高企業物資供應水平，保證企業生產經營活動順利進行，提高企業對市場的快速回應能力。

支持發料、通知領料、領料登記、庫存盤點、庫存預警、庫存臺帳查詢等功能。幫助計劃部門、生產管理部門隨時掌握動態庫存情況，克服信息不暢或信息過時造成的計劃編製問題。提供物資批次管理、ABC 分類管理等功能。實現對物料來源的追溯、物料去向的跟蹤。實現配套及缺件查詢，提高總裝計劃的可執行性。對庫存積壓、短缺、超儲物資，提供報警功能，及時提醒有關部門予以關注。實現對物料的全面的動態跟蹤，從原材料到在製品，再到產品的

庫存狀態進行動態的監督和控制。

①物資入庫處理。

A. 業務說明。

採購到貨后對於檢驗合格的物資，辦理採購入庫業務。

B. 入庫流程說明。

a. 採購物資到貨后，進行質量檢驗，檢驗合格后辦理入庫流程。

b. 庫管員根據檢驗結論辦理採購入庫作業，填寫採購入庫單的實收數量，並進行簽字確認。

C. 主要單據。

採購入庫作業對應的主要單據是採購入庫單。

D. 表頭項目。

單據號：可按用戶定義編號規則自動生成，用戶可修改。

單據日期：自動帶入系統日期。

業務類型：指定入庫的業務類型。

庫存組織：必須錄入業務所屬庫存組織，對於物資供應部填寫的庫存組織必須是物資供應部庫存組織。如果先錄入倉庫系統會自動帶出該倉庫對應的庫存組織。

收發類別：指定入庫的類別。

倉庫：錄入入庫倉庫。

庫管員：可錄入庫管員信息。

供應商：錄入採購的供應商。

部門、業務員：可錄入購入部門及業務員信息。

是否退庫：打鈎表示此事務為退貨事務，便於提供后續的退貨統計。

E. 表體項目。

存貨編碼：參照輸入存貨編碼，系統可自動攜帶名稱、規格、型號、主計量單位等信息。

輔計量單位：可參照輸入該存貨已有換算的輔計量單位，對於進行輔計量庫存跟蹤管理的存貨必須輸入。

自由項：參照輸入該存貨預定義的自由項值，進行自由項跟蹤。自由項管理存貨必須輸入。

批次：輸入入庫批次信息。

失效日期：用戶可輸入入庫批次的生產日期或失效日期，系統會根據存貨保質期自動計算另一項。

貨位：貨位管理倉庫要指定存貨存放的貨位。如果表體行存貨只需一個貨位存放，可在表體行直接錄入貨位，而不需要通過貨位分配功能輸入貨位數據。

數量、輔數量：錄入入庫數量或輔數量，系統會根據換算率自動換算。當換算率為固定換算時，修改任意項，系統均計算另一項。其計算公式為：輔數量＝主數量×換算率。當換算率為可變換算時，修改其中一項不會引起另一項的修改。

單價、金額：錄入入庫存貨的成本單價或金額，系統會根據數量自動換算。其計算公式為：金額＝主數量×單價。

計劃單價、計劃金額：系統自動攜帶存貨的計劃單價，並自動計算顯示金額。其計算公式為：計劃金額＝主數量×計劃單價。

入庫日期：自動按系統日期顯示，用戶應錄入實際入庫日期。

項目：按項目管理時，參照錄入所屬的項目。

訂單號：系統自動跟蹤業務訂單信息。

來源單據類型、單據號：系統自動跟蹤業務來源單據信息，以便於回溯查詢。

②材料出庫管理。

A. 業務說明。

採購物資出庫環節，填寫材料出庫單，記錄材料出庫信息，指定出庫物資存儲的貨位、批次等詳細信息。

B. 材料出庫流程：

a. 計劃員根據需求清單填寫材料出庫單，填製發料有關的信息：領料的單位（客戶檔案）、發什麼物料（存貨檔案）、發多少物料（應發數量）等信息。

b. 庫管員根據材料出庫單上填寫的實發數量、指定物料對應的倉庫、貨位信息、物料的批次號等詳細信息。並對材料出庫單進行簽字確認。

c. 目前物流中心的財務部門根據材料出庫單在月底與領料單位進行結算。確認應收帳款並結轉出庫成本。

C. 單據的主要信息有：

第一，表頭項目。

單據號：可按用戶定義編號規則自動生成，用戶可修改。

單據日期：自動帶入系統日期。

收發類別：指定出庫類別。

倉庫：錄入出庫倉庫。

庫存組織：必須錄入業務所屬庫存組織，錄入倉庫后自動帶出。

庫管員：可錄入庫管員信息。

部門、領料員：錄入用料部門、領料人信息。

第二，表體項目。

存貨編碼：參照輸入存貨編碼，系統可自動攜帶名稱、規格、型號、主計量單位等信息。

輔計量單位：可參照輸入該存貨已有換算的輔計量單位，對於進行輔計量庫存跟蹤管理的存貨必須輸入。系統自動查找換算率顯示。

自由項：參照輸入該存貨預定義的自由項值，進行自由項跟蹤。自由項管理存貨必須輸入。

批次：輸入出庫批次信息，用於批次信息跟蹤。

失效日期：系統根據批次自動帶出。

貨位：貨位管理倉庫要指定存貨存放的貨位。如果表體行存貨只需一個貨位存放，可在表體行直接錄入貨位，而不需要通過貨位分配功能輸入貨位數據。

數量、輔數量：錄入出庫數量或輔數量，系統會根據換算率自動換算。當換算率為固定換算時，修改任意項，系統均計算另一項。其計算公式為：輔數量＝主數量×換算率。當換算率為可變換算時，修改其中一項不會引起另一項的修改。

單價、金額：錄入出庫存貨的成本單價或金額，系統會根據數量自動換算。其計算公式為：金額＝主數量×單價。

計劃單價、計劃金額：系統自動攜帶存貨的計劃單價，並自動計算顯示金額。公式為：計劃金額＝主數量×計劃單價。

出庫日期：自動按系統日期顯示，用戶應錄入實際出庫日期。

供應商：根據消耗結算的存貨必須錄入表體供應商。指定耗用的是哪個供應商的存貨。

加工工序：錄入車間的用料工序。

訂單號：系統自動跟蹤業務訂單信息。

來源單據類型、單據號：系統自動跟蹤業務來源單據信息，以便於回溯查詢。

③庫存物資盤點。

可以在一定的期間對倉庫進行庫存盤點，也可以對倉庫的某些材料進行部分盤點。在進行盤點時盤點單上的帳面數系統可以自動取得，只需輸入實盤數，軟件自動計算盤盈盤虧。

盤點單保存后，需要進行盤點單審批。審批由業務領導進行，審批即確認調整數量合理，審批后的單據即可進行庫存調整。領導在審批時可對比保管損失率是否超出合理損失率。

盤點單審批后可以進行調整業務處理。系統有自動調整的功能，通過調整系統自動生成其他出入庫單（盤盈：其他入庫單，需增加庫存量。盤虧：其他出庫單，需減少庫存量）。

④庫存自動預警。

對於庫存管理業務的預警設置，可以根據業務的需要隨時設置。可以進行最高庫存預警設置、最低庫存預警設置、安全庫存預警。

⑤物資臺帳查詢。

現存量的查詢：查詢現存量信息。可以查詢公司、庫存組織、倉庫的現存量，也可以查詢存貨分類、存貨、不同級別的現存量。

臺帳的查詢：查詢庫存臺帳信息。單據在庫房簽字后顯示在庫存臺帳上。

流水帳的查詢：可以序時地提供各種過濾功能的流水帳查詢。

統計分析：可以根據各種過濾條件統計出一定期間內的各種庫存物資的出入庫的數量總帳，便於事后的統計及各部門之間材料收發業務的核對。

（2）建立銷售驅動的灌裝機油生產管理系統

①生產計劃管理。

生產計劃是將計劃人員的管理經驗與計算機的技術、科學的管理方法結合起來，以人、機交互的方式實現主生產計劃的編製。提高主生產計劃的科學性、準確性，為生產部提供一個行之有效的計劃編製工具。

主生產計劃管理流程如圖 4.46 所示。

功能說明：

生產計劃大綱生成：本程序採用標準的 MRP 邏輯，根據銷售、預測數據，生成生產計劃大綱排產項目。

生產計劃大綱維護：由程序自動計算生成的生產計劃大綱最終需要計劃員去確認。計劃員可根據客觀情況利用本程序手工調整數量及出產時間。

生產計劃大綱確認/回收：本程序提供對計劃任務的確認功能。同時對已確認的任務可進行回收，即將狀態改回計劃狀態。本程序提供部分確認/回收

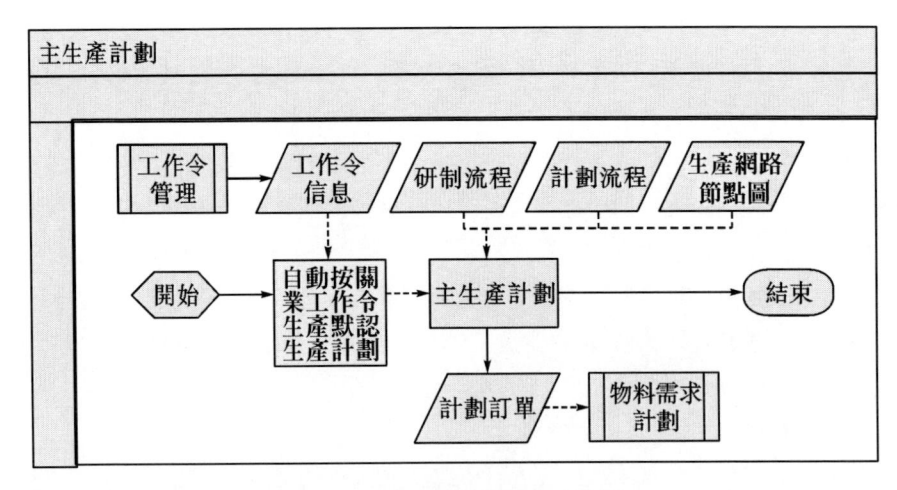

```
┌─主生產計劃─────────────────────────────────┐
│                                              │
│  ┌────┐   ┌────┐  ┌────┐ ┌────┐ ┌────┐      │
│  │工作令│──▶│工作令│  │研制流程│ │計劃流程│ │生產網路│   │
│  │管理 │   │信息 │  │     │ │     │ │節點圖 │   │
│  └────┘   └──┬─┘  └──┬─┘ └──┬─┘ └──┬─┘      │
│              │        │       │      │        │
│              ▼        ▼       ▼      ▼        │
│  ┌──┐   ┌──────┐   ┌──────┐         ┌──┐     │
│  │開始│─▶│自動按關│──▶│主生產計劃│───────▶│結束│   │
│  └──┘   │業工作令│   └──┬───┘         └──┘     │
│         │生產默認│      │                      │
│         │生產計劃│      ▼                      │
│         └──────┘   ┌─────┐   ┌─────┐          │
│                    │計劃訂單│─▶│物料需求│         │
│                    │     │  │計劃  │          │
│                    └─────┘   └─────┘          │
└──────────────────────────────────────────────┘
```

圖 4.46　主生產計劃管理流程圖

和全部確認/回收功能。

主生產計劃生成：本程序採用標準的 MRP 邏輯，根據銷售、預測數據，生成主生產計劃排產項目；根據時間欄和需求碼生成綜合需求；根據預計入庫量、批量準則、提前期、廢品係數等數據生成某一展望期內的主生產計劃排產項目的排產數量、出產時間。同時，在運行過程中自動產生例外信息。

主生產計劃維護：由程序自動計算生成的主生產計劃最終需要計劃員去確認。計劃員可根據客觀情況利用本程序手工調整數量及出產時間，在能力核算不夠時，也可通過此程序對計劃進行調整。同時計劃員可用此程序手工追加 MPS 任務單。

主生產計劃確認/回收：本程序提供對 MPS 計劃任務的確認功能。同時對已確認的任務可進行回收，即將狀態改回計劃狀態。本程序提供部分確認/回收和全部確認/回收功能。

②物料需求計劃。

在物料需求計劃系統中，計劃人員可以根據產品結構和庫存狀況，將主生產計劃拆分為物料需求計劃。物料需求計劃計算過程中，系統會自動產生三個計劃——零部件生產計劃、外購件需求計劃、外協需求計劃。零部件生產計劃用於指導車間按適當的時間加工；採購件需求計劃主要用於指導物資管理部物料採購的數量和到貨時間；外協需求計劃用於指導外協管理。該系統的應用有助於企業減少物料發生短缺、優化庫存、提高企業的生產效率。

物料需求計劃管理流程見圖 4.47。

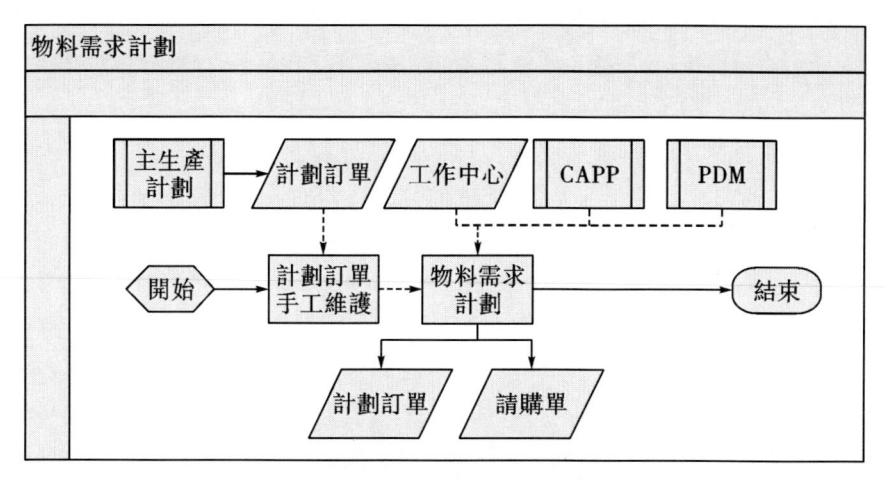

圖 4.47 物料需求計劃圖

功能說明：

MRP 初始化生成：本程序分為兩部分：初始化部分主要是為生成 MRP 計劃做一些預處理工作；生成部分，產生中間產品的生產計劃和採購件的採購計劃。根據展望期內的主生產計劃量、獨立需求數據、庫存數據、產品物料清單等數據，將主生產計劃逐層分解，產生毛需求，同時考慮安全庫存、預計入庫、廢品系數、提前期、批量政策及工廠日曆等因素，產生中間產品任務和 MRP 採購件任務。在生成計劃的同時，系統自動產生運行過程中的例外信息，寫入例外信息文件，以備查用。

採購件需求計劃維護：本程序只對任務狀態為計劃狀態，且任務類型為採購類型的記錄進行修改、刪除維護。同時用戶可以進行手工任務的追加。

生產製造件需求計劃維護：本程序只對任務狀態為計劃狀態，且任務類型為生產製造類型的記錄進行修改、刪除維護。同時用戶可以利用本程序對生產製造件進行手工任務的追加。

MRP 計劃任務確認/回收：MRP 計劃生成后的任務需要人工確認，確認后的計劃在下次 MRP 運行時將予以保留，此部分確認訂單量將作為資源被考慮。系統提供部分確認和全部確認功能。當需要對確認狀態的任務進行修改時，需先將其回收，本程序也提供了部分回收和全部回收任務的功能。

獨立需求錄入/維護：有效的物料需求計劃包含項目的獨立需求和相關需求，因此對於有獨立需求的 MPS 項目的組件、維修件必須手工錄入。本程序提供了獨立需求錄入和維護的功能，以便在 MRP 計算需求時，將這部分需求考慮進去。

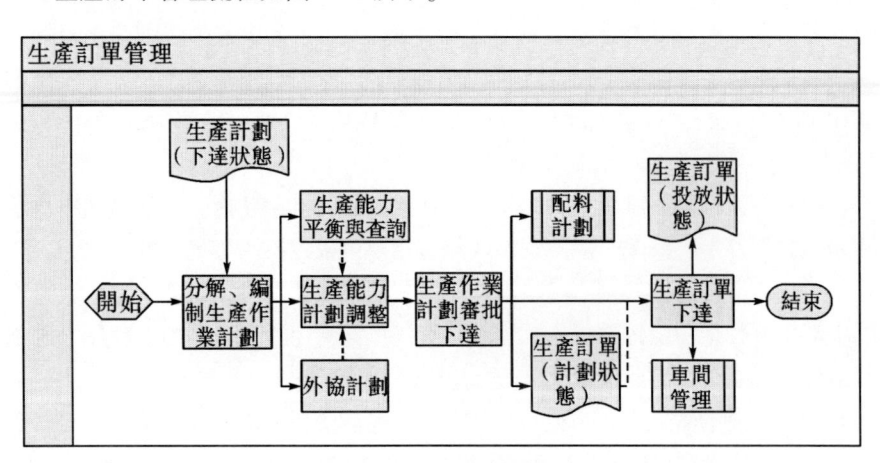

输出时间段维护：用户可用此程序自定义每一时间段的长度。

完工任务结转：将 MRP 任务文件中状态为完工任务的记录结转到 MRP 任务历史文件中，同时将此条记录从 MRP 任务文件中删去。

③生产订单管理。

生产订单主要实现车间任务管理、调度查询和车间物料管理。车间任务管理是按物料需求计划的要求（品种、数量、时间），根据车间当前的生产状况（能力、生产准备、在制任务等），以及执行某项计划所必须具备的前提条件（图纸、工装、材料等），适时组织生产任务，下达生产指令，监督生产进度和执行状态。从生产体系上来看，车间生产管理主要是从物料需求计划系统接收已经确定的产品装配计划和零部件加工制造计划，所以车间任务管理系统的实施目标是：通过计算的数据，车间可适时组织生产，根据生产计划下达准确的生产指令、车间生产计划和领料计划，时时监督生产进度。将计划人员从大量的核算工作中解脱，发挥其监督执行的作用。车间调度是在生产订单完工登记即完工反馈的基础上，针对瓶颈、故障、计划变更进行车间任务的调整。车间物料是在车间任务的基础上，生成领料计划和领料单。

生产订单管理流程如图 4.48 所示。

图 4.48　生产订单管理图

生产订单管理将解决以下管理要点：为了帮助企业从传统的管理方式向现代化管理的过渡，系统将建立部分功能来满足这种过渡时期的需求。例如：零部件生产计划可以编排工序计划，也可以不编排工序计划；在车间的权限控制方面，对于不同的车间，数据可以分别进行管理。按照标准工艺路线生成工序进度计划，同时对于工艺路线的临时变更有特殊的处理。由于特殊原因造成部

分生產任務延期，系統提供了任務分批功能，可以將任務分成多批，先把已成套的數量下達部分任務，待其他零部件完工后，再將剩余任務下達給車間作業。通過將任務分成多種不同的狀態，對任務進行合理的管理。使得用戶可以通過任務的不同工作狀態和完成情況，進行決策和調整，以保證任務盡量按期、按質、按量完成。當出現缺料、缺少人力、缺少設備等情況時，計劃人員通過將任務分批、任務轉外協、任務轉採購等功能來解決這些問題。根據車間編製的領料計劃自動生成領料單。同一領料計劃可以多次出庫領用，並將實際領用信息反饋給車間。根據車間任務單自動生成庫房的完工入庫單。同一任務單可以多次完工入庫，並將實際入庫信息反饋給車間系統。生產過程中出現廢品，一方面要查找廢品原因，另一方面為了保證裝配不缺件，必須追加生產任務。系統提供臨時任務追加功能，由管理人員直接錄入任務，同時生成相應的領料單、工藝路線單。這樣，就不需要重新錄入獨立需求、重新編製物料需求計劃。本系統可以解決缺料任務的下達。當出現缺料時，先將生產任務下達開始前期的工作，待缺料零部件完成和到貨後，再安裝到相應的部件或產品上。產品領料時可以按工序領料也可以不按工序領料（對裝配車，我們建議採用工序領料的方式更加合理）。

生產訂單管理系統包括：

A. 生產訂單建立。調度員接收 MPS/MRP 生成的經過下達的生產計劃訂單，可以對計劃訂單進行模擬投放，瞭解直接子項物料是否缺料、是否有替代料，產生缺料報告及替代料明細表；對計劃訂單進行生成實際生產訂單的處理，生成時可以採取直接、合併、拆分方式；若物料的子件在物料生產檔案中設置為可生成子生產訂單，將生成其子件的生產訂單。

B. 生產訂單維護。調度員可以手工輸入生產訂單，對系統自動產生和手工輸入的生產訂單進行刪除、修改維護；可以對生產訂單進行模擬投放，瞭解直接子項物料是否缺料、是否有替代料，產生缺料報告及替代料明細表；對系統自動產生和手工輸入的生產訂單進行投放，或者取消投放處理；對本企業不需製造的系統自動產生和手工輸入的生產訂單進行委託處理，傳送到 NC 採購系統；生產訂單與備料計劃單有對應關係，一份訂單對應一份備料計劃單；如果相應的備料計劃已發料，則生產訂單不能取消投放；備料計劃為「審核」狀態，生產訂單仍為「計劃」狀態時，修改生產訂單時應注意與備料計劃保持一致。

C. 生產訂單接收。班組長對調度員下達的生產訂單進行接收、確認、合併。

D. 備料計劃和領料單維護。系統可自動生成備料計劃，作為物資部門備料指導；可對系統生成的備料計劃進行修改維護，也可手工輸入備料計劃，對手工輸入的備料計劃進行刪除、修改維護；對備料計劃進行審核，或者取消審核，審核后即形成對庫存數量的占用；對備料計劃進行關閉，或者取消關閉，關閉后即不再占用庫存數量；對備料計劃明細進行增加、刪除維護，或者對可以進行替代的物料進行替代操作（替代后的物料不能再進行替代）；支持多種領料類型：計劃領料、報廢補料、其他補料、節余退料、報廢退料、其他退料；對狀態為「審核」且相應的生產訂單為「投放」狀態的備料計劃進行發料；支持配套發料的模式。

E. 生產過程卡。生產過程卡完成對下級物料的批次號和序列號的跟蹤；對一條完工報告，可錄入所選用元器件的編號，並可進行查詢。

F. 完工登記。針對班組對已下達的生產訂單進行完工數量、耗用能力報告，同時可以報告返修或報廢數量；生產訂單可分批次報檢，並可方便查看檢驗報告；對已完工的零件和產品進行入庫登記；對一份訂單可以進行多次生產報告操作。

G. 生產報告統計。對設定時段內的生產報告數據分別按產品、生產部門、生產線或生產訂單進行統計顯示（包括實際完工數量、實際耗用能力），對設定時段內的生產訂單數據分別按產品、生產部門、生產線或生產訂單進行統計顯示（不包含耗用實際能力的數據），並通過計算完工率對生產進度進行控制。

H. 訂單進度查詢。對有工序派工的生產訂單進行進度查詢，查看該訂單各道工序的實際執行情況。

I. 在制查詢。對生產訂單的在制情況進行查詢。

④生產作業管理。

生產作業管理是對生產計劃管理的執行，是生產計劃實現閉環的最后一個環節。生產訂單下達到班組后，需要根據設備能力和工藝把任務細分到設備或操作者上，並能適時監控生產狀況。

生產作業管理可以完成生產作業計劃編製、生成派工單、實際作業反饋、監督執行狀態等工作。最終完成生產的統計和分析工作，為生產調度和各級管理人員提供車間生產的動態信息。生產作業管理系統可以滿足軍工企業各車間（班組長）工序計劃編製、生成工票等。可以極大地減少計劃人員的數據錄入工作量和數據錄入出錯的機率。生產作業管理流程如圖 4.49 所示。

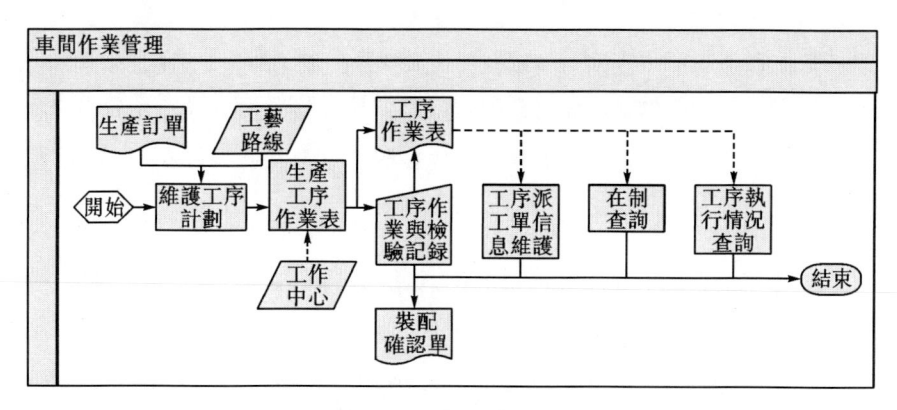

圖 4.49　車間作業管理圖示

A. 解決方案要點：通過系統，可依據設備有限能力編製作業計劃。通過系統的運行調度員、班組長可對生產任務進行原材料檢查，確認任務下達。並對任務進行跟蹤查詢，確保任務按時完工。管理人員通過系統提供的查詢功能可以隨時查看車間的待開工、已開工、預計完工、已完工等任務，加強監督力度。即時查詢任務所需的原材料庫存情況，以確保任務實施的可行性。即時查詢車間生產、完工情況，並通過網路完成報表傳遞工作。

B. 生產作業管理系統包括：

a. 作業計劃編製。

編製車間作業計劃之前，定義加工車間的工作中心及其工作能力；根據未開工的任務，按加工項目的工藝路線，自動生成車間任務在各工作中心的加工工序，並根據任務的投入/產出日期計算出每道工序的最早開工/最早完工，最晚開工/最晚完工四個日期；對編製后的作業計劃，若其工藝路線發生變化或加工日期需要變化時，以人工維護與重排形式調整作業計劃；對編製完畢的車間作業計劃按特定規則進行優先級計算，計算每道作業工序在各工作中心上先后加工的順序數，供管理人員參考。

b. 開工條件檢查。

系統提供了在任務下達前檢查物料、能力、工裝工具和工藝文件（未來實施該模塊后和集成應用）的模擬功能，根據檢查結果，管理人員可以適當調整物料清單、工藝路線和加工的工作中心。

c. 派工單維護。

維護由工序計劃生成的派工單，包括修改、刪除、凍結和解凍；手工添加指定生產訂單的派工單。

d. 工序派工。

根據工作中心的定額能力約束，對每道工序的派工單自動分解班次；可以對每天每個工作中心的最大任務數進行限制；提供修改派工單優先級的功能，並可以按計劃開工日期對派工單自動排序；提供對派工單「轉移/委外」的功能；完成派工單的「下達」。

e. 派工單完工維護。

該功能主要完成生產進度的統計，對派工單的生產執行情況進行維護，記錄每班次的生產完成情況；維護派工單的開工、完工狀況；末道工序完工後，系統自動生成完工報告；對已完工但沒有后續操作的派工單取消完工。

f. 進度查詢。

即時查詢車間正在生產的任務（包括下達任務、開工任務、完工任務）數量、完工入庫數量。

(3) 建議可追溯的質量管理體系

質量管理系統主要實現採購（含外購件、材料等）、製造過程、產品完工等環節進行質量檢驗管理和質量信息的收集、統計、分析，向企業的各級管理人員提供企業各環節的質量檢驗與控制信息、質量不合格處理方式及處理意見、提供質量統計及分析報告、質量發展趨勢，使各有關部門能夠及時瞭解質量信息及存在的問題，以便及早採取預防措施，避免不必要的損失，提高產品質量。

質量管理是企業管理的一個重要組成部分，也是「用友 ERP」閉環系統的一個重要組成部分。質量管理系統主要通過對原材料（含外購件、外購材料等）質檢信息、半成品質檢信息、產成品質檢信息以及產品質量檢驗信息的記錄，實現質量檢驗結果與物流過程的同步。在此基礎上，實現質量信息的匯總、統計、分析，向企業的各級管理人員提供企業各環節的質量檢驗與控制信息、質量不合格處理方式及處理意見、提供質量統計及分析報告、質量發展趨勢，使各有關部門能夠及時瞭解質量信息及存在的問題，以便及早採取預防措施，避免不必要的損失，提高產品質量。

質量管理業務流程如圖 4.50 所示。

建設質量管理系統將實現以下管理目標：建立質量信息的即時共享、統一存儲和處理機制；對產品全生命週期，包括研發、供應、生產、售後等環節產生的質量信息進行統一收集管理；在全部質量數據集成的基礎上，支持質量問題的追溯處理；提供多種可擴展的分析質量工具，支持質量的持續改進過程；提高質量增加企業的市場收益，同步降低質量成本。

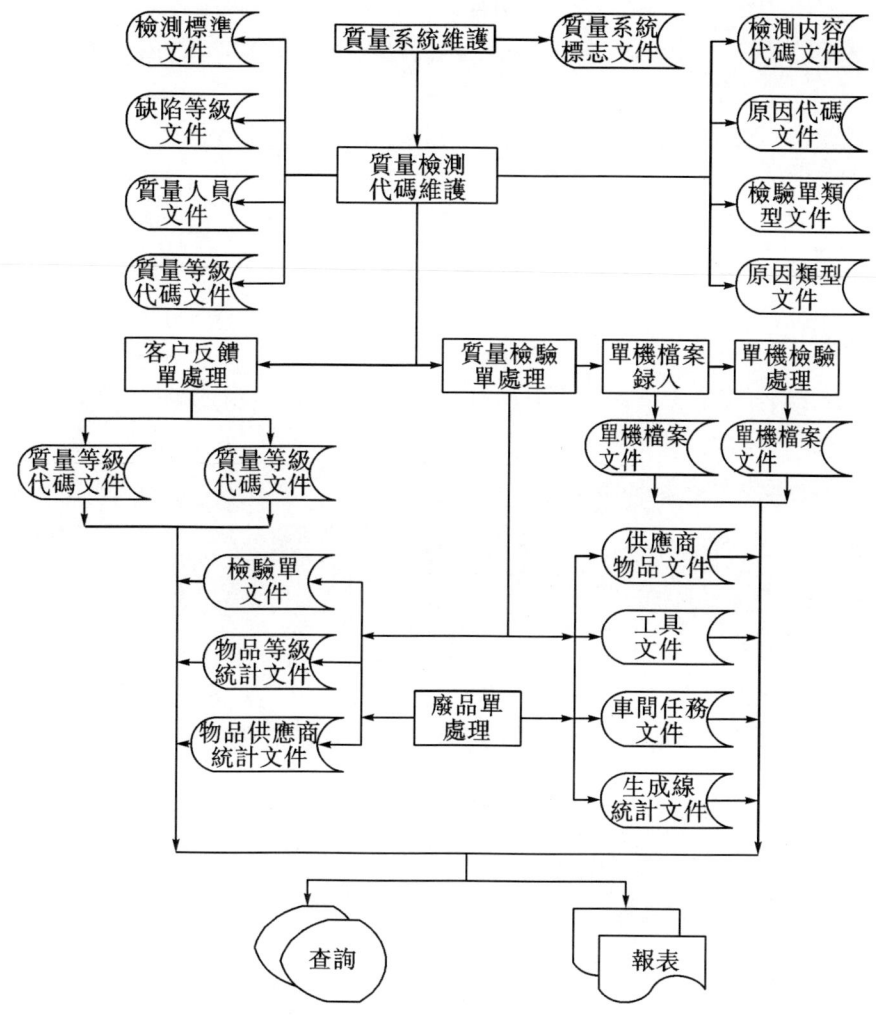

圖 4.50　質量管理業務流程圖

①質量檢驗數據管理。

完成質量檢驗基礎信息的設置和定義。為實現質量管理信息化必須對質量檢驗種類、檢驗標準、檢驗結果、檢驗等級、售後質量故障等進行編碼，一方面方便使用人員使用，另一方面方便按各類代碼進行質量統計與分析。

②業務過程檢驗管理。

與採購管理、生產管理、庫存管理等實現信息集成，完成各類質量檢驗申請單的維護或自動生成、快速傳遞；固化外購物資（原材料、毛坯、標準件）入廠檢驗、自製件檢驗流程，完成原材料入廠檢驗、外購毛坯檢驗、半成品檢

驗、工序（過程）檢驗、產成品檢驗等質量信息的登記與維護，實現原始質量檢驗信息的快速歸檔與查閱，方便進行質量追溯；提供事務提醒功能，在送檢單（或請驗單）生成的同時，自動將需要檢驗的信息發送給相關檢驗人員，以便快速回應檢驗請求，縮短質量檢驗週期，進而提高產品交付速度，快速回應客戶需求。

針對外購和外協物資，系統可實現：根據送檢單信息生成檢驗信息，記錄檢驗結果；確認物料檢驗批次的有效期、庫存期和再檢期，確認檢驗結果；對檢驗的不合格信息進行處理；根據到貨檢驗記錄，統計到貨質量狀況。針對生產過程，系統可實現：記錄零件每個製造工序的檢驗結果；記錄零件最終檢驗結果；對不合格品確定是否返修、補救、報廢等；根據工序和零件檢驗記錄，分析統計加工製造質量狀況。

質量檢驗管理流程如圖4.51所示。

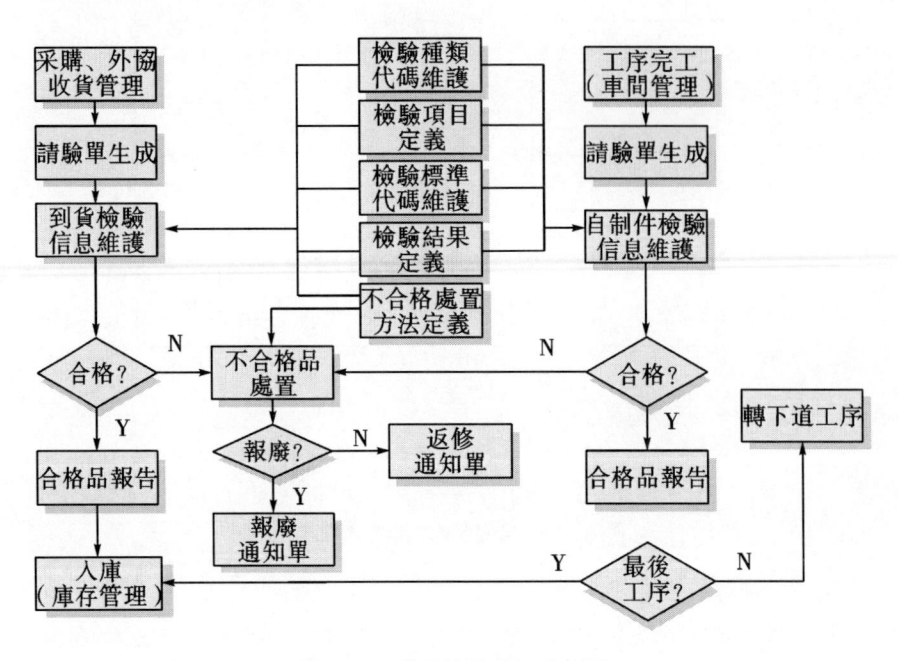

圖4.51　質量檢驗管理流程圖

③全程質量追溯管理。

質量管理系統與採購、庫存、生產管理等系統結合應用的基礎上，系統伴隨採購和生產過程的質量檢驗管理即建立了質量追溯的線索。如圖4.52所示。

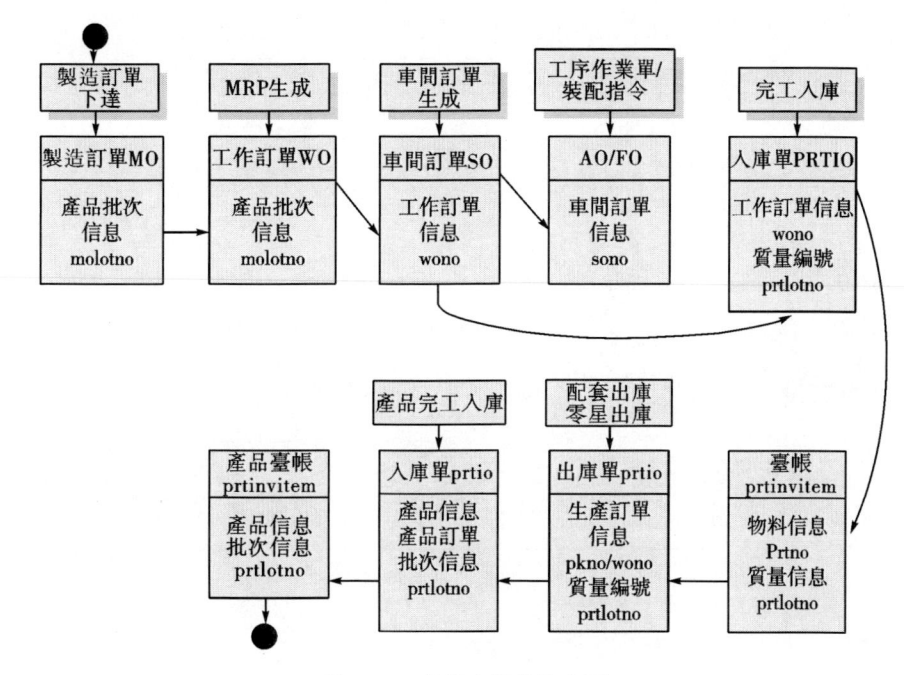

圖 4.52　質量追溯的線索圖

當發生質量問題時，從產品的合格證信息追溯到配套單，從配套單追溯是產品製造問題還是原材料問題，從原材料的採購單追溯到供應商的某個批次的原材料或外構件。同時，根據對原材料或外構件的批次追蹤，正向追蹤相關成品和半成品，實現質量的正向跟蹤。

④質量統計分析管理。

系統可實現按照型號、批次、生產單位、製造設備、故障類型進行質量統計，在此基礎上進行質量分析並生成分析報告，如圖 4.53 所示。

⑤質量故障提示管理。

首先針對操作作業、設備等原因所造成的、頻度較高的故障進行分類，針對需要提示的故障進行編碼，與型號、工序編號對應，在生成派工單時作為一個屬性值標註在派工單中，實現對操作人員的提示。

(4) 建立自動化的成本管理系統

成本管理系統的應用將幫助客戶實現：以標準成本制度為基礎平臺設計，將成本核算與管理融為一體，力求體現成本的事前預測與控制、事中核算與監督、事後分析與考評等全過程、全方位的成本核算與管理。簡化和淡化成本計算方法的多樣性與複雜性，減輕成本核算與管理的系統設計與工作負擔，使成

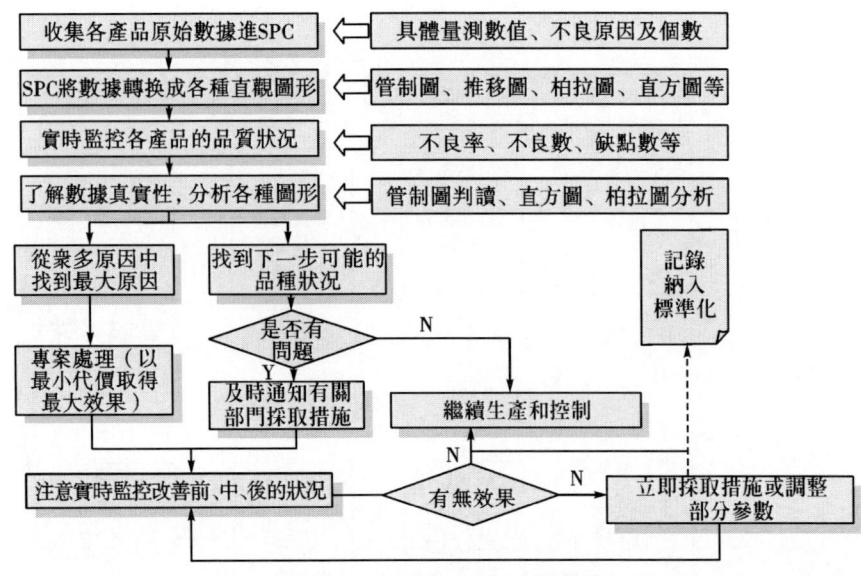

图 4 53 質量統計分析管理圖

本核算與管理過程更加清晰明瞭，促進企業成本管理與核算各項工作（如成本核算與管理基礎、物流、價值流、信息流等）的優化再造，進一步提高成本管理水平，實現成本管理系統與財務、生產、庫存、銷售等系統全面集成。

我們提供的成本管理的流程包括事前模擬與計劃、事中控制和週期性實際成本計算與核算及事後考核的四個層次，總成本管理的流程如圖 4 54所示。

NC成本總體應用架構圖

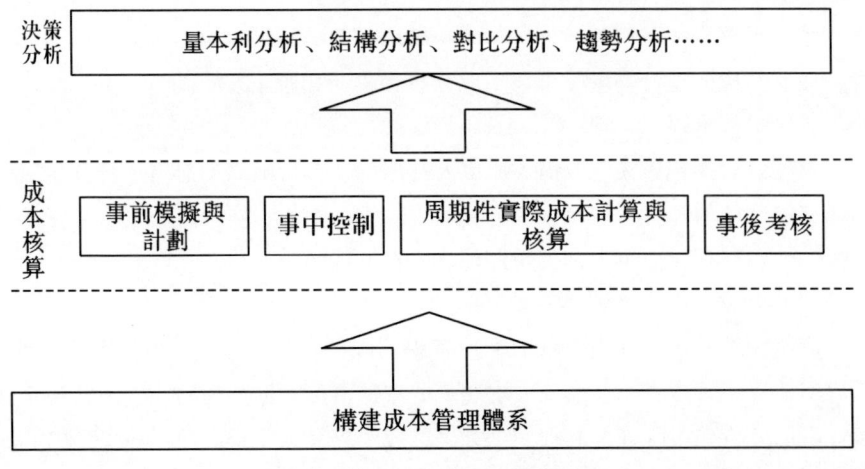

圖 4 54 NC總成本應用架構圖

152 銷售服務公司集團管控探討——基於信息化視角

事前模擬與計劃：通過設置成本計劃，設定標準產品成本和目標成本，來對總成本進行計劃和考核依據設置。這部分內容要和生產過程的工藝路線、材料採購價格等因素相關。

事中控制：要通過完工率、材料投入比例、作業量控制比例以及生產製造系統的相關參數進行控制。

週期性實際成本計算與核算：通過實際生產資料的材料投入、作業量投入、完工統計、在產品統計和廢品等實際耗費，結合生產過程中發生的人工、應收帳款、設備耗費、存貨核算等輔助成本進行成本歸集與分攤，最終在會計期末計算出生產產品的各項成本明細數據。

事後考核：按照目標成本和標準成本來分析實際成本的發生情況，通過比較差異成本分析得出考核依據。成本考核可以按照整個單位進行採購成本中心、製造成本中心及分廠生產中心的分項成本考核。

①成本管理模型建立。

成本管理模型、成本核算模型，對應到系統中即為成本資料的設置，包括物料清單、工作中心、工藝路線、成本中心、成本要素、成本動因、聯副產品分離定義、內部轉移價定義、物料主文件。系統設置如圖 4.55 所示。

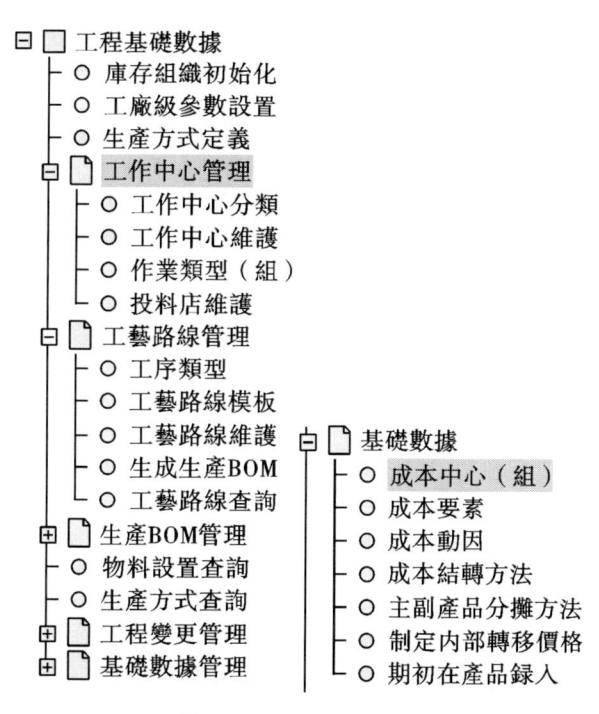

```
日 □ 工程基礎數據
    ├ ○ 庫存組織初始化
    ├ ○ 工廠級參數設置
    ├ ○ 生產方式定義
    ├ □ 工作中心管理
    │   ├ ○ 工作中心分類
    │   ├ ○ 工作中心維護
    │   ├ ○ 作業類型（組）
    │   └ ○ 投料店維護
    ├ □ 工藝路線管理
    │   ├ ○ 工序類型
    │   ├ ○ 工藝路線模板
    │   ├ ○ 工藝路線維護      日 □ 基礎數據
    │   ├ ○ 生成生產BOM           ├ ○ 成本中心（組）
    │   └ ○ 工藝路線查詢           ├ ○ 成本要素
    ├ □ 生產BOM管理               ├ ○ 成本動因
    ├ ○ 物料設置查詢               ├ ○ 成本結轉方法
    ├ ○ 生產方式查詢               ├ ○ 主副產品分攤方法
    ├ □ 工程變更管理               ├ ○ 制定內部轉移價格
    └ □ 基礎數據管理               └ ○ 期初在產品錄入
```

圖 4.55　系統設置圖示

②標準成本規則定義。

標準成本是指在充分調查、分析和技術測定的基礎上，根據企業現已達到的技術水平所確定的企業在有效經營條件下生產某些產品所應當發生的成本。

施行標準成本制度的主要內容包括：制定各項目成本標準；累積實際成本資料；進行成本差異分析及帳務處理；對可控因素，採取有效措施以糾正偏差，對不可控因素，則要考慮修訂標準。

標準成本包括：標準成本類型設置、標準價格庫設置、標準成本計算、標準成本分析、標準成本查詢及固定費用預算。標準成本設置的目的是用來和實際成本進行比對分析，從而確定出實際成本的績效考核比較值。對標準成本的價格可以在系統中進行維護；設置完成後，通過標準產品計算產生產品標準成本。

③成本數據自動取數。

實際成本的設置及計算包括成本的歸集設置及分配設置。在我們的成本管理系統中，通過成本收集及分配規則的設置，系統可以自動計算成本數據，最終得出成本數據。同時通過實際成本的耗費可以計算成本實際成本的耗費。實際成本資料收集過程如圖4.56所示。

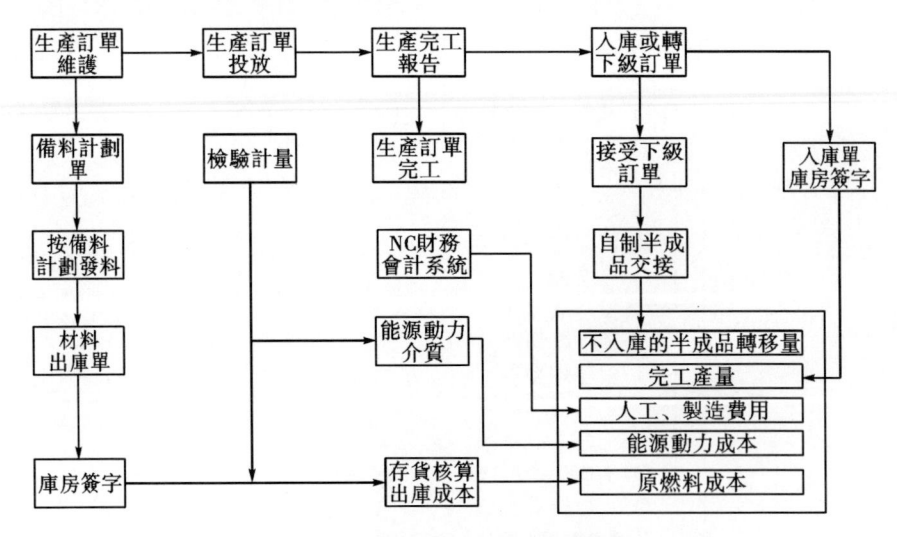

圖4.56　實際成本資料收集過程圖

系統支持從存貨系統中自動將存貨核算的相應物資成本的數據採集出來，也支持手工填製的數據，這種靈活方便的數據採集方式給實際工作中的成本收集帶來了極大方便。除此之外，系統可以從在產品入庫單中自動提取在產品成本。

④實際成本數據的自動處理。

NC 實際成本的計算流程如下：投入產出數據核查、成本中心費用結轉、成本分配、輔助成本交互分配及成本結轉。如圖 4.57 所示。

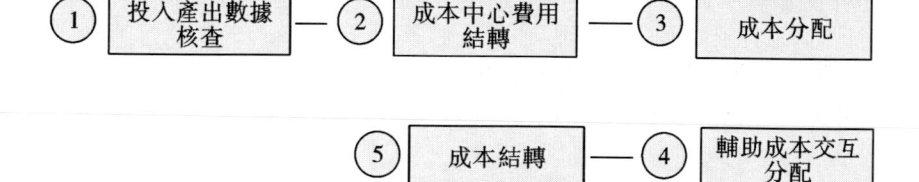

```
①投入產出數據核查 — ②成本中心費用結轉 — ③成本分配

⑤成本結轉 — ④輔助成本交互分配
```

圖 4.57　NC 實際成本的計算流程圖

成本歸集的基礎數據採集，通過對在產品投入的基礎物資資料從系統中提取相應數據進行成本材料數據歸集。

成本數據歸集以後，需要對成本數據進行成本中心分配結轉設置。

完成設置後，系統可以自動按照成本中心進行費用結轉，將費用結轉到相應的成本中心，完成實際生產過程中的成本向成本中心的歸集及結轉。

結轉完成後，再按照成本中心及成本要素、成本動因將歸集的實際成本分配到各個成本中心的具體成本要素數據。

如果在產品生產過程中存在相關聯的聯副產品，可以按照輔助成本交互分配功能進行分配。

⑤成本監控與成本分析及考核。

系統可以按照日成本進行監控：即時監控成本計劃的執行情況；隨生產訂單的進行，同步核算訂單成本。

- 變動費用：

外購物料＝實際耗量×實際價格

自製物料＝實際耗量×標準價格

- 固定費用：

固定費用＝產量×標準或計劃費率

成本分析及考核的內容包括量本利分析、結構分析、對比分析等。

4.2.1.3　應用價值總結

本解決方案重點實現以下管理價值：

（1）建立以總部的 ERP 管理需求為重點，建立符合「ZSF」管理要求的物資準備、生產計劃和執行控制、質量跟蹤控制、成本核算管理模式。

（2）以信息共享為手段，實現設計、工藝、物資、生產、質量管理的協同，提高企業整體運作和管理效率。

（3）以物資規範管理、完工管理、質量管理、成本管理為基礎，實現客戶生產運作管理的規範化，減少物資資金佔用、提高產品質量水平、降低總體成本水平。

（4）結合生產管理和供應鏈管理思想，建立以流程驅動的、從任務計劃—生產準備—生產計劃—生產製造—質量控制的高效的生產體系，提高產出效率，應對科研生產任務快速增長的需要。

4.2.2 「ZSF」DMS 擴展應用

4.2.2.1 「ZSF」門店業務擴展核心需求分析

（1）售后服務管理問題

現狀描述：「ZSF」目前的動力產品零售售后比較多樣化，農機產品需要上門服務，派出專門的技術人員現場維修，當前技術人員並沒有將所有的維修產品掛帳，所以從管理上產生了一些不必要的混亂；發動機產品則需要保留在門店，然后運回動力服務部進行技術檢測，最后經過檢測確定維修或者更換，故中間經過的時間較長，嚴重影響了客戶對產品的滿意度。

分析與建議：由於現有的服務網路在農機等產品的維修服務能力上有所欠缺，導致大量服務工作需總部駐外人員現場完成。這給今后的「ZSF」服務體系帶來很大的機遇，如果處理恰當，這部分業務將是今后「ZSF」體系中很重要的一部分利潤來源。

建議在現有旗艦門店建立農機維修團隊（依託於動力服務部的駐外人員），設定專門的農機產品維修配件庫存，加快市場反應能力，搶佔市場。通過信息系統設立農機維修知識庫等交流平臺，共享維修技術，提高門店的服務水平。

（2）售后服務工作監管與標準化

現狀描述：「ZSF」目前的動力產品售后服務沒有一套相對完善的管理機制，人為主觀判斷的情況比較多，特別是門店技師現場維修服務的隨意性較大。技師為了方便，本來可以通過維修解決的問題，卻建議客戶更換部件，從而提高了維修價格，加大了客戶對動力產品維修業務的抵觸性，嚴重影響了客戶對產品的滿意度。

分析與建議：該部分業務會影響到「ZSF」門店管理的穩定性，雖然目前

「ZSF」正處於建設發展的初期，但還是要逐步完善整個監督體系。

建議建立完善的維修技術資料庫，不定期的在「ZSF」總部進行售後服務技術交流，提高技術人員的專業服務水平；將客戶服務評分納入技術人員的績效考核，規避一些不良風氣。

（3）投訴及其處理

現狀描述：「ZSF」目前的整車業務投訴管理比較松散，沒有將業務投訴處理量化、沒有形成相應的獎懲機制，因此技術人員在處理業務問題方面態度比較消極，反饋信息也比較被動，從而造成客戶投訴的時間週期長等現象。

分析與建議：作為一個服務品牌，客戶滿意度是一個非常關鍵的指標，而客戶投訴處理的情況，又是對客戶滿意度有著極大的影響的。客戶投訴處理是和終端用戶發生聯繫最好的渠道，通過這個渠道可以瞭解終端用戶的實際需求，找到管理提升的關鍵點。

建議在信息系統中設計相應投訴處理業務流程，通過自動提醒功能主動提醒各業務崗位參與投訴處理各環節。系統設計相應投訴處理分析報表，使管理者可以很方便地監控投訴處理情況，為決策者決策提供數據支撐。

（4）通機銷售市場權責劃分

現狀描述：「ZSF」目前的通機銷售權限沒有完全獨立，上級公司動力可以銷售通機，並不完全對市場進行統一掌控；通機的售後服務與產品的售後服務存在一定的差異；通機的售後服務除了打包服務外，還有國家補貼、技術人員外派等。

分析與建議：通機銷售業務目前在上級公司中所占比重不大，但是市場前景比較廣闊，為了更好地滿足市場需求，兩種銷售渠道並存將長期存在。

建議盡快確定「ZSF」和原有通機銷售體系的職責劃分，以及在「ZSF」網路沒有全部鋪開的情況下銷售業務過渡的方式。

（5）商業模式與銷售價格管理

需求理解：目前，上級公司體系的零配件銷售是採用傳統經銷商代理、門店直銷、直營店和合營店向下屬加盟店批發混合銷售模式。對於上級公司生產加工發動機的配件市場零售由「ZSF」統一對外銷售，但機車的配件市場沒有統一，即由原經銷代理商和「ZSF」共同銷售經營。但是，現在直營店、加盟店的批發和零售價格體系沒有統一。如果市場價格體系不統一，將來會出現竄貨現象。

由於上級公司服務和產品銷售實行代理制，渠道經銷商的經營能力參差不齊、進貨渠道無法有效管控，市場需求不能得以真實反應。經銷商訂貨數量

小、隨機性強，無法形成批量採購和運輸，致使採購成本和物流運輸成本較高，從而使銷售價格提高；而銷售價格提高則會制約經銷商的銷售積極性。

分析與建議：針對目前的渠道銷售問題和價格問題，考慮到零配件的市場風險，在過渡期，建議重點規範「ZSF」能掌控的銷售體系，清晰商務模式，如分銷批發模式、連鎖零售模式、分銷零售混合模式，統一「ZSF」內部的價格結算體系和對外的市場銷售價格體系。

4.2.2.2 「ZSF」DMS 擴展應用系統支撐

(1) 強化客戶開拓及關懷管理

客戶是有生命週期的，見圖4.58。客戶維繫的時間越長，對「ZSF」和門店的價值越大。由此可見，無論是門店還是「ZSF」都希望盡可能延長客戶的生命週期，使客戶成為自己忠實的客戶。

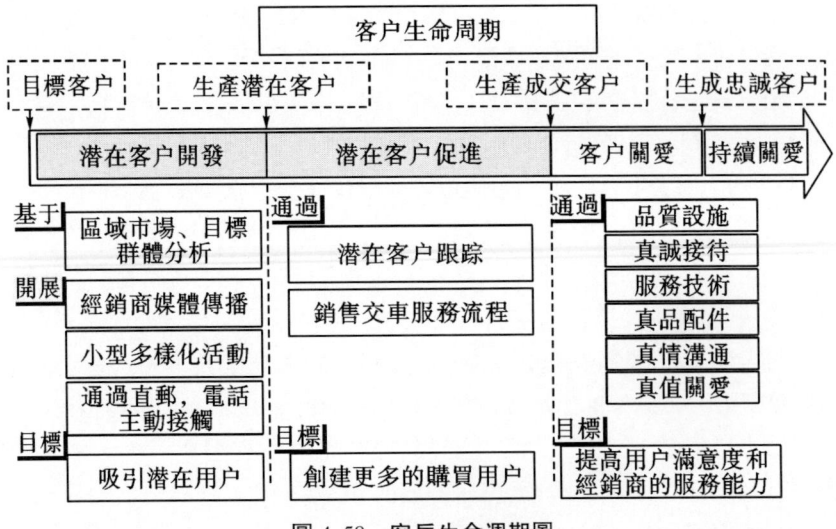

图 4.58　客戶生命週期圖

DMS 系統中將客戶關係分為兩個階段：第一個階段，客戶開拓。通過各種渠道獲得潛在客戶，並促進客戶成交，成為保有客戶的過程。第二個階段，客戶關懷。通過客戶關懷、回訪、投訴處理等各種方式維繫與客戶的關係，創造服務機會的過程。

下面分別從客戶開拓和客戶關懷兩個方面具體闡述 DMS 系統客戶關係管理相關業務流程和系統功能。

①客戶開拓能力的提升。

門店的銷量由三個關鍵因素組成，即集客量、留檔率、成交率，門店的銷

售能力和市場佔有率也需從這三個方面進行提升。見圖4.59。

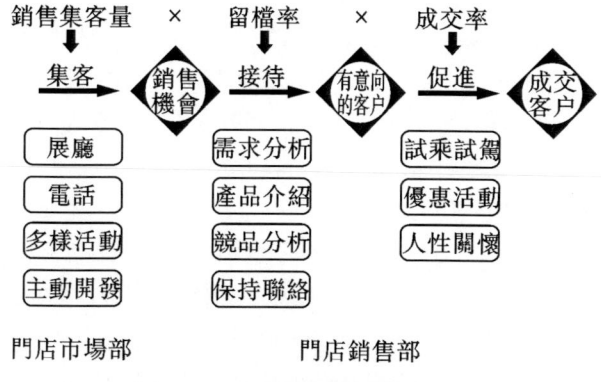

圖4.59 門店銷售量計算圖示

為了提升這三個指標，DMS系統定義了如下潛在客戶管理流程，見圖4.60。

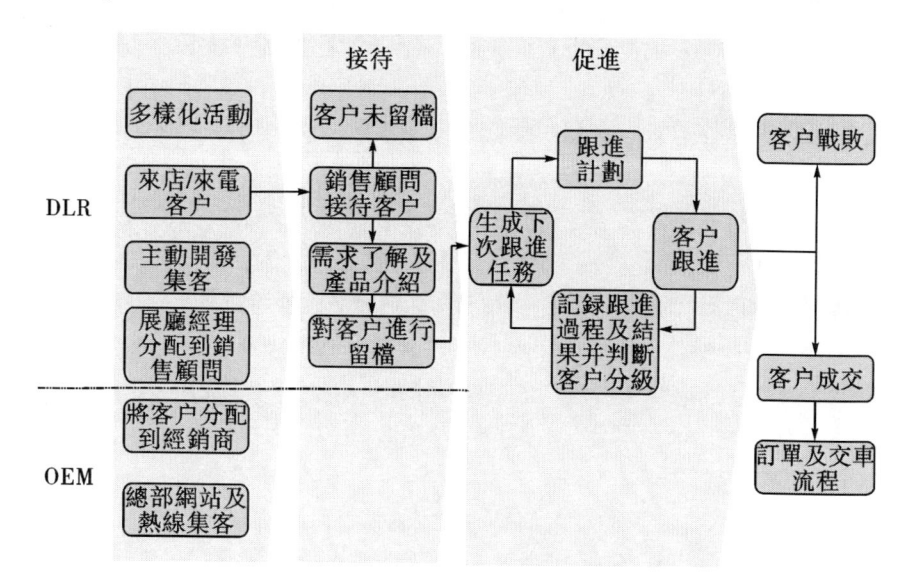

圖4.60 潛在客戶管理流程圖

集客主要是指門店和「ZSF」通過各種方式收集客戶從而製造更多的銷售機會，當客戶來店、來電后銷售顧問通過對客戶的接待，將潛在客戶進行留檔，並通過制訂跟進計劃的方式對有意向的客戶進行跟蹤和銷售促進，直至該客戶成交或戰敗。

通過上述流程的管理，「ZSF」能從門店的集客量、留檔率、成交率等各個方面進行分析，對門店的銷售能力進行有針對性的改進和提升。

用友 DMS 系統中將客戶開拓細分為四個階段，即集客階段、跟蹤促進、客戶成交/戰敗、售後回訪。以下將詳細闡述每個階段的管理重點和功能。

A. 集客階段。集客的目的是通過各種手段發現潛在客戶，並留下有意向的潛在客戶的聯繫方式，以進行下一步的跟蹤促進。潛在客戶的來源大致分為以下幾類：

a. 展廳接待：潛在客戶通常會主動打電話到 4S 店瞭解情況，或直接到 4S 店看車、選車。對這些來店/來電的客戶做產品介紹、競品對比，並做需求分析，盡可能地記錄所有來店/來電客戶的詳細信息，作為後期跟蹤促進的基礎。展廳接待是所有乘用車獲取潛在客戶的最重要手段。

b. 多樣化市場活動：展廳通常受到地理位置、輻射範圍、不夠主動等多種因素的限制。為彌補這些不足，門店需要開展多樣化的小型市場活動，可以接觸和收集到更多的潛在客戶信息，作為展廳來店/來電客戶的延伸和補充。通過舉辦展會、新產品發布、新店開業、大型試乘試駕等多種方式，即可向潛在客戶介紹品牌、獲取更多潛在客戶，也可向有意向的客戶做進一步的促銷跟蹤，加快銷售速度。

c. 銷售顧問主動開發：利用銷售顧問的人際關係網路介紹所帶來的客戶的購買需求相對明確，成交率較高。可以從某些渠道獲知批量目標客戶的信息，如公司團購等，也可以對這些目標客戶進行產品資料郵寄、電話聯絡、邀約試乘試駕或參加其他市場促銷活動，通過這些手段接觸，根據接觸反饋情況進行篩選，獲得潛在客戶，再進行系統跟蹤。

d. 保有客戶轉化：通過門店現有客戶或競爭品牌現有客戶的重新開發獲得銷售機會。一般而言，每個車主平均每隔 6 年就會買一部新車；我們可以在系統中找到這些保有客戶，對這部分客戶做二次開發，也可能進行二手車置換，還可能發生重複購買。

e. 「ZSF」下發：「ZSF」的 800 熱線電話、宣傳網站，以及統一的市場調查活動都可以收集一些潛在客戶的信息，通常「ZSF」將這些信息按地域不同下發給不同區域的門店，具體接觸可以由門店來操作，由門店記錄跟蹤情況。

以上五種來源的開拓方式都有區別，用友 DMS 系統客戶關係管理模塊都提供了完整的功能來支持這些業務的實現，相應業務流程如圖 4.61 所示。

圖 4.61　客戶關係管理圖

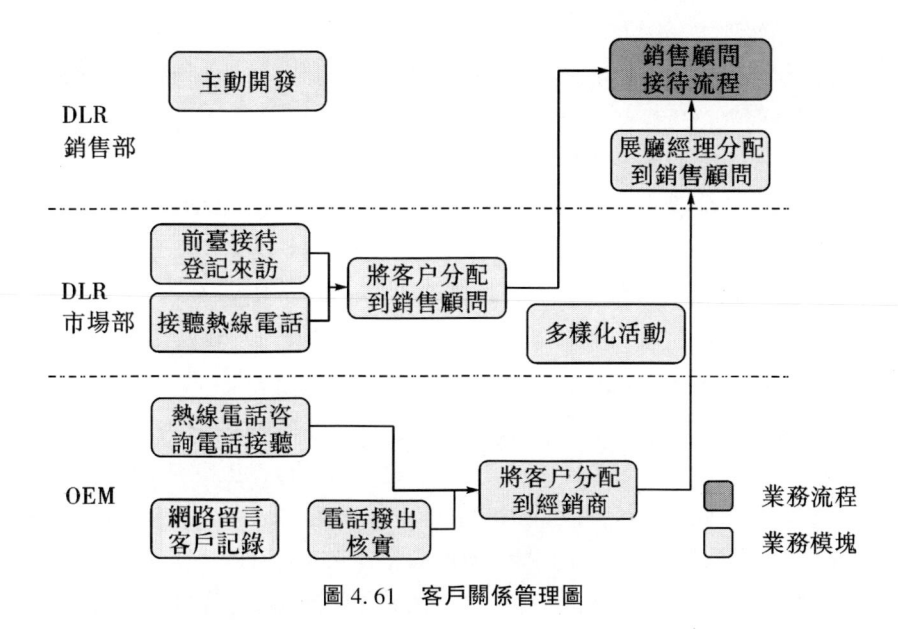

其主要功能描述如表 4.9 所示。

表 4.9　　　　　　　　　客戶管理功能一覽表

執行角色	功能點	功能描述
門店	來店/來電流量登記	記錄來店/來電客人的來店時間、人數、離店時間、接待顧問等信息，作為流量統計和銷售顧問建檔的依據。
門店	潛在客戶建檔	將接待所獲客戶信息錄入系統，建立潛在客戶的檔案，包括姓名、聯繫方式、意向車型、競品情況及其他細節，並初步對客戶進行分級。未獲取客戶信息的來店流量設為無效接待。
門店	主動開拓客戶建檔	將市場活動或主動開拓的潛在客戶錄入系統，可選擇客戶來源，以便於后續分析。
門店	展廳流量分析	分析展廳來店/來電的流量、有效流量比率（留檔率）。
「ZSF」	潛在客戶錄入	將從網站、市場活動中獲得的潛在客戶錄入系統。
「ZSF」	潛在客戶分配	將從「ZSF」獲得的潛在客戶分配給各地門店。
門店	潛在客戶分配	將從「ZSF」獲得的潛在客戶分配給銷售顧問進行跟蹤。
門店	分配客戶建檔	根據跟蹤結果建立潛在客戶檔案或將分配客戶設為無效。
「ZSF」	展廳流量分析	分析各門店的展廳流量情況。
「ZSF」	分配客戶狀態查詢	查詢所有分配給門店的客戶是否跟蹤、跟蹤結果、當前客戶狀態等。

B. 跟蹤促進階段。

獲得潛在客戶的聯絡信息和意向後，需要銷售顧問對這些潛在客戶再做進一步的跟蹤促進，最終實現銷售成交。潛在客戶意向強烈與否決定跟蹤促進的頻度，所以首先需要對潛在客戶進行分級管理。

一般按客戶的購買達成可能性和可能成交週期確定客戶的級別。一般將客戶分為 H、A、B、C、N 級。預計 3 天內成交的為 H 級，一週內成交的為 A 級，15 天內成交的為 B 級，一個月內成交的為 C 級，不確定的為 N 級。

用友 DMS 系統中，「ZSF」可為門店制定統一的標準，每個級別的潛在客戶在幾天內必須由銷售顧問跟進一次。也可以由每個門店來指定。到期自動生成任務提醒，提醒銷售顧問需要進行潛在客戶跟進。同時系統也會提醒銷售經理在每日晨會、夕會時對銷售顧問進行任務的部署和檢查任務完成狀況。

銷售經理根據每個銷售顧問當前潛在客戶的數量和各級別的分佈狀態，可以初步預估各個銷售顧問能否按時完成銷售指標，並有針對性地安排銷售顧問的任務和進行指導。比如對潛在客戶較少的銷售顧問要安排在客流量較大的時段進行展廳值班；對潛在客戶保有量較大的銷售顧問則重點指導如何提升促進客戶成交的能力。

客戶跟蹤結果反饋：銷售顧問對客戶進行跟蹤後，將跟蹤結果記入客戶檔案，包括意向級別變化、客戶提到的同類競爭品牌，以及可能購買的時間、預計金額、試乘試駕等。記錄整個跟蹤過程，同時銷售顧問可以修改下一次的跟蹤時間。系統會根據新的意向級別做下一次的跟蹤提醒，直至成交或戰敗。

根據跟蹤頻度可以評估銷售顧問的工作主動性，瞭解客戶成交或戰敗的原因，通過跟進的類型，比如試乘試駕率、再回展廳次數等方面可以瞭解試乘試駕或其他活動對於促進成交的作用。

此環節中，門店銷售經理能通過各種數據反應銷售顧問的銷售能力、當前狀態，從而有針對性的指導銷售顧問，進行資源準備、發起市場活動等。無須等到每月結束時才知道任務是否能完成。比如，較典型的報表如有意向客戶管製表以及銷售顧問意向看板。

同樣，這些數據也可幫助「ZSF」對門店銷售能力的評估提供數據參考。「ZSF」可以統計全國或區域的潛在客戶的總量情況、各個級別的分佈，以及潛在客戶對車型的意向分佈，為生產計劃的制訂提供一定的參考，以及指導門店的銷售工作。

C. 成交/戰敗階段。

潛在客戶跟蹤的結果將是成交或戰敗，如果成交，則交付定金，生成客戶

訂單，並進行配車、交車、代理保險、上牌、裝潢等銷售服務，並將客戶資料上報「ZSF」。如果戰敗，須經銷售顧問申請、案例分析、戰敗原因總結，銷售經理確認后方可結案。具體操作流程如圖4.62所示。

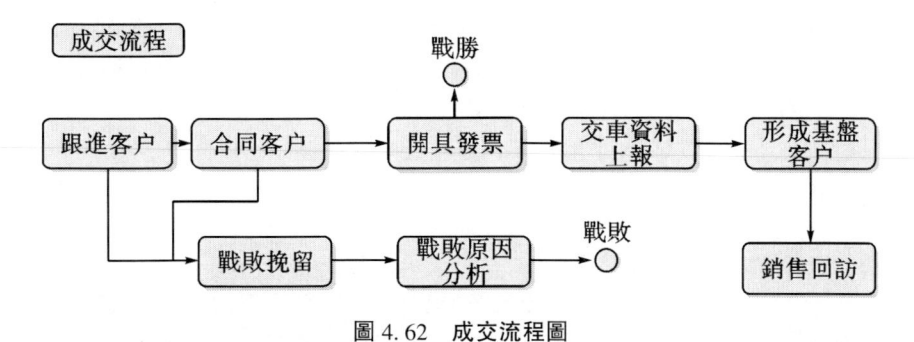

圖4.62 成交流程圖

用友DMS系統的主要功能如下：

客戶成交：標記客戶成交，生成客戶訂單，記錄客戶成交主要因素，轉到門店銷售管理流程直到客戶交車。

戰敗結果記錄：潛在客戶若戰敗，需要銷售顧問填寫戰敗的原因、戰敗品牌、戰敗車型等信息，以便以后對其進行原因分析，總結經驗。銷售顧問確認后提交銷售經理審批。

客戶戰敗確認：戰敗的客戶需要由銷售經理做戰敗確認。戰敗原因有多種，如品牌競爭力不強、服務質量差、價格沒有優勢等幾類。銷售顧問在做戰敗原因總結時，需要詳細記錄戰敗的原因，如果客戶已購買了其他品牌車輛，還要詳細記錄戰敗的車輛信息。銷售經理根據戰敗原因，做戰敗確認。可以直接確認戰敗，也可以將戰敗的客戶重新分配給其他銷售顧問進行繼續跟蹤，以試圖挽留。

意向客戶合併/重新分配：第一種情況，當多個銷售顧問跟蹤同一個意向客戶時，可以先由銷售經理進行客戶資料合併，整合出一份詳細、準確的客戶資料，然后由其做客戶的重新分配，由指定的銷售顧問做跟進；第二種情況，原來的銷售顧問離職，遺留下來的客戶需要重新分配給其他人繼續跟進，則由銷售經理將這部分客戶分配給其他銷售顧問進行跟蹤，防止客戶流失；第三種情況，戰敗確認后再分配。

客戶資料上報：交車服務完成后，門店需將最終準確的客戶資料、銷售價格、銷售日期等情況回報「ZSF」，作為后續服務保修的依據。

客戶成交分析：每個銷售顧問留檔客戶的成交率直接反應銷售顧問的銷售能力，結合銷售顧問的客戶接待總量、客戶留檔率、客戶成交率能全面反應銷

售顧問各個方面的能力。同樣「ZSF」也可以通過這些指標來評估每家門店的銷售能力，得出區域平均水平、門店銷售能力排名等促進門店明確定位，提升銷售能力，更好地開拓市場。

D. 售後回訪階段。

客戶成交後，需在「ZSF」規定的時間內對客戶進行回訪，回訪是調查潛在客戶對銷售顧問及門店在銷售過程中的各項服務的滿意度，並提示客戶首次保養的時間。通過對客戶回訪的結果分析，進一步改善銷售服務各環節的服務質量，其主要流程如圖 4.63 所示。

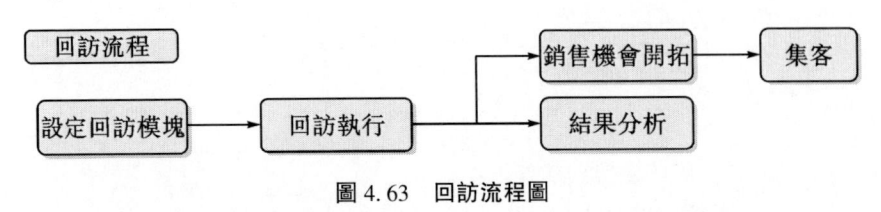

```
回訪流程

設定回訪模塊 → 回訪執行 → 銷售機會開拓 → 集客
                         → 結果分析
```

圖 4.63　回訪流程圖

用友 DMS 系統的主要功能如下：

設定回訪模板：回訪前根據回訪目的設定相應的問卷和回答選項，預先設定問卷的主要目的是便於分析結果。

回訪記錄：通過電話回訪，記錄客戶的回覆情況和感受。

回訪分析：銷售經理或客服經理可以根據回訪的結果統計客戶滿意度。按每個銷售顧問進行客戶滿意度的對比、排名，或對銷售服務各環節的客戶滿意度進行統計分析，以指導銷售過程的改進和優化。

「ZSF」統計分析：「ZSF」也可以收集每個門店回訪的結果，為對比統計的方便，「ZSF」可以設定回訪的模板，門店只能增加問題，不能修改其中的問題。這樣，「ZSF」收集的回訪結果才有統計意義，可以按門店進行統計分析，以指導和評估各門店的客戶滿意度。

②客戶關懷能力的經營。

客戶關懷的主要目的是在客戶購車後，保持與客戶的聯繫，主動對客戶進行關懷提醒，解決客戶在使用或維護過程中的問題，提高客戶的滿意度和忠誠度，獲得盡可能多的客戶服務機會。客戶關懷包括如下幾個方面：

A. 客戶車輛信息統一視圖。

所有客戶關懷的基礎是能聯繫到客戶，所以保持客戶信息的不斷更新和完整是重要的基礎。在用友 DMS 系統中，所有客戶的相關信息都將記入客戶的統一檔案中，包括車輛信息、客戶開拓階段促進信息、維修記錄、回訪記錄、投訴記錄、參與的銷售或服務活動等。形成完整統一的客戶接觸歷史，而且無

論客戶在哪家門店修車或接受服務，其維修記錄都會記入客戶檔案，供相關部門進行統計分析。其他門店也可以調用授權範圍內的信息，比如能看到修理故障、更換配件、維修時間，但看不到負責的門店和金額信息。

對門店來講，需要時能查詢到客戶的維修歷史，可以協助判斷當前的故障。對「ZSF」來講，有了完整的客戶檔案，才有了客戶關懷、回訪、調查、客戶分析的基礎。

B. 客戶主動關懷。

客戶提醒的主要的目的有兩個：一是聯絡客戶的感情，使客戶在需要服務時能找到你；二是開發服務機會，用友 DMS 系統中提供了大量的手段來支持門店和「ZSF」對客戶的主動關懷。下面將分別描述這兩類客戶關懷。

客戶聯絡型有以下類型：在客戶的重大節日發感謝函、祝福短信等。年檢提醒：在客戶車輛到期需要年檢時，主動致電或短信通知客戶，提醒客戶不要逾期，避免帶來使用不便。銷售活動邀約：可在全體客戶中選擇合適的客戶參與市場活動，如試乘試駕、車友會、新品發布會等。售後服務活動邀約：為提升客戶品牌忠誠度，創建服務品牌，「ZSF」經常會舉辦免費檢測、換油、夏日清洗空調或修車送小禮品等活動，門店可借此機會通知開展服務活動範圍內的客戶，增強與客戶的聯絡。

服務機會開發型有以下類型：保養提醒：根據客戶上次保養時的里程和時間來推斷下次需要保養的時間，提前致電或發短信給客戶，提醒客戶應該在約定的里程時對車輛進行保養，以保障車輛的使用壽命和安全狀況。保險到期提醒：根據客戶購車辦理保險的時間可以推斷其需要續保的時間，提前致電或發短信給客戶，提醒客戶續保，表示願意隨時為客戶服務，現在保險佣金是門店重要利潤來源之一，除主動關懷提醒，還需要提供有競爭力的條件和便利以吸引客戶續保。

C. 客戶調查回訪。

「ZSF」或門店都會不定期對客戶進行滿意度調查，在銷售或維修完成后均需對客戶進行回訪。通過對客戶回訪或調查的結果分析，進一步改善銷售服務各環節的服務質量。

用友 DMS 系統的主要功能如下：

設定回訪模板：回訪前根據回訪或調查目的設定相應的問卷和回答選項，預先設定問卷的主要目的是便於分析結果。

回訪記錄：通過電話回訪，記錄客戶的回覆。

回訪分析：銷售經理或客服經理可以根據回訪的結果統計客戶滿意度。按

每個銷售顧問或服務顧問進行客戶滿意度的對比、排名，或是對銷售服務各環節的客戶滿意度進行統計分析，以指導銷售或服務過程的改進和優化。

「ZSF」統計分析：「ZSF」也可以收集每個門店回訪的結果，為對比統計的方便，「ZSF」可以設定回訪的模板，門店只能增加問題，不能修改其中的問題。這樣「ZSF」收集的回訪結果才有統計意義，可以按門店進行統計分析，以指導和評估各門店的客戶滿意度。

D. 客戶投訴抱怨。

客戶如果對銷售或服務過程不滿意，可以向門店或「ZSF」進行投訴，用友為門店和「ZSF」提供投訴處理模塊來協助客服人員跟蹤和處理客戶的投訴。投訴處理流程如圖4.64所示。

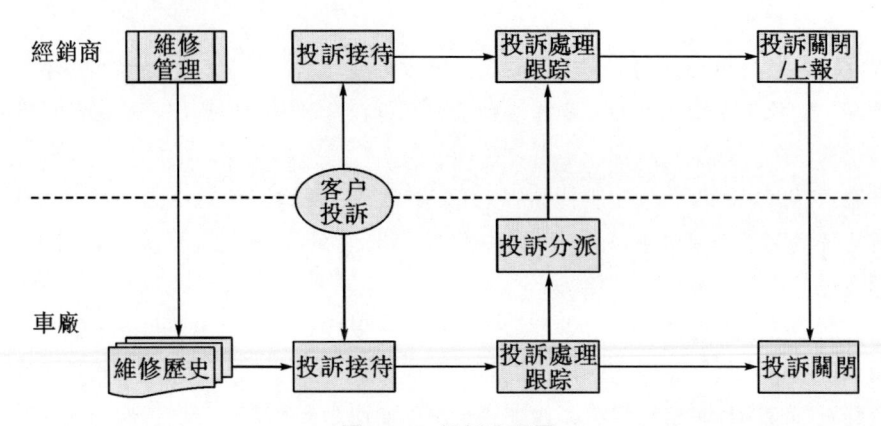

圖4.64 投訴流程圖

主要功能描述如下：第一，「ZSF」投訴記錄：客戶可以直接向「ZSF」進行投訴抱怨。「ZSF」在接到客戶投訴時，通過系統直接查詢到客戶的檔案、相關維修歷史或銷售記錄。記錄客戶投訴事項、原由。第二，投訴分發：如果需要其他相關部門處理，則將投訴分發給相關部門，如果需要將這些投訴分配給門店協助處理，則將投訴分發給指定門店。第三，投訴處理結果錄入：相關業務部門或門店經過與客戶的聯絡處理后，將處理結果錄入系統，表示處理結束，如未結束則可繼續分發給相關部門。第四，投訴關閉：客服中心經過與客戶的確認后，將投訴關閉，或繼續分派給相關部門和門店重新進行處理。第五，門店投訴記錄：門店接到客戶投訴時，記錄投訴事項、原由。第六，門店投訴處理：門店接到「ZSF」指派的投訴處理任務或客戶直接投訴，與客戶聯絡處理，將處理結果錄入系統。第七，門店投訴關閉/上報：門店處理完投訴后，如果是「ZSF」指派的投訴，則將處理結果上報「ZSF」；如果是直接投

訴，客服人員經過確認可以直接關閉。

投訴分析：門店或「ZSF」人員通過對投訴的統計分析，發現銷售和服務中的不足，進行有針對性的提升。

(2) 門店車輛庫存管理方案

門店庫存管理從車輛發運至門店後的收貨管理、庫存核查、庫存在庫管理、車輛出庫等業務的流程圖如圖 4.65 所示。

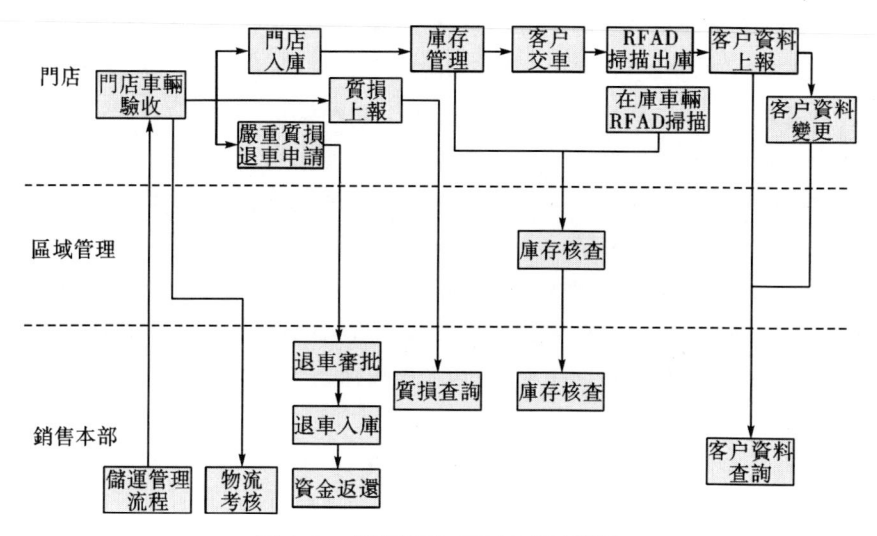

圖 4.65　門店庫存/客戶上報流程圖

①整車入庫管理。

門店在途車輛跟蹤，車輛從「ZSF」發車後，門店即可跟蹤到車輛的已發車和在途信息，方便門店預估車輛到達時間，以便更精確地告知客戶預交車時間。

驗收入庫：車輛到達門店後，門店對車輛進行接車 PDI 檢查，提交驗車檢查報告。驗收合格：車輛入庫，上報車輛到貨信息（車輛信息、到貨時間、地點、驗收人等）。驗收不合格，有損傷：物流質損。與承運商交涉，協商修理，在系統中提交質損報告並執行車輛入庫操作，上報車輛到貨信息。生產性缺陷。對於非不可修復的車輛，一般要求門店暫時收貨，提交質損報告及相關索賠報告，進行新車索賠操作；對於不可修復的車輛，與銷售部門協商，提交退車申請，「ZSF」同意後做退車出庫，並啟動後續的資金返還等業務。

到貨確認方式：IC 卡的運單管理，通過刷卡進行到貨確認，系統同步更新車輛狀態為門店在庫；紙質運單，由門店在運單上對到貨車輛進行驗收、簽字、蓋章確認；同時需要在系統中做驗車入庫動作，系統將車輛狀態變更為門

店在庫。

②整車庫存管理。

門店倉庫管理：門店的倉庫管理同「ZSF」的倉庫管理類似，也分為實物庫、虛擬庫。倉庫：倉庫是車輛倉儲的主要對象，不同的倉庫具有不同的物流性質，倉庫的類型在用友 DMS 系統中有多種定義，且用戶可以根據實際需要擴展。

門店車輛調撥：門店之間的車輛進行調劑的平臺。如果門店有滯庫車，其他門店如有需要可以申請調撥，此業務需要「ZSF」批准，以防跨區域竄貨。

庫存查詢（滯庫車查詢）：門店及「ZSF」相關人員可以隨時查詢到庫存車輛的位置、狀態以及庫齡信息，對滯庫車進行重點關注和促銷。

庫存核查：門店庫存的準確性對於「ZSF」具有非常重要的意義。掌握當前市場庫存信息，瞭解市場銷售狀況，用於指導下一階段的生產與銷售參考；但如何保證門店庫存的準確性一直以來都是「ZSF」的難題，因為存在種種原因，使得門店的庫存準確信息缺乏保證；用友 DMS 系統利用目前先進的技術，結合豐富的業務經驗，可以有效地保證門店庫存的準確性。

③整車出庫管理。

車輛出庫，顧名思義就是車輛出庫作業；出庫前必須有業務部的提車單（由財務簽字、蓋章）和出門證，才能進行出庫操作。

門店庫管人員在拿到出庫的相關憑證後進行出庫前的 PDI 檢查，記錄 PDI 的檢查結果，在得到客戶確認車輛沒有問題的情況下，將車輛正式交予客戶，並在系統中提交出庫 PDI 檢查報告，確認車輛出庫。

車輛出庫主要包括採購退回出庫、交車出庫、借進借出、門店置換出庫。

(3) 門店整車銷售管理

銷售業務是指門店對終端客戶銷售車輛相關的業務，包括整車銷售以及車輛裝潢、精品銷售、保險代辦、牌照代辦、稅費代辦、按揭代辦、舊車置換等銷售附加業務，以及財務對銷售款項的審核、收款登記、支出登記、結算、毛利統計等業務。詳見圖 4.66。

①整車銷售管理。

客戶合同：銷售顧問在對潛在客戶進行跟進並最終促成銷售後，一般會先和客戶簽訂客戶合同，並由客戶交納一定的定金（也有不交定金的情況）。客戶合同是書面形式的協議書，由當地行政管理機構統一印製，隨著地域的不同，客戶合同的格式也有一定的差異。在用友 DMS 系統中，不管控車輛客戶合同，只登記客戶合同的編號和簽訂日期信息作為銷售單據的查詢依據。

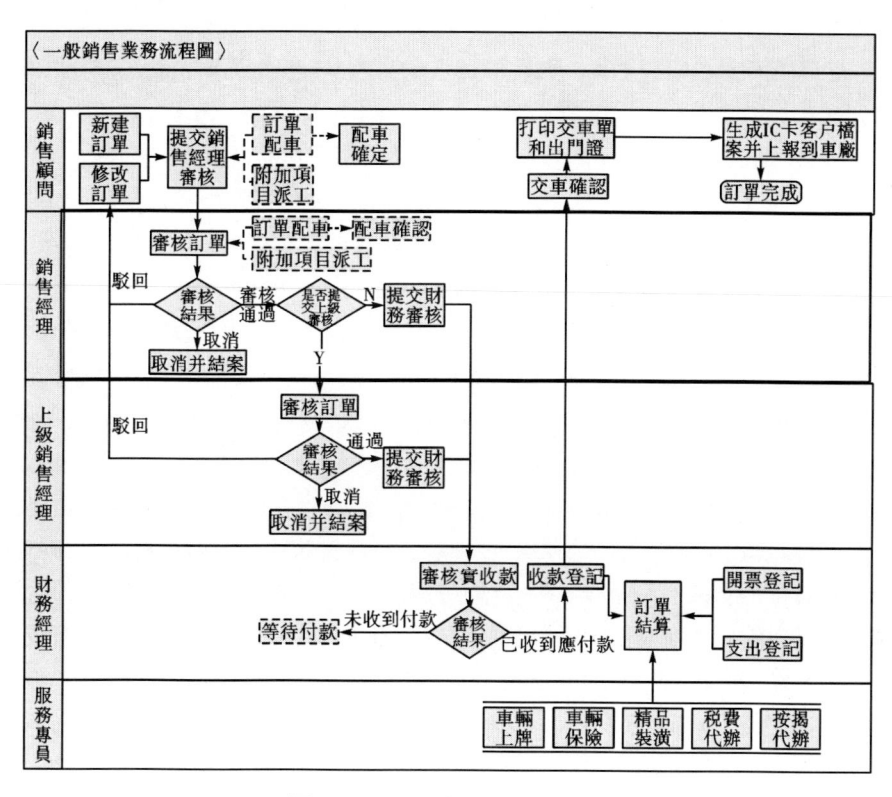

圖 4.66　一般銷售業務流程圖

客戶訂單：客戶訂單不同於客戶合同，用友 DMS 系統主要以銷售訂單為依據來管理整個車輛的銷售業務。客戶訂單包含了客戶信息、銷售內容、銷售價格、折扣信息、贈送金額等主要內容，客戶訂單分為一般客戶訂單、為二級網點代做的客戶訂單、委託其他門店交車的客戶訂單、門店之間的調撥訂單等，不同類型的銷售訂單信息結構會有所差異，並且有著不同的業務處理流程。銷售訂單一般要通過銷售經理審核、財務收款審核后才能交車。在銷售車輛時，可能會發生某些附加業務，如車輛裝潢、精品銷售、牌照辦理、保險辦理、稅費辦理、按揭辦理、二手車置換等，附加業務信息也是以客戶訂單的形式來記錄和傳遞。

服務訂單：服務訂單是門店在給零散客戶做單獨的裝潢、續保等業務時，系統中創建的訂單。服務訂單的內容包括客戶姓名、客戶電話、聯繫地址、車牌號碼、VIN 碼、裝潢內容、數量、價格、折扣、總價、應收款和實收款部分。服務訂單是有別於客戶訂單的另外一種業務模式，當門店整車銷售的客戶

補做裝潢、保險、車牌等業務時，在此功能中體現。

　　包牌價和非包牌價銷售：包牌價是指車輛銷售價格中固定包含了牌照、保險、稅費三項費用，訂單總額為購車款和其他附加項目的金額總和（除這三項之外）。按包牌價銷售時，門店需要給客戶開購車發票及服務費發票（即附加項目的收費和辦理成本的差額）。非包牌價就是車輛售價中不包括任何附加項目的費用，訂單總額為購車款和每個附加項目的金額總和。一個客戶訂單中的銷售車輛，要麼都是包牌價、要麼都是非包牌價。

　　訂單配車：客戶訂單可由銷售顧問或者銷售經理來配車，當客戶要購買指定的某輛車時，一般由銷售顧問直接配車，並做配車確認操作（表示已確認具體的車輛）。如果客戶只指定車輛配置和顏色，並不確定具體要購買哪輛車，那麼，可以是銷售顧問不做配車確認操作，或只輸入建議 VIN 碼，而由銷售經理來配車並做配車確認。

　　訂單審核：客戶訂單一般由銷售經理、上級銷售經理、財務經理來審核，銷售經理和上級銷售經理的審核內容主要包括車輛銷售價格、交車方式、付款類型、贈送總額、開票方式等，財務經理的審核內容主要包括收款和欠款等。一般訂單銷售經理審核後直接提交到財務復審，但對於特殊訂單（如金額巨大或折扣超低等），銷售經理可選擇性地提交給上級銷售經理審核通過後，再由上級經理提交到財務復審，財務復審也就是確認應收款是否收到，並決定是否可以交車出庫。如果客戶訂單不能通過審核，銷售經理和上級銷售經理可以直接駁回或直接結案取消客戶訂單，但財務經理不能駁回或直接取消客戶訂單。

　　財務收款、開票、支出登記：客戶訂單通過銷售經理或者上級銷售經理審核後，財務隨時可以做收款登記，收款登記只登記收到款項的總額。財務根據交車方式和已收到的款項來確定是否可以交車出庫，如果收到的車款不夠交車條件，則等待客戶來繳納車款。財務根據客戶訂單的「預先開票」標記來決定是否可以在客戶付清款項前給客戶預先開票。財務在系統中登記和購車或附加業務相關的所有發票信息（代辦的不登記）。對於和銷售相關費用的支出，如客戶佣金、牌照辦理成本等，財務在系統中做支出登記，這將會是統計銷售毛利的重要依據。

　　客戶交車確認：在財務同意交車或者銷售經理委派代交車訂單後，由銷售車輛的銷售顧問來執行最後交車給客戶的過程，並做交車確認操作，此時銷售顧問可以打印提車單和出門證，經財務簽字、蓋章後，作為倉庫車輛出庫的憑證。交車確認後，系統自動生成用戶（成交客戶）資料，並將用戶（成交客

戶）資料上報「ZSF」。

②退/還車處理。

訂單中途取消：如果客戶訂單還處於草稿狀態，此訂單可直接作廢，一旦客戶訂單被提交審核，那麼此訂單就不能再直接作廢，只能通過取消申請單來申請取消，並說明取消原因和取消后應收的各項金額，申請單需要銷售經理和財務經理審核。銷售經理和上級銷售經理可以在審核不通過的情況下直接取消客戶訂單。

車輛出庫后銷售退貨：如果車輛銷售出庫后，需要退貨，也是通過退貨申請單來申請退貨。退貨申請單應說明退貨原因和退貨后應收金額，退貨申請單也需要銷售經理和財務經理審核，倉庫根據審核后的退車申請單來做退車入庫。

車輛銷售出庫前再換車：在銷售車輛還未出庫的情況下才可以換車，一旦出庫就不能再更換，只能走銷售退回流程。換車時，如果客戶訂單還沒有提交財務復審，可以由銷售經理直接修改訂單內容（重新配車）和價格，再提交財務復審；如果已經提交財務復審（有可能財務已經通過復審並同意交車），銷售經理仍可以修改訂單內容（重新配車）和價格，但此時會對車輛做「換車」標記，對於有「換車」標記的車輛，倉庫不能出庫，必須在財務重新做收款審核后才能出庫（財務做收款審核后，會清除「換車」標記）。

（4）門店售后服務業務

售后維修服務業務流程是指門店在售后服務過程中接待、服務客戶的過程。售后維修服務業務流程主要包括以下幾個環節：預約招攬、客戶接待、問診估價、車間管理（維修派工、車間作業時間管理）、結算及交車（業務結算、收款、取消結算、交車）、修后跟蹤（修后跟蹤、客戶投訴管理）等相關環節。詳見圖4.67。

售后維修業務一般有如下類型：普通維修、三包維修、服務保養、車輛保養、事故車維修、服務活動車輛維修、售前車（PDI）檢查、售前車維修等。

以上不同的維修類型，收取的維修工時單價可以根據實際情況進行單獨設置。

在此過程中「ZSF」可以對門店通過用友DMS系統提供相關信息支持，如門店通過用友DMS系統查看「ZSF」車輛的維修歷史、客戶信息的跟蹤等。

①服務參數設置。

維修項目管理：定義車輛維修的維修項目主要包含如下信息：車輛類型、維修項目代碼、維修項目名稱、標準工時、派工工時等。維修項目代碼：系統

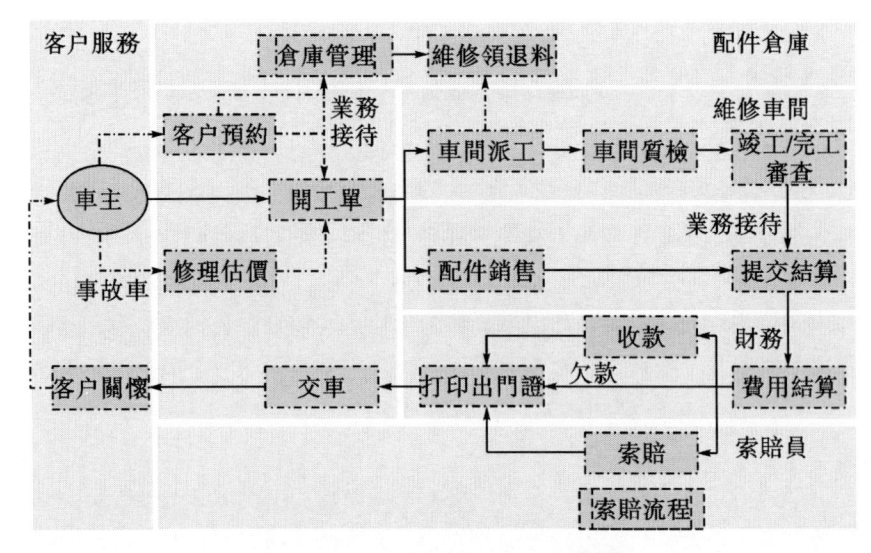

圖 4.67　售后維修服務業務流程圖

提供編碼規則，並要求用戶按照系統設定的規則進行定義。標準工時：維修的標準工時，根據標準工時向客戶進行收費。派工工時：實際維修工時，系統根據派工工時統計維修工的績效。

維修套餐管理：對於一些常見的維修項目（如換三濾），可以定義為維修套餐，在開工單時可以選擇車主需要服務的維修套餐。維修套餐主要包含如下信息：套餐名稱、套餐費用；維修項目列表；維修配件列表。

②預約管理。

預約管理即實現客戶到門店進行車輛故障維修、定期保養等的提前時間預定，門店業務接待根據其作業容量受理客戶預約，合理安排接待客戶的時間以及相關資源的準備。

預約接待：登記預約客戶、車輛信息，並安排預約時間以及維修資源（人員、維修配件）。如果發現部分配件庫存不足，則進行缺料登記，以便倉庫進行配件準備和缺料跟蹤。

缺料預約跟蹤：對有缺料的預約單的配件庫存情況進行跟蹤，方便業務人員及時發現當前庫存可以滿足的預約客戶，並通知相應客戶進廠維修。

③接待管理。

業務接待即實現客戶到門店進行車輛故障維修、定期保養、售后專案活動等業務的管理，由業務接待開具問診表，然后交由服務顧問進行估價。詳見圖 4.68。

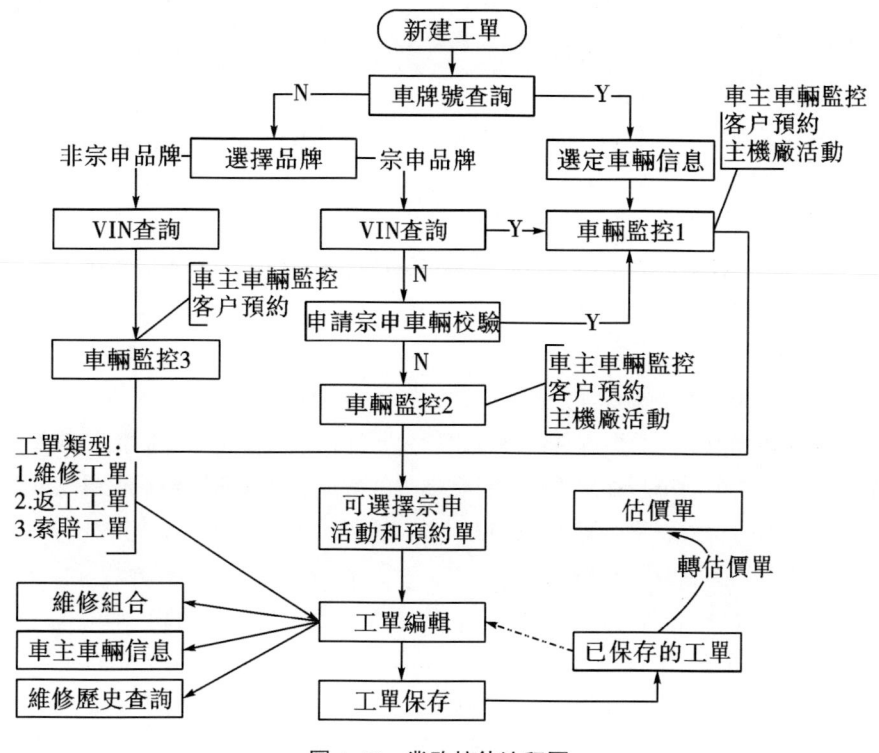

圖 4.68 業務接待流程圖

開工單：登記即時進行保養、維修的車主和車輛的相關信息（車主名稱、聯繫電話地址、送修人、牌照號、表上里程等）、保險公司信息以及本次維修的項目、維修配件、其他服務項目等，並打印任務委託書。系統會根據客戶和車輛的信息對接待人員主動給予提醒，如客戶可以參加某項免費服務活動或客戶上次有欠款尚未結清等。對於三包期內車輛的維修項目和配件，需要標記為索賠項目或者配件。標記為索賠項目或者配件在結算時不收費。並可以對這些索賠項目進行索賠申請。工單中每一個維修項目（工時、配件、其他費用等）設置不同的收費的對象（如保險公司、車主自付費、第三方責任人等），以便在結算時根據收費對象分別進行結算。

修理估價：對於一些事故車的維修一般都是通過打包價進行維修，一般保險公司會要求門店出具一份估價單。

④車間管理。

車間管理即實現門店車間的日常維修業務進行分派維修工（技師）。並同時可以對維修工（技師）的績效進行考量。

4 「ZSF」連鎖營運管控平臺解決方案 | 173

维修派工：对维修工单中的维修项目分配维修技师，并设置每个维修技师的维修工时，以便对维修技师的绩效进行考量。可以支持单个维修项目一人或多人维修以及整单派工的功能。

完工登记：登记工单中每一个维修项目每一个维修工的实际操作维修开始时间、结束时间、是否完工、是否返工等，以便对维修工的实际工作绩效进行统计分析。

车间作业看板：显示车间当前维修车辆的维修进度，方便客户（业务人员）进行跟踪。

⑤维修发料。

车辆进入门店维修并创建维修工单后，维修工根据需要维修的项目进行检修，在检修过程中需要对部分配件进行更换，通过维修发料来登记更换的配件信息。质保期内的车辆如果更换配件，需要在配件上标记索赔标记。更换的配件如果未入帐，可以进行修改和删除操作，否则只能进行退料操作。

⑥维修结算及收款管理。

维修结算可以分别对维修工单、配件销售单进行结算。维修工单中每一个维修项目（工时、配件、其他费用等）设置为不同的收费对象（如保险公司、车主自付费、第三方责任人等），在结算时对不同的收费对象进行分别结算。

结算模式：由于不同地区维修行业管理部门（简称 行管处）对维修企业收费的标准（项目、内容、单价）不同，以及不同的门店对维修收费计算方法不一样，需要用友 DMS 系统提供能自定义结算项目公式的功能，以满足全国各地不同门店的需求。结算模式定义完成后，可以根据不同的维修类型自动选择不同的结算公式。

预收款登记：门店对部分客户在维修发生前将会收取一定金额的费用；对一些大客户给予一定授信额度，下次在维修结算时，可以不收现金而直接使用预收款。

结算处理：门店对维修完成的工单进行结算及收款，并对部分特殊客户未付款的车辆自动进行欠帐处理，并将维修工单上报「ZSF」，形成「ZSF」车辆维修历史。

门店在进行结算时，除了对于一些本单位购车或者签约的客户按照预先设置固定的折扣率进行结算外，还可以对客户进行折扣优惠，以及对每个结算员的折扣权限进行授权管理。

交车管理：车辆完成维修并进行结算处理后，系统打印结算清单，并将车辆的状态设置为已交车。

收款登記：對進行欠款處理的結算單進行還款登記來衝銷欠款單據。可以使用預收款、現金等方式收款。

⑦保險續保管理。

保險業務管理是為了方便門店對客戶購買保險的情況進行跟蹤和管理，主要包括保險登記業務管理、續保提醒和保險信息查詢。

保險登記：保險登記分為客戶在門店處購買保險的登記以及客戶在他處購買保險的登記。登記的主要內容包括車輛 VIN、車主編號、車主姓名、保險公司、險種、保險金額、保險登記日期、保險有效起始日期、保險受益人信息等。

續保提醒：續保提醒是指對保險即將到期的客戶開展主動提醒業務，系統可以定期對保險即將到期的客戶進行篩選，並生成續保提醒名單，交由門店給用戶主動打電話或發短信關懷，以達成促進客戶來店完成續保。

保險信息查詢：保險信息查詢是基於保險登記中的數據，在客戶接待（尤其是事故車客戶）時方便接待人員查看客戶的保險情況，並在結算時檢查客戶的保險險種和保額。

⑧關鍵業務報表。

營業收入報表：統計業務期間內門店維修業務營業收入情況，以及各車型、收費項目對營業收入的中所占的比率，瞭解各車型、收費項目的貢獻度。

分車型維修業務報表：按車型分組統計業務期間內維修業務收入情況，主要包含：工時費、材料費、附加費用、輔料管理費、其他費用、結算金額、收款金額、欠款金額。

經營日報表：統計門店維修業務每日的進廠臺次、出廠臺次、保修臺次、結算金額、收款金額、欠款金額等相關 KPI 信息，以便門店店長能綜合瞭解企業的經營狀況。

維修工績效報表：統計業務期間內每個維修工的維修臺次、維修工時信息，以便分析各個維修工的績效情況，作為維修工發放工資的參考依據。

業務接待績效報表：統計業務期間內每個前臺業務接待的每日接待臺次、結算金額等相關 KPI 數據。

保險業務報表：統計業務期間各保險公司的維修工單結算信息，包含維修車輛、維修日期、維修材料費、維修工時費、其他費用、維修金額、欠款金額等，作為和保險公司對帳的參考依據。

（5）門店配件管理

門店配件管理主要是對門店維修業務過程中配件業務的管理，主要包含：

銷售管理、採購管理、到貨入庫管理、倉庫管理、出庫管理、盤點管理、庫存管理、索賠管理、財務管理、零部件屬性管理。業務流程如圖 4.69 所示。

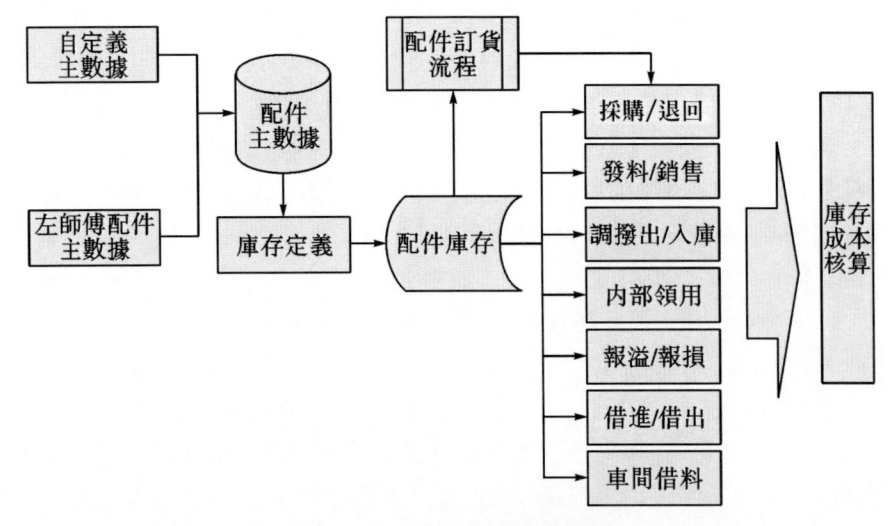

圖 4.69　門店配件管理流程圖

下面將分模塊詳細闡述其系統的功能。

①入庫管理。

採購入庫：採購入庫是指向「ZSF」或第三方供應商採購的配件到貨后的入庫作業。如果是向「ZSF」採購，配件到貨時會同時下發電子貨運單和裝箱清單，4S 店先簽收貨運單，然后根據簽收的貨運單做採購入庫。如果是向第三方供應商採購，則 4S 店不會收到電子貨運單，此時，人工簽收后可直接做採購入庫操作。

調撥入庫：調撥入庫業務是指在不同單位或者同單位不同倉庫間的庫存配件撥出業務，調撥業務會生成調撥入庫單或調撥出庫單及流水帳，並由系統自動產生應收應付帳款信息。調撥入庫模塊主要用於查詢、新建、修改、作廢調撥入庫單，以及調撥入庫時的入帳作業，還可打印調撥入庫單。

銷售退回：銷售退回業務是指配件銷售后因一些例外情況需要退貨，如因質量問題客戶需要退回已經購買的配件。銷售退回是配件銷售的逆向流程。

借進登記：借進登記業務是指某些配件在暫時缺少的情況下臨時向別的單位借進配件時的入庫業務，這個業務的后續操作為借進歸還或者借進註銷后轉採購入庫。借進登記模塊主要用於查詢、新建、修改、作廢借進入庫單，以及借進入庫時的入帳作業，還可打印借進入庫單。借進業務不影響系統配件庫存帳面庫存，但是會在配件可用庫存上體現。

借出歸還：借出歸還業務是指 4S 店向外部單位借出配件後，外部單位歸還時的入庫登記業務。借出歸還依賴於 4S 店的借出出庫登記單，沒有借出出庫登記單不能做借出歸還入庫登記操作。借出歸還子模塊主要用於配件借出歸還入庫登記單的歸還入帳、打印等操作。

配件報溢：在進行盤點或者其他業務的過程中發現配件實物庫存和帳面庫存量不一致（大於）時，通過配件報損來調整配件的帳面庫存量。配件報溢子模塊用於查詢、建立、修改、報廢、打印配件報溢入庫單，以及報溢入庫單的入庫入帳等操作。

②出庫管理。

維修領退料：維修領料是指由維修行為產生的配件出庫業務，維修領料依賴於維修工單。維修領料子模塊主要用於維修領料時的出庫發料單（工單維修材料清單）的查詢、編輯、出庫入帳、退料入帳、打印等，除此之外還可以按流水號重新打印出庫發料單、查詢工單維修項目和配件套餐等。

維修領料的配件在入帳前，可以直接刪除；入帳后則通過維修退料操作。

配件銷售：門店銷售配件通常有兩種方式：一是由維修行為產生的維修配件銷售，這種銷售方式依賴於維修工單來做維修領料出庫；二是不由維修行為產生的直接零售，這種銷售方式可以根據銷售工單做配件銷售出庫，也可以不依賴任何工單直接做銷售出庫業務。

門店配件銷售依銷售渠道劃分，可以分為外銷、內銷。對於未入帳的配件銷售訂單進行查詢和修改，對於已經入帳的銷售訂單只能進行退料處理。

採購退回：採購退回是指 4S 店採購配件入庫后，對部分或所有配件退回給配件供應商的出庫業務。如果是向「ZSF」退貨，則只能根據退貨申請單來做退貨出庫；如果是向第三方供應商退貨，則可以直接退貨出庫。訂貨退回模塊主要用於配件訂貨退回出庫單的查詢、建立、編輯、導出、打印、出庫入帳等。

調撥出庫：調撥出庫業務是指給 4S 店之間或者同一個 4S 店內不同倉庫之間調撥配件時的出庫業務。

調撥出庫模塊主要用於查詢、新建、修改、作廢調撥出庫單，以及調撥出庫時的入帳作業，還可打印調撥出庫單。

內部領用：內部領用業務是指車間內部領用庫存易耗物料，易耗物料的結算方式可能不同於一般配件。內部領用后不能再退料。

內部領用子模塊主要用於查詢、建立、修改、刪除、打印內部領用單，以及內部領用單出庫入帳等操作。

車間借料：車間借料一般是指車間技師在不確定的情況下向倉庫借用配件進行測試時的出庫業務，如果工單中有車間借料的配件在結算前需要先歸還才能結算。

　　借出登記：配件借出登記業務是指對已存檔的外部單位、客戶或內部員工借出配件的出庫登記業務。配件借出登記子模塊用於查詢、建立、修改、刪除、打印借出登記單、借出登記單出庫入帳等操作。

　　借進歸還：借進歸還業務是指4S店對借進外部單位的配件的歸還出庫登記，借進歸還依賴於4S店的借進入庫登記單，沒有借進入庫登記單不能做借進歸還出庫登記操作。借進歸還子模塊主要用於配件借進歸還出庫登記單的歸還入帳、打印等操作。

　　配件報損：在進行盤點或者其他業務的過程中發現配件實物庫存和帳面庫存量不一致（小於）時，通過配件報損來調整配件的帳面庫存量。配件報損子模塊用於查詢、建立、修改、報廢、打印配件報損出庫單，以及報損出庫單的出庫入帳等操作。

　　銷售單結算開票：對已經入帳的銷售單進行收款、開票處理，對於未付款的客戶自動進行欠帳處理。

　　採購發票登記：對於已經到貨的配件銷售單打款后進行付款登記，並對「ZSF」開出的發票進行登記開票金額及發票號。

　　③庫存管理。

　　門店可以對本公司的所有配件定義配件的存放信息（庫位）、庫存數量、配件銷售價、配件成本價、配件庫存數量等相關信息。庫存管理主要包括：

　　庫存、庫位管理——用友DMS系統支持多倉庫的庫存管理模式，門店通過庫存、庫位管理定義倉庫存放的配件品種存放區域，支持庫存金額、安全存量的定義。

　　成本價管理——系統自動計算每一個庫存配件成本價（支持移動加權平均法、先進先出法），對於部分配件如果成本價發生異常，可以手工的方式調整配件的成本價。

　　銷售價（批量）調整——單個調整或者批量調整的方法調整庫存配件的銷售價。

　　④盤點管理。

　　盤點業務流程如圖4.70所示。

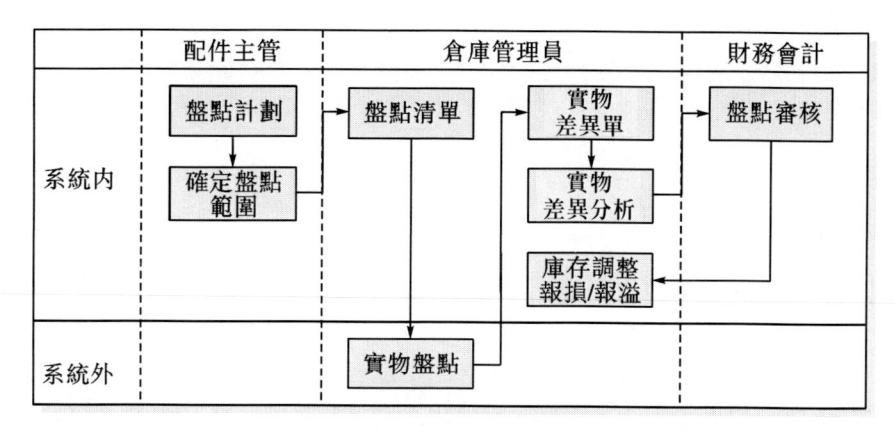

	配件主管	倉庫管理員	財務會計
系統內	盤點計劃 → 確定盤點範圍	盤點清單 → 實物差異單 → 實物差異分析 → 庫存調整報損/報溢	盤點審核
系統外		實物盤點	

圖 4.70　盤點業務流程圖

　　配件主管根據本公司業務現狀制定盤點方法、盤點週期；倉庫管理人員按照盤點計劃定期進行盤點，盤點時首先確定配件的盤點範圍后打印盤點清單、系統將自動鎖定盤點的配件。

　　鎖定的配件系統自動控制不能進出庫業務。倉管人員根據盤點清單進行實物盤點，並產生實物差異量；系統將盤點實物差異量錄入系統，並進行盤點差異分析；系統自動對配件進行解鎖；盤點結果由財務進行審核確認。

　　庫存實物盤點一直是倉庫管理的重中之重，也是衡量倉庫管理好壞的標準之一。根據盤點範圍的不同，盤點的方法主要分為以下幾種：第一，缺料盤點法：當某一物料的存量低於一定數量時，由於便於清點，此時做盤點工作，稱為缺料盤點法。第二，定期盤點法：又稱閉庫式盤點，即將倉庫其他活動停止一定時間（如一天或兩天等），對存貨實施盤點。一般採用與會計審核相同的時間跨度。第三，循環盤點法：又稱開庫式盤點，即周而復始地連續盤點庫存物料。循環盤點法是保持存貨記錄準確性的唯一可靠方法。運用此方法盤點時，物料進出工作不間斷。用友 DMS 系統支持缺料盤點法、定期盤點法、循環盤點法等常見的盤點方法。

　　⑤索賠管理。

　　配件索賠是指門店針對少發或者破損的那部分配件向「ZSF」進行索賠，多發的部分申請保留或者退款。

　　配件索賠有以下類型：

　　多裝：實際收到的配件數量比貨運單多或者收到一些貨運單之外的配件。

　　少裝：實際收到的配件數量比貨運單少或者未收到貨運單內的一些配件。

　　質損：實際收到的配件有損壞的情況，與物流交接現場就能發現的配件質

量問題。

多裝情況的處理：門店在系統中登記多運情況，可申請保留（不保留的代表回運），保留數量必須等於多運數量。當門店申請保留時，如果審批同意，多運轉「補充訂單」流程，如果審批拒絕，多裝轉回運清單；當門店申請不保留時，如果審批同意，多運轉回運清單，如果審批拒絕，退回申請，門店可重新提報索賠申請單。保留部分，則系統自動對多運配件生成「補充訂單」，該訂單進入標準訂單流程（在訂單流程中視為 DCS 已審批通過，訂單直接進入配合、裝運環節）。

少裝情況的處理：門店在系統中登記少運情況，根據情況指定處理方式，若退款，則生成退款請求，更新門店的相應帳戶並向后臺 ERP 系統發送該請求以完成相應的 ERP 業務操作；若處理結果為補貨，則系統自動對少運配件生成「特殊訂單」，該訂單進入標準訂單流程（在訂單流程中視為 DCS 已審批通過，訂單直接進入后續操作流程）。

質損情況的處理：門店在系統中登記質損情況，要有一個質損描述的字段；「ZSF」進行審批，可選擇是否對質損件進行回運，根據情況指定處理方式：退款或補貨。若退款，則生成退款請求，更新門店的相應帳戶並向后臺 ERP 系統發送該請求以完成相應的 ERP 業務操作；若補貨，則系統自動對質損件生成「特殊訂單」，該訂單進入標準訂單流程（在訂單流程中視為 DCS 已審批通過，訂單直接進入后續操作流程）回運與否並不影響審批進行，「ZSF」可以根據實際情況決定何時審批，可以在收到回運配件之後，再進行審批，也可以在發出回運指令后即審批。

⑥主數據管理。

門店配件主數據主要包含兩部分數據：

主機廠下發的配件主數據：是指主機廠將所有供貨的配件信息（如配件代碼、配件名稱、訂貨價、索賠價、銷售限價、替代配件、銷售限價、門店指導價等）通過系統（或者光盤）下發給門店，以便門店在維修、訂貨時參考。主機廠下發的配件主數據也可以通過配件電子目錄管理（EPC）系統來查看。

第三方配件主數據：對於維修過程中需要用到的一些主機廠不供貨的維修配件（如一些標準件、汽車裝潢材料、潤滑油等），門店需要向第三方供應商採購。

「ZSF」可以通過系統對每個門店外購的情況進行監控。

⑦關鍵業務報表。

配件收發存月報：統計配件的期初、期末存貨數量、成本以及月度出入庫

數量、成本的統計。此報表反應了每一個庫存配件的異動情況，一般用來作為門店財務進行配件存貨記帳的依據。

配件出入庫單據查詢：查詢配件出入庫的這種單據（如配件銷售、配件調撥、借出借進、維修領料等），並可以對所有查詢的單據進行統計和打印。

滯留件查詢：根據設定的滯留參數，統計滿足滯留條件的配件清單，以便瞭解門店配件庫齡的分佈以及滯銷配件清單。

配件銷售排行：查詢統計期間內暢銷配件的清單，並可以按照銷售數量或者銷售來排名。

配件流向及流量查詢：跟蹤分析單個配件流向的客戶以及出入庫的時間、數量，並統計單個配件統計期間內的出入庫情況。

4.2.2.3 應用價值總結

本解決方案重點實現以下管理價值：

（1）幫助「ZSF」門店推動客戶開拓進程，促進客戶成交；

（2）通過客戶關懷、回訪、投訴處理等各種方式維繫與客戶的關係，創造服務機會；

（3）通過門店業務服務的系統化管理，提高流程的標準化管理水平，提高客戶的滿意度；

（4）完善整車、整機、配件銷售管理，實現業務經營範圍的全覆蓋。

4.2.3 「ZSF」連鎖經營擴展應用

4.2.3.1 「ZSF」連鎖經營業務擴展需求分析

（1）市場服務活動過程管理

現狀描述：「ZSF」目前的市場服務活動雖然有豐富的策劃、安排、組織的活動管理經驗，但是沒有制定比較嚴格的管理制度，而且活動沒有通過市場考察，服務活動收到的效果甚微。

分析與建議：摩托車或農機的客戶群體更多地分佈在鄉鎮，地區消費觀念等差別較大，同樣的市場活動在不同的地區帶來的效果有很大差別。同時，經銷商普遍素質不高，很難嚴格執行車廠的要求。

建議「ZSF」今后下放部分活動策劃執行的權限給區域管理中心，由各區域根據各地實際情況開展服務活動。同時，活動費用必須在系統中進行申報結算，總部根據信息填報的完整程度決定是否結算活動費用。

（2）客戶服務協同聯動的問題

現狀描述：「ZSF」目前的客服中心的呼叫中心系統由金雞鳥公司開發，擁有 15 個座席，沒有高級和普通之分；呼叫中心不具體執行電話轉接功能，採取先確認、后回覆的模式，媒介是電話、短信、論壇等；客戶中心管理系統（CRM）採用的是單機版，客戶資料來源主要通過門店—區域中心—總部的模式層層收集，媒介主要是客戶質量三包卡，存在信息收集雜亂無章、信息傳遞不及時等主要問題。

分析與建議：客戶信息是企業最重要的數據之一，從與潛在客戶接觸到訂單成交客戶數據上報，維修客戶管理等整個車輛全生命週期過程中所有的客戶信息進行閉環管理，對企業非常有價值。

建議通過信息系統建立一個完整的客戶信息檔案，為每個和客戶接觸的業務點提供相應的系統功能進行支撐，方便客戶服務中心快速識別客戶。並能對客戶數據進行統計分析，設定相應的客戶回訪策略，提高客戶的滿意度。

4.2.3.2 「ZSF」連鎖經營擴展業務信息化系統支撐

（1）車輛保險管理

保險業務管理是為了方便門店對客戶購買保險的情況進行跟蹤和管理，主要包括保險登記業務管理、保險提醒和保險信息查詢、保險結算等。

①保險公司信息維護。

保險公司信息維護主要是對各個保險公司的基礎信息進行維護。

②客戶信息維護。

客戶信息維護是對客戶的基本情況進行登記、查詢，主要包括姓名、聯繫電話、地址、愛好、車輛信息、承保情況、維修記錄等。

③險種信息維護。

險種信息維護主要是對險種分不同保險公司進行價格、優惠額度的區分。

④保單業務接待。

保單業務接待在系統中主要是保險接單員為客戶提供諮詢，根據不同車型、車價進行保費試算，對不同車型、險種進行保險辦理，加保業務辦理，根據購買保險的時間（是否當月）開展退保業務，並且對需要打折的保單業務進行逐級審批。

⑤手續費結算。

手續費結算是指按照不同保險公司進行結算，其中給客戶折讓的部分金額直接從手續費中扣除，不計入結算金額。

⑥承保明細管理。

承保明細管理是指根據時間區間對門店的保險金額、保單數量、折扣金額、各保險公司的手續費情況等數據進行分類統計和綜合統計，並且對各保險公司的手續費是否結清進行區分。承保明細管理方便門店對具體保險公司的保險業務的分析，和不同保險公司進行結算。

⑦保險到期提醒。

保險到期提醒是根據門店登記的客戶保險開始和到期時間進行篩選，通過電話回訪、短信發送、對客戶進行保險到期提醒，促使客戶回店完成續保。記錄回訪員的提醒記錄，方便進行查詢、統計。

⑧車輛續保管理。

車輛續保是調用客戶的原有承保記錄，通過時間篩選查詢歷史出險記錄並進行分析，推薦更加適合的險種，算出續保所需金額，並完成續保。

（2）信貸管理

在購買商品車過程中，客戶提出汽車消費貸款申請，由信貸部門對客戶進行跟蹤家訪、資質審核，並記錄相關繳費情況。針對資質允許的客戶通過貸款申請、跟蹤記錄客戶的還款情況，以便查詢客戶貸款歷史和及時還款提醒。

①金融公司信息維護。

保險公司基礎檔案管理，各個保險公司都可設置貸款方式和利率情況。

②客戶信息維護。

查詢客戶信息，顯示每位客戶歷次貸款情況，並將客戶信息更改記錄留存。

③業務受理。

在系統中記錄客戶貸款時產生的各種費用，如金融服務費、保險保證金、抵押費、家訪費、保險費等，在系統中可以查詢收費歷史。

④業務諮詢。

客戶在系統中自己計算不同車價貸款所需費用以及月還款情況。

⑤業務接待。

客戶對諮詢信貸業務，在系統中記錄每次溝通情況，可以對有記錄的客戶進一步跟蹤。所有客戶跟蹤歷史可以查詢。

⑥繳費。

顯示業務受理頁面記錄的金融服務費、保險保證金、抵押費、家訪費、保險費。針對這部分費用進行收款作業，記錄詳細的收款金額、發票等情況。

⑦貸款申請。

填寫汽車消費貸款申請書，並將申請書內容記錄入系統，以方便統一管理

和查找。

⑧家訪記錄。

客戶填寫家訪申請書后，相關人員對申請貸款人進行家訪，核實信貸申請書內容是否屬實，並對客戶貸款資質做進一步確認。

在系統中記錄家訪的詳細情況，以便貸款審核時作為參考。

⑨貸款審核批覆。

根據客戶汽車消費貸款申請書和家訪記錄，審核客戶貸款資質，決定是否通過客戶汽車消費貸款申請。

⑩戰敗追蹤。

統計信貸戰敗的客戶的戰敗原因、客戶流向等信息，幫助信貸部門分析客戶戰敗情況。

⑪信用管理。

客戶汽車消費貸款申請同意后，根據貸款信息自動生成客戶的每月還款計劃，並且記錄客戶每月實際還款和逾期情況。

⑫還款提醒。

每月根據還款時間、是否逾期等條件，篩選出相應客戶群。針對此類客戶通過電話、短信等方式提前通知客戶還款時間、還款金額。

⑬客戶信貸材料。

客戶貸款過程中需要與貸款機構、車管所之間寄送相關材料。在系統中記錄貸前貸后資料的寄送、抵押情況，以便客戶信貸資料的管理、查找。

⑭貸款繳費情況匯總。

統計每筆貸款業務的貸款情況，如車型、車價、首付款、貸款額、期限、方式、現轉貸客戶；繳費情況，如首付款、金融服務費、保險保證金、抵押費、保險費、家訪費。並對繳費情況匯總統計。

(3) 二手車管理

①車輛評定。

車輛評定是根據不同品牌、車型、車況等基礎信息並且結合車輛維修、索賠歷史建立評定體系。

②二手車信息。

二手車信息是對客戶的姓名、電話、地址、意向車型進行登記，可以通過姓名、手機、意向車型進行客戶數量的查詢、統計，方便門店進行二手車的收購與賣出。

③鑒定估價表。

鑒定估價表對客戶信息，包括車主的姓名、電話、地址、客戶類型，以及車輛的車牌號、車架號、行駛里程、車況、品牌、車系車型、車輛配置，是否有劃痕、凹凸等信息進行分析，給出評估價格，對車輛進行收購。

④二手車銷售表。

通過銷售顧問跟進潛在客戶，達成銷售意向，建立銷售表。銷售表包含客戶名稱、客戶類型、簽約日期、合約編號、預交車時間、合約金額、開票方式、付款方式、品牌車系車型、車牌號、配置等基本信息。同時加入附加項目，包括：車用精品、裝潢項目、裝潢材料、服務項目；合成財務信息。車輛價格、精品金額、裝潢金額、保險金額、訂單總額等。以便財務進行審核管理。

⑤日常費用。

日常費用是統計門店的日常開銷，包括用油、維修、洗車、裝具等。

⑥車輛庫存管理。

車輛庫存管理記錄門店現有二手車數量、各臺二手車的具體信息，包括質損狀態、配置、顏色等。同時可以通過各臺二手車的庫齡情況判斷是否屬於滯銷車，主動提醒門店對滯銷車採取不同策略。

4.2.3.3　應用價值總結

本解決方案重點實現以下管理價值：
（1）實現對摩托車增值業務的系統化管理，提高標準化程度；
（2）通過增值業務管理創造差異化行銷，促進主營業務的業績增長；
（3）實現「ZSF」銷售、服務的全覆蓋，體現「一體化」解決方案。

4.2.4　「ZSF」集團資金管理

4.2.4.1　「ZSF」資金管理核心需求分析

（內容略）

4.2.4.2　「ZSF」集團資金管理系統支撐

（1）建立適用於「ZSF」的資金管理模式
①建立可配置的多級結算中心。
可建立總部—門店兩級的資金管理模式，在總部建立資金結算中心，見

圖 4.71；也可建立總部—區域中心—門店的三級管理模式，在總部建立一級結算中心，管理區域資金；在區域建立二級結算中心，其下級單位成為該分結算中心下屬的結算單位，可以比較獨立的管理資金；其他版塊都作為「ZSF」結算中心直接管理；所有結算中心都屬於財務部的下級專門部門；如果需要跨分結算中心調度資金可以通過「ZSF」結算中心調度完成。

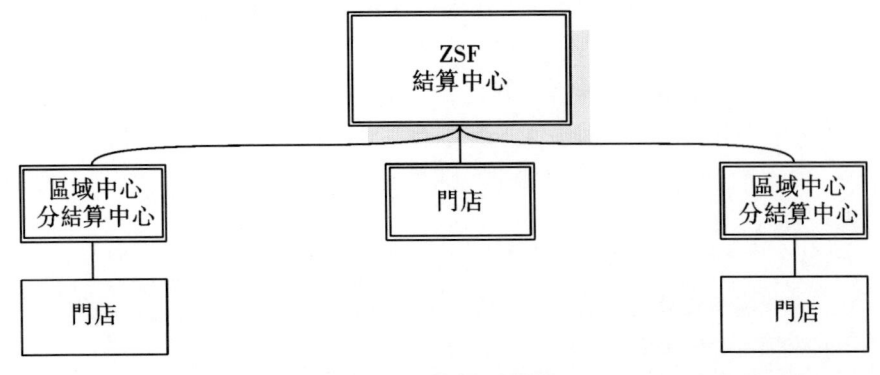

圖 4.71　結算示意圖

採用多級結算中心的模式有如下好處：第一，三級單位之間的資金流動比較少，內部管理比較容易；第二，符合「ZSF」一直以來的管理習慣；第三，減少了集團統管的難度，提高集團管理效率。

②內部不同資金採用不同管理方式。

資金管理模式主要有以下幾種：第一，資金監控模式；第二，統收統支模式；第三，收支兩條線模式；第四，預算驅動撥款模式。針對「ZSF」的不同資金的特點，以上四種資金管理模式在未來的管理中都會並存使用。

（2）掌握門店資金的流量、流向和存量

資金是企業的命脈，有效地通過對現金流的監督、控制和預測，實現對企業主要經濟活動的安排和控制，防止企業發生支付危機，保持現金流動的均衡性，並通過現金流動有效控制企業的經營活動和財務活動，獲取最大收益，更成為集團企業財務管理的核心內容。

根據「ZSF」對全集團資金過程管理程度的要求，「ZSF」應採用「一體化」的資金管理模式。「一體化」的應用模式，即「資金預算平衡資金需求、資金結算處理日常業務、財務核算反應業務結果」，通過把資金計劃、資金結算、資金調撥、財務核算的有效結合，實現了資金全面監控。通過把結算單位的日常業務處理和集團總部資金業務處理有效結合，實現了全集團資金管理業務流程的一體化，詳見圖 4.72。

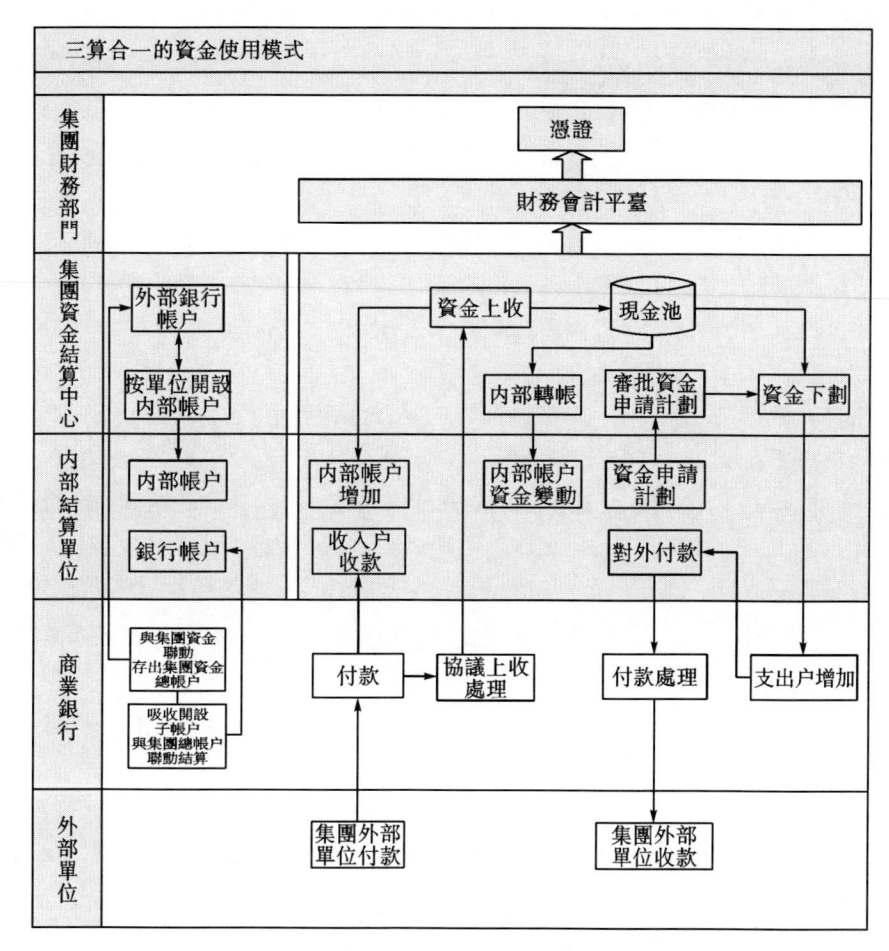

圖 4.72 資金管控流程圖

圖註說明：

（1）總部構建集中的資金預算、資金結算、財務核算處理平臺。

（2）基於現金集合庫的模式，在指定的協議銀行為各單位開立外部帳戶。

（3）在總部資金管理中心建立起下級單位的內部帳戶，反應各單位在總部的資金的情況。所有銀行帳戶的收入、支出、上收、下劃都在內部帳戶中反應出來。

（4）對外收款時，下屬單位收客戶往來款到收入戶，企業會計進行會計核算處理。

（5）銀行根據總部簽訂的協議進行資金的開戶，定期將資金上收到總部總帳戶。

（6）下屬企業定期上報資金申請計劃，提交總部資金管理中心審批。

（7）總部資金管理中心審核下屬單位資金計劃，平衡資金需求，調度資金，下劃資金到各單位支出帳戶。

（8）下屬企業進行對外付款，相關業務單據自動生成會計憑證。

（9）總部資金管理中心的結算業務自動生成結算憑證、會計憑證。

4 「ZSF」連鎖營運管控平臺解決方案 | 187

（3）挖掘企業沉澱資金，降低資金使用成本

總部集中監控所有的帳戶資源，利用協議商業銀行提供的帳戶掃戶服務將下屬單位銀行帳戶餘額進行資金上收，從而集中下屬單位的分散資金，形成企業的資金池，有效挖掘沉澱資金，提高內部融資能力。

①「ZSF」總部銀行帳戶集中管理。

總部資金管理中心集中監管各下屬單位的外部銀行帳戶。充分利用商業銀行的網上銀行服務，實現網上各帳戶餘額的即時查詢，即時掌握全企業的資金頭寸，對於資金的調用可以採用行政手段發出指令，進行調配資金，實現對資金的上收、下劃以及轉帳處理。

對於建立了結算中心、內部銀行等企業資金管理中心的「ZSF」，可更加充分地利用商業銀行提供的服務，建立現金集合庫運作模式。現金集合庫（Cash Pooling）是由一組形成上下級聯動關係的銀行帳戶和內部結算系統帳戶及其定義在這一組帳戶上的資金收付轉和相應記帳規則組成的。

結算中心到商業銀行開立集團帳戶，集團帳戶的主帳戶由結算中心使用，分帳戶由各成員單位使用，以集團一級分戶帳帳戶帳號作為標示控制集團二級分戶帳帳戶的開立和使用。結算中心總帳戶用於定時上劃各成員單位收入帳戶資金、與各成員單位支出帳戶進行清算以及辦理日常的結算業務、向各成員單位基本帳戶撥付費用。

各單位的二級子帳戶按照資金管理的具體方式和要求又可分為收入帳戶、經營支出帳戶和發展支出帳戶。成員單位在銀行開設的帳戶採用收支兩條線的形式。

②「ZSF」資金上收管理。

總部對成員單位收款后的資金上劃方式採用主動歸集的方式。在上收的具體方法上採用逐筆自動上劃的方式，見圖4.73。

（4）平衡各區域中心、門店的資金需求

通過資金計劃管理系統預測集團整體資金需求，根據資金餘缺狀況統籌規劃投融資活動，平衡各成員單位的資金流動，滿足集團經營活動對資金的需求。

①「ZSF」資金計劃管理。

總部資金管理中心如資金管理部、結算中心，制訂資金收支計劃的形式和具體計劃指標；資金收支計劃的項目全部與資金的實際收支相關；總部資金管理中心分行業定義的資金收支計劃樣表，即不同行業的樣表可以不同；總部資金管理中心能夠對不同單位、不同收支項目、不同銀行使用資金收支計劃項目

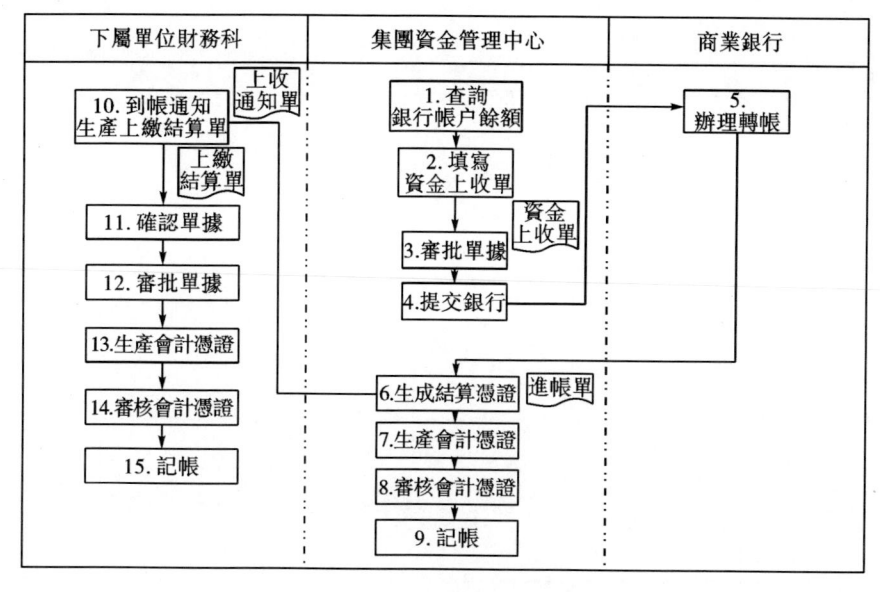

圖 4.73　主動歸集示意圖

指定進行資金下撥時專門的銀行帳戶；資金收支計劃的數據支持由成員單位手工填寫；資金收支計劃填寫完畢後根據不同系統參數的不同可以進行上報前的修改；資金收支計劃上報到總部資金管理中心，形成按資金計劃表類型的匯總表；總部資金管理中心對需要下撥的資金收支計劃按「計劃表類型+日期+銀行類別」的規則生成批量下撥單。總部資金管理中心對資金收支計劃的查詢分析取計劃數據與實際執行數據進行對比，具體可見圖 4.74。

② 「ZSF」資金的匯總平衡。

總部將下屬單位資金計劃匯總，綜合讀取各業務環節的收付款業務，通過資金在時間軸上將要發生的流入、流出來確定資金的缺口或盈餘，為規劃資金的使用提供詳細資料，見圖 4.75。

（5）減少門店內部交易產生的手續費支出

① 「ZSF」內部結算帳戶設置。

總部和其下屬成員單位均為獨立的法人時，雙方均在商業銀行開立實際帳戶，集團帳戶交總部資金管理中心管理，作為結算業務主帳戶或稱一級結算帳戶，總部下屬單位開立的帳戶作為二級結算帳戶，資金在開立的兩級結算帳戶之間由協作的商業銀行或者由總部資金管理中心自己根據需要或約定進行的上收和下撥。總部為其參加集中結算的下屬成員單位在總部結算系統中建立對應的內部結算帳戶，用以記錄一級、二級帳戶之間的債權債務關係。

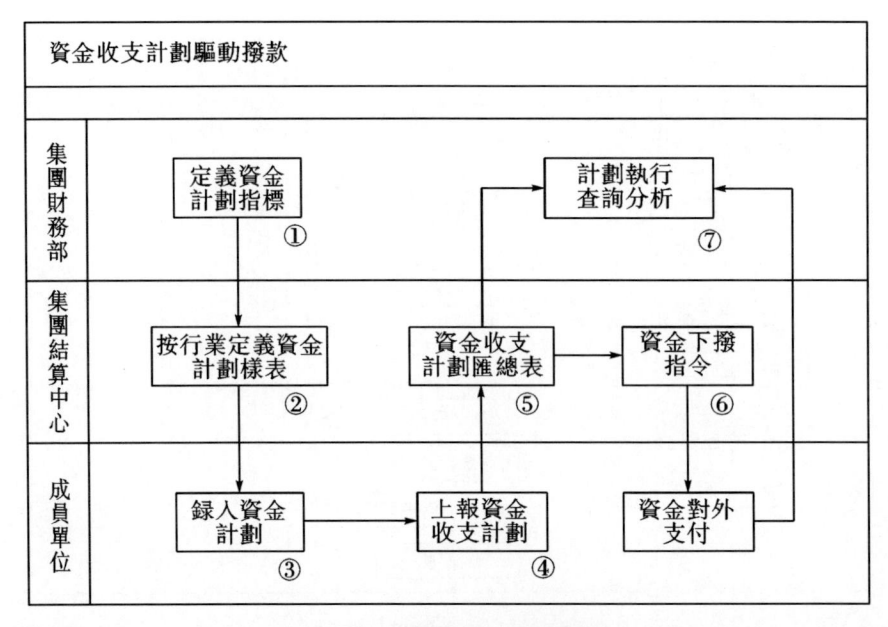

圖 4.74　資金收支計劃驅動圖

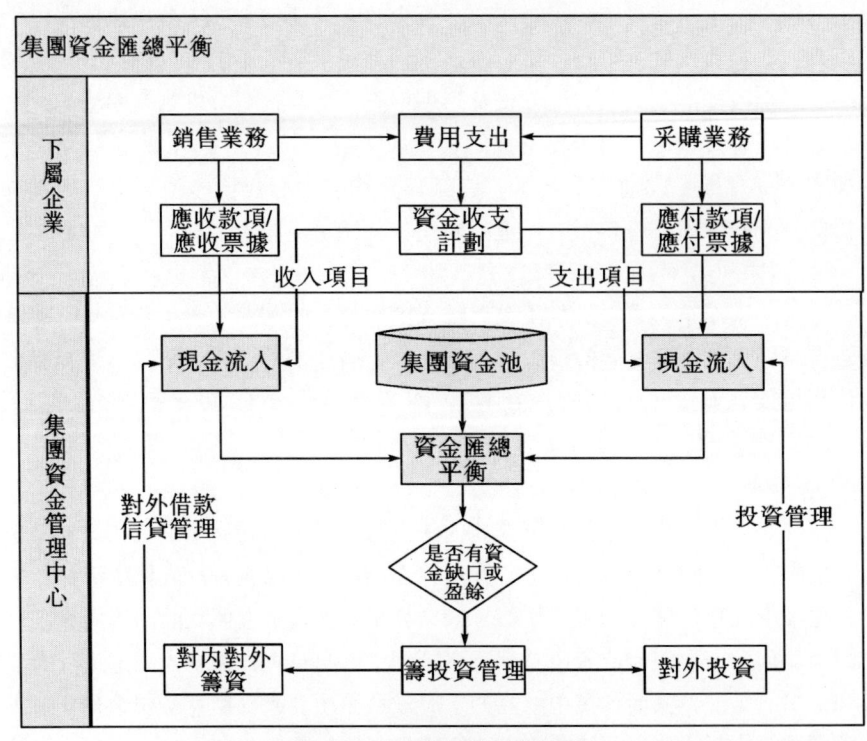

圖 4.75　資金匯總平衡圖示

在下屬成員單位從系統外收款時，資金經過二級帳戶上劃到一級帳戶，總部結算系統增加該二級帳戶對應的內部結算帳戶余額；在下屬成員單位向系統外付款時資金經過一級帳戶下撥到二級帳戶，總部結算系統減少該二級帳戶對應的內部結算帳戶余額；在下屬成員單位向系統內部轉帳時，總部結算系統增減涉及交易的兩個二級帳戶余額，而資金始終在外部的一級結算帳戶中未進行任何移動。

②「ZSF」內部轉帳業務處理。

對於內部單位之間的資金流動，在具體業務處理中以內部委託收付款書為起點，總部資金管理中心進行內部帳戶的資金轉移，實現帳動錢不動。詳見圖4.76。

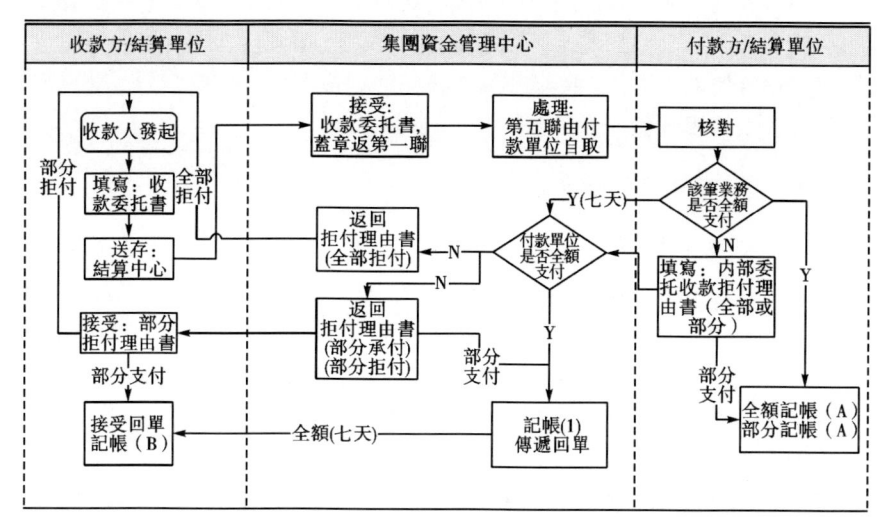

圖4.76　內部轉帳業務示意圖

具體流程如下：收款方發起，填寫內部的委託收款書，如收款單位、收款方內部帳號、付款單位、應收金額等；委託收款書通過總部資金管理中心轉付款方進行承付確認；付款方通過遠程結算進行委託收款書承付，確定是否承付、部分承付還是拒付；對於承付的委託收款書總部資金管理中心進行內部帳號轉帳，實現「帳動錢不動」；收款方根據承付后的委託收款書進行確認，根據業務單據生成會計憑證；付款方從總部資金管理中心下載付款通知書，生成付款單，根據業務單據進行會計處理。

（6）防止門店資金的體外循環

NC資金管理系統結合商業銀行的網上銀行服務可為總部資金管理中心即時提供各帳戶的資金流向、存量情況，滿足總部即時監控全部資金頭寸的需

求；對資金帳戶進行最大付款金額的控制、大額支出自動預警有利於總部資金管理中心對重大資金運行情況的即時監控。

NC 資金管理系統還提供了銀行對帳單自動下載功能和銀行存款日記帳與銀行對帳單的自動對帳功能，保證了銀行對帳的及時性和對結算單位資金流量的及時監控，防範結算單位資金的體外循環。

（7）有效利用商業銀行的優惠金融服務

「ZSF」下屬多家企業，雖然地域跨度不大，但還是需要依賴商業銀行的結算系統，總部企業才能完成跨結算單位歸集資金，根據發展需要對整體資金進行統籌規劃。

利用商業銀行遍布各地的營業網點和銀企互聯的網路系統，跨越地域局限，實現對各地區成員單位的集中管理；與商業銀行協商更便利的服務方式和優惠的收費標準；由總部統一與銀行協商授信方式和授信額度，根據集團資金需求選擇適合的融資方式，降低集團資金的使用成本；選擇適合的金融投資產品，增加資金使用效益，提高企業理財能力。

4.2.4.3 應用價值總結

本解決方案重點實現以下管理價值：
（1）幫助公司有效監控資金使用；
（2）幫助公司實現資金集中優勢；
（3）幫助公司提高資金使用效率，加快資金流動率；
（4）減少公司內部交易帶來的資金流動，節約金融使用費；
（5）保障公司內部企業按照資金計劃使用資金；
（6）在公司內部針對不同資金內容和企業性質使用不同資金管理方法。

4.2.5 「ZSF」全面預算管理

4.2.5.1 「ZSF」預算管理核心需求分析

需求分析：目前的預算管理主要是基於門店網點拓展過程中的預算模式，主要以資本性支出預算和費用預算為主。旗艦店的投資預算在 80 萬元左右（包括設備、裝修、租金、流動資金、常備庫存量等），直營標準店的投資預算在 30 萬和 50 萬元之間。

分析與建議：預算管理是企業防範經營風險的重要手段。預算管理一定是一個體系化的工作，包括預算編製機構、考核機構的設置、預算編製流程的梳理、預算控制模式的定義（剛性、柔性、彈性）。「ZSF」在擴張的同時必要要建立全

面預算管理模型,對業務經營成果進行預期,在此基礎上與實際執行情況進行對照,建立預算分析模型、盈虧平衡點分析、利潤決策因素分析等模型。

4.2.5.2 「ZSF」集團預算管理系統支撐

構建集中的預算管理平臺,建立集團統一的預算體系,核心是預算組織體系和樣表體系的建立;通過系統固化預算編製、審批、調整、預算外審批流程;完成年度目標確定、預算編製、預算執行與控制、預算分析與調整全流程管理;與財務業務系統集成應用,獲取執行數據,傳遞控制方案到業務系統指導業務開展;根據預算數據和實際執行情況進行統計,形成各種統計報表,見圖4.77。

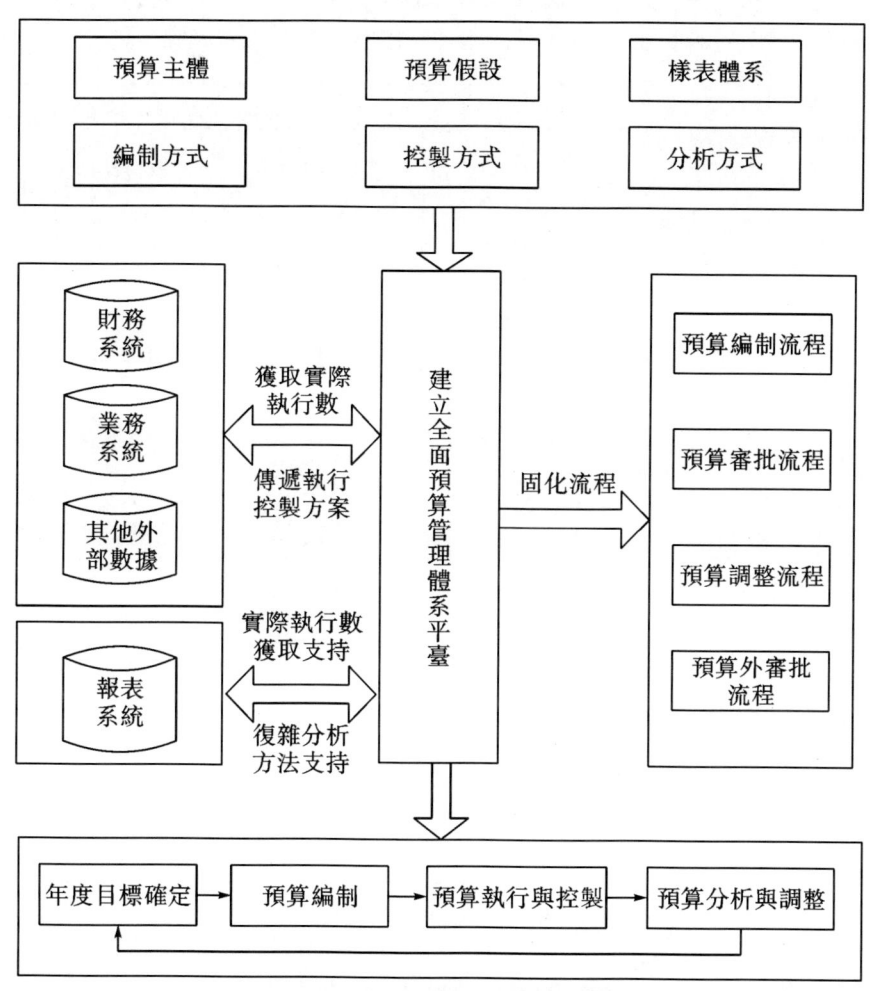

圖4.77 集團預算管理支持系統圖

(1) 如何幫助「ZSF」有效落實戰略目標

戰略是企業根據外部環境長期的變化趨勢制定的目標，預算目標是集團公司戰略目標在本期內的行動計劃和財務計劃。戰略目標是預算目標的導向，引導著年度預算目標的確定。

① 「ZSF」戰略目標有效落實流程。

集團在對外部環境的長期趨勢預測的基礎上，結合企業內部實際情況制定總體發展戰略，確定預算管理模式。如經營領域、資源配置方式等。各子公司或事業部根據不同的市場競爭環境，將集團的戰略具體化，形成細化的戰略目標和經營目標；各部門在自身的職責和權限範圍內制訂作業計劃，通過各部門的協同達到公司總體經營目標；集團根據匯總后的預算目標數據進行符合性測試以及與標桿進行對比，尋找差異，調整和完善戰略目標。見圖4.78。

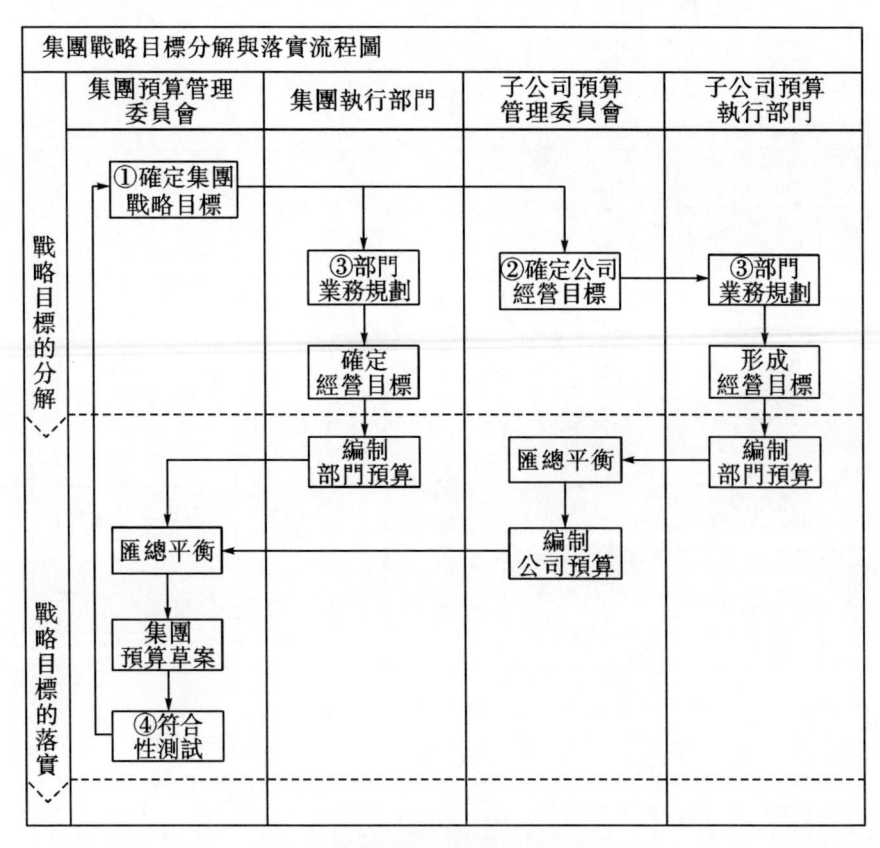

圖4.78 集團戰略目標有效落實流程圖

② 根據「ZSF」的特點確定適合的預算管理模式。

「ZSF」的組織結構是實現企業經營戰略目標的基礎和保證，也是全面預

算管理得以實施的載體。集團需要根據預算性質、組織結構、總部職能、對下屬公司的管控方式不同，決定採用何種預算管理模式和何種編製程序。

預算管理模式有三種：集權制的預算管理模式、分權制的預算管理模式、混合性的預算管理模式。

此外，由於「ZSF」的子公司並不是很多，若使用集團化的軟件進行管理，管理的幅度還處在集團公司可以全面控制的範疇內，建議主要採用「自上而下」預算編製模式。

集團總部根據戰略管理需要，結合集團股東大會意願、市場環境進行制訂，各子公司或分部只是執行體，預算編製、批覆權限在總部。

③建立「ZSF」多層次責任中心，明確控制和考核對象。

預算的責任中心是在組織內部具有一定權限，並能承擔相應的經濟責任的內部單位。全面預算管理的責任中心和集團的組織結構有著對應的關係，組織結構的類型決定了預算責任中心的佈局。

根據責任中心的權責範圍，預算責任中心分為三個層次：投資中心、利潤中心、成本費用中心。不同的責任中心的預算內容也不同。

投資中心：是最高層次的預算責任單位，即是對資產具有經營決策權和投資決策權的集團總部。

利潤中心：指對成本、費用、收入負責，最終對利潤負責的責任單位。

成本費用中心：指僅有一定的成本費用控制權，因而只能對其可控成本費用預算負責的責任單位。比如集團的資金管理部、審計中心等。

④「ZSF」預算體系的建立。

為保障預算目標的分解和落實，必須將預算目標具體化，預算體系的建立過程就是預算目標落實的過程。集團企業需要建立一套規範的預算體系：

A. 確定預算內容。

預算內容是預算目標的細化，預算目標的具體事項均應在預算內容中加以體現。預算內容應該涵蓋企業經營業務和財務的全部，一般由業務預算、財務預算、資本預算構成。預算內容的確定需要體現全面性和系統性原則。

詳細的預算內容根據「ZSF」的實際情況確定。

B. 安排預算內容的編製。

將預算內容的編製工作落實到具體的責任主體上，各責任主體根據其職責權限的不同匹配不同的預算內容。企業在安排預算編製時可能在預算主體範圍內隨機分配，可打破集團組織結構層次的限制，規劃設置不同的預算內容，包括歸口管理、自上而下、自下而上、混合等多種編製模式。

C. 確定預算編制方法。

根據預算內容的不同從成本和效率的角度綜合考慮採用不同的預算編製方法，包括固定預算、彈性預算、定期預算、滾動預算、零基預算等編製方法。

（2）如何幫助「ZSF」快速準確地編製預算

預算編製的過程是集團分配和協調資源的過程。由於下屬單位眾多、數據計算量大，在集團企業進行預算編製的過程中週期長、成本高、編製質量差等問題是一個普遍現象。

用友 NC 全面預算管理系統通過規範基礎信息、規範預算編製/預算審批/預算調整/預算外審批流程、自動匯總平衡、結合「三算合一」系統等手段可有效地提高預算編製的質量和效率。

根據集團企業的類型不同，在預算編製中採用不同的預算編製流程，具體見圖 4.79、圖 4.80 和圖 4.81。

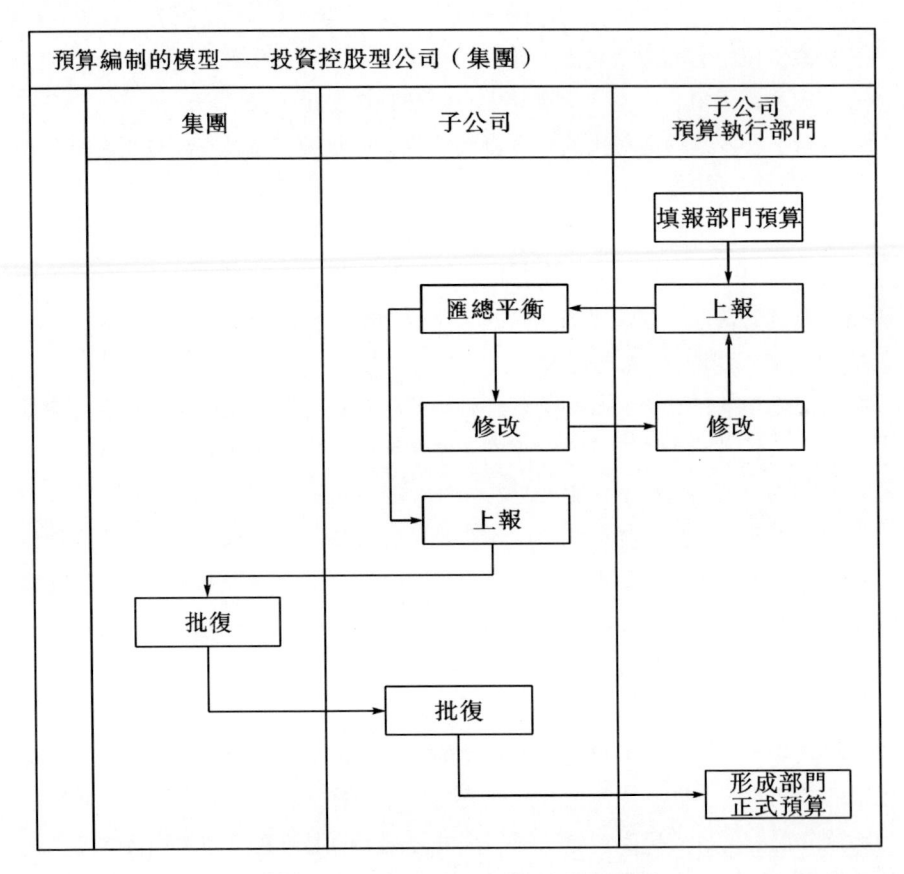

圖 4.79　自下而上的預算編製流程圖

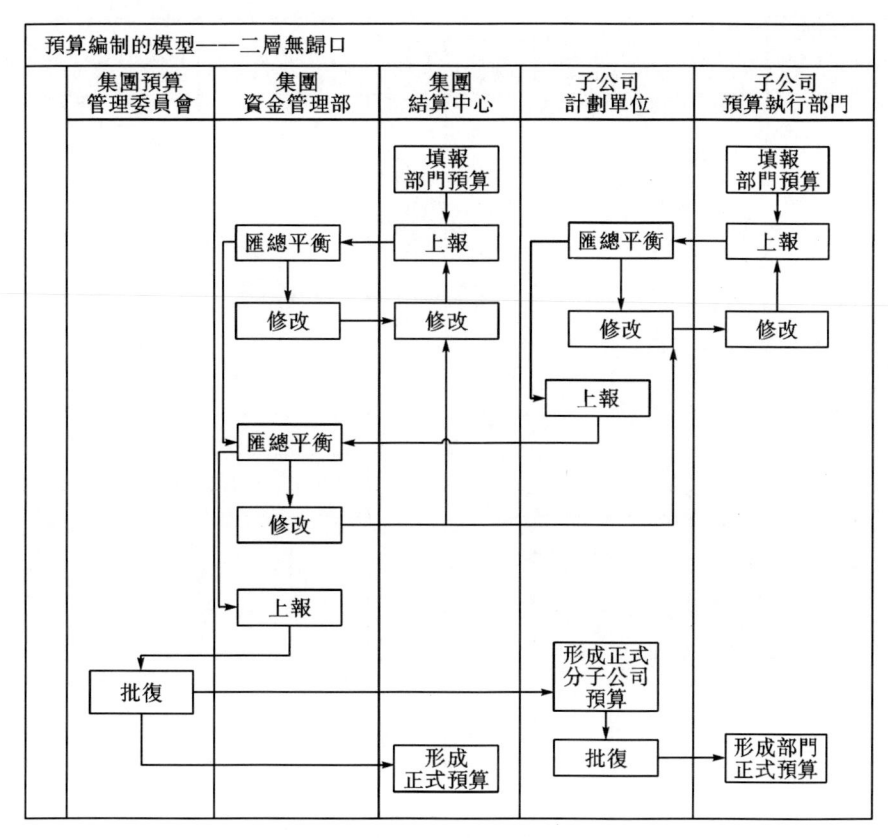

圖 4.80　二層無歸口管理預算編製流程圖

提高預算編製的效率，需要注意四個方面的內容：第一，預算指標關聯：可按照不同預算指標之間存在的關聯關係設置關聯公式，減少重複錄入，做到一次錄入、多方使用。第二，劃關聯：針對不同週期的相同預算指標，可以通過建立關聯計劃，自動均分數據生成更小週期單位的預算數據，節省預算編製工作量。第三，預算編製的導航設置：根據預算樣表之間的關聯關係，可以圖表方式直觀地觀察預算編製過程的先後順序，從而指導預算編製。第四，中間層自動匯總平衡：在預算編製過程中，根據預算體系分配，中間級預算數據可以直接匯總下級單位預算數自動編製生成，從而提高預算編製的效率，降低編製人員工作強度。

（3）如何使「ZSF」預算得到有效的貫徹和執行

準確合理的預算本身並不能改善經營管理、提高企業經濟效益。只有認真嚴格執行預算，使每一項業務的發生都與相應的預算項目聯繫起來，才能真正達到全面預算管理、指導企業經營的目的。

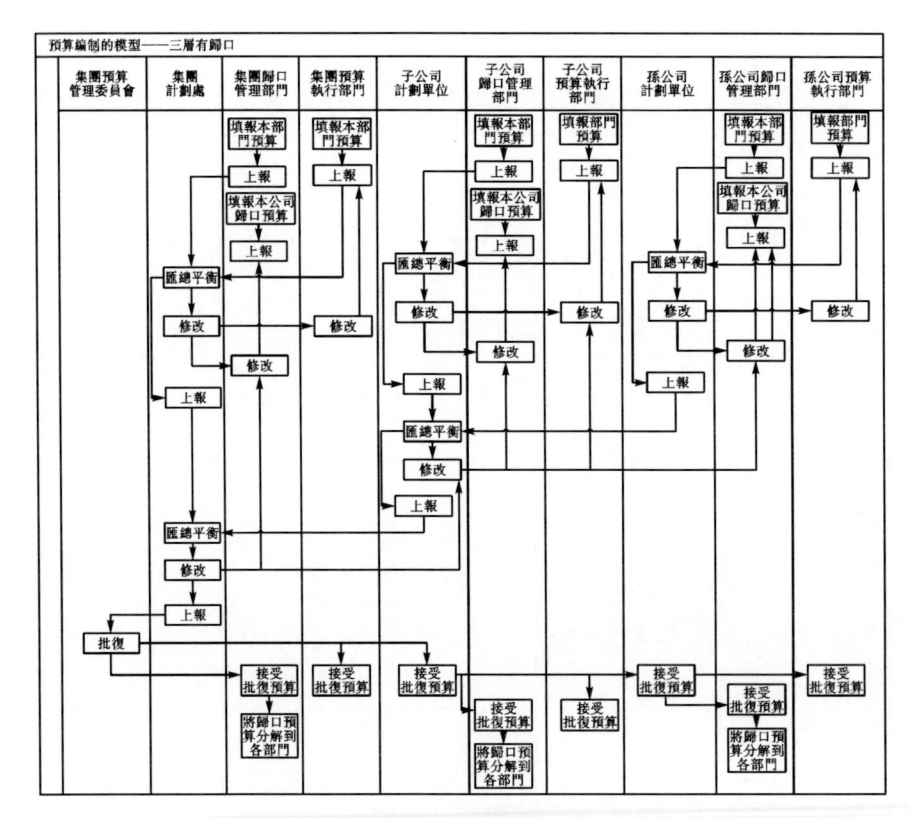

圖 4.81　二層有歸口管理預算編製流程圖

①根據「ZSF」預算性質確定執行方案。

不同的管理層級確定不同的指標。不同的管理具有不同的管理職能，其關注的內容不同，根據預算組織中不同地位的組織職責範圍劃分預算指標內容。

不同的指標確定不同的執行方案。控制類方案主要針對成本費用類預算項目，在業務發生時進行硬性控制。支持滾動額度、累計額度、絕對金額、完成百分比、單項控制、組控制等多種控制方案。針對一些考核類預算目標可以設置預警方案，在達到臨界條件時進行警示，以便採取措施調整目標或調整經營策略。

②及時獲取「ZSF」預算執行數據。

為滿足預算調控的需要，必須及時獲取準確的實際執行數據，為預算執行監控、分析、調整提供技術手段。系統可設置自動定時從財務業務系統讀取執行數據；支持手工錄入、Excel 導入實際執行數據；中間層執行數據可以實現自動匯總，提高工作效率；自動生成預算執行數與執行數對比分析報告。

③規範「ZSF」預算執行和調整過程。

通過規範預算執行和調整過程，維護預算的嚴肅性，端正預算編製態度，逐步提高預算能力，增強預算準確性。

用友 NC 系統支持三種預算調整方式：第一，直接調整：對預算樣表上的預算指標數據直接進行調整，不留痕跡。第二，調整單調整：對選定預算指標數據進行調整后，用友 NC 系統會自動生成一張調整單，並記錄其調整前數據、調整后數據以及調整數據。第三，調劑單調整：可選擇位於不同預算樣表的多個預算指標進行調劑調整，用友 NC 系統會自動生成調整單，並記錄每一個預算指標調整前數據、調整后數據以及調整數據。

由於預算調整屬於非正常事項，而且牽扯面較多，對其他相關部門也可能會產生重大影響，所以對於預算調整的審批權限應該嚴格劃分。一般來講，預算調整的審批權限應集中於預算委員會，尤其是涉及預算目標責任的調整。

④建立「ZSF」配套的預算管理制度。

為了保證預算的約束性，企業還需要編製配套的預算管理制度，對預算的編製、執行、調整、考核等進行要求，並根據下屬單位的實際執行情況進行獎懲考核，以保證預算的順利貫徹和執行。這些制度包括預算管理崗位責任制度、預算報告制度、預算編製原則、預算審批制度、預算調整制度、預算控制制度、預算考評制度、預算外審批制度等相關制度。

（4）如何有效支撐「ZSF」的考核和評價體系

企業績效考核體系是將企業經營目標執行情況與員工薪酬制度掛勾的一套體系。全面預算管理是對企業內部各級責任中心目標的確定以及對執行結果的分析和評價體系。它具有預算內容全面、預算人員全面的特性，因此全面預算管理成為支撐企業績效考核體系的重要基石。

以預算指標作為考核標準：可以採用單一指標和複合指標作為考核的標準指標；可定義多重具體目標。

以預算分析報告作為考核的依據：每個預算單位每月按規定的格式和內容編製預算管理報表。對預算項目實際發生額及其差異進行計算和分析，並詳細分析差異產生的外部原因與內部原因。通過各預算單位定期將實際經營結果與年度預算的比較，並向集團提供統一的預算分析報告，從而使集團及時判斷各責任中心的經營狀態。

通過預算考評和預算調整影響企業經營活動，實現過程控制。在企業經營目標的實施過程中，通過預算考評信息的反饋及相應的調控，可及時發現和糾正實際業績與預算的偏差，從而實現過程中的控制。預算編製執行考評作為一

個完整的系統相互作用，周而復始的循環以實現對整個企業經營活動的最終控制，預算考評既是本次循環的終結又是下一次循環的開始。

(5) 如何構建與「ZSF」全面預算管理相匹配的財務業務系統

全面預算管理屬於管理會計範疇，採用責任會計核算方法。責任會計核算是以預算責任主體為對象，針對其經營活動及預算執行情況所進行的日常記錄和反應，其服務於內部。責任會計核算系統的構建有雙軌制和單軌制兩種模式。

單軌制：就是將內部責任會計核算與對外財務會計核算體系融合在一起的會計核算體系。即根據國家統一的會計準則或會計制度的要求編製的對外報告的財務報表，根據內部責任會計要求編製的對內報告的業績報告。

雙軌制：就是將內部責任會計核算與對外財務會計核算區分開來分別進行，各自根據不同的財務要求、不同的方法來進行會計資料的歸集和數據計算，因此需要設置兩套憑證、帳簿、報表及核算程序。

由於責任會計和財務會計核算方法存在很大差異，對同一筆業務的描述不同，因此採用單軌制不能滿足責任考核的統計需要，而雙軌制雖然核算比較清楚，但是兩套帳同時使用給財務人員帶來很大工作量。

具體採用單軌制還是雙軌制要結合「ZSF」的現狀和以後發展的要求確定。

用友 NC 全面預算管理系統與財務業務系統緊密結合，實現報告帳簿與核算帳簿的分離，支持企業建立雙軌制或單軌制的會計核算體系，通過多帳簿技術，實現兩套帳簿之間憑證的自動傳遞。

4.2.5.3 應用價值總結

本解決方案重點實現以下管理價值：
(1) 幫助「ZSF」企業有效落實戰略目標；
(2) 幫助「ZSF」快速有效的編製預算；
(3) 使預算在「ZSF」得到有效的貫徹和執行；
(4) 有效支撐「ZSF」的考核和評價體系；
(5) 構建與全面預算管理相匹配的財務管理系統。

4.2.6 「ZSF」人力資源管理

4.2.6.1 「ZSF」人力資源管理核心需求分析

通過對「ZSF」人力資源管理現狀的初步交流調研，並結合對連鎖企業人力資源管理業務的理解，我們分析「ZSF」人力資源管理核心需求主要體現在人力資源行政體系和培訓支持體系兩大方面。

（1）人力資源行政管理體系核心需求分析

①確保制度流程的貫徹落實。

問題描述：「ZSF」管理團隊主要由上級公司動力集團和上級公司機車集團兩部分的人員組成，這給管理規範的標準化工作帶來困難。存在指令的下達流程效率、統計格式標準化、統計數據不一致等問題。以銷量統計為例，機車出具的數據和「ZSF」出具的數據存在差異，這對薪酬發放有很大影響。

需求分析：從目前「ZSF」人力資源管理現狀來看，其已經初步具備了較為明確的人力資源管理制度和流程規範。目前核心問題在於這些制度要求與流程規範如何才能在公司實現良好的貫徹與落實。因此，對於「ZSF」目前的核心需求主要分為以下兩個層面：第一，通過對「ZSF」人力資源管理現狀和業務的全面深入理解，協助「ZSF」人力資源管理團隊，完善人力資源管理制度，優化人力資源管理流程。第二，需要通過信息化系統將制度政策要求以及流程規範在系統中進行固化，通過系統對待辦事務進行提醒，對延期事項、異常事項進行預警，並自動生成口徑統一的統計分析數據。

②建立面向終端的招聘管控。

問題描述：對於公司來說目前在人員招聘方面壓力較大，區域中心人員主要從當地招聘，門店人員的招聘權限也是下發到終端，總部進行審批管理。

需求分析：大量建店的過程中人員缺口是個問題，找到合適的人才，並留住優秀的人才是人力資源部的重要任務。而從調研情況來看，目前「ZSF」在進行人員招聘時，其關鍵困惑點就在於如何識別合適的人才、吸引合適的人才，分析招聘的有效性。因此，對於人力資源部來講，其關鍵核心需求主要分為以下兩個層面：第一，建立科學的人才識別分析模型。人力資源部要根據業務部門實際需要，與業務部門一起分析業務、匹配人崗標準、預測人才需求、制訂招聘預算和招聘計劃，並進行入職審批的最后把關。第二，實現對招聘有效性的全面分析。主要是對招聘計劃完成率、人員流失率等關鍵指標的完成情況進行分析，不斷修正人力資源管理工作。

③實現薪酬福利的多級管控。

需求理解：目前「ZSF」的薪酬福利管理屬於三級結構，人力資源部負責制定薪酬福利的構成，並進行薪酬請款的審核；分公司提報人力資源規劃表、薪酬福利方案、考核標準、計提率，並編製薪酬預算；各門店執行分公司發下來的薪酬福利方案，具體發放由門店自己決定。薪酬的發放還需要與薪酬預算進行對比，可發放範圍為 90% ~ 110%，低於 90% 的時候以借資的方式補足 90%，次月扣除。

需求分析：「ZSF」薪酬福利管理的重點在於兩個方面。第一，標準的制定。也就是薪酬福利制度、薪酬福利模式的設計，不同的崗位等級、不同的地區、不同的門店，需要制定對應的薪酬標準和區間範圍，這一權限應當集中在總部，在人力資源發展戰略的指導下進行設計，區域中心可以在區間範圍內進行個性化調整。第二，薪酬發放的管理。根據一系列的計算公式得出應發薪資數，並與薪酬預算進行對比，杜絕超預算風險。因此，這就需要集團化的人力資源管理系統很好地解決標準制定和薪資總額控制的問題，通過預警功能完成總額控制。

④提升績效的考核激勵作用。

需求理解：「ZSF」在績效管理方面，對於職能部門、區域中心、門店的組織績效模式基本成型，績效指標體系由總部集中管理，績效目標數字由下級向上級報送，由上級對下級考核結果進行評估；但是目前在員工績效管理方面的 PBC 更多只是在總部實行，並流於形式，並未真正起到考核和激勵的作用；考核結果的應用模式單一，主要體現在薪酬方面。

需求分析：設計合理的績效激勵模式，可以借鑑類似行業或者類似經營模式的企業的績效管理模式，激發員工的積極性。以區域中心為例，前期的考核重點應當在於和市場佔有率相關的一些指標，如門店網點部署目標完成情況，在后期逐漸向收入、利潤等財務指標傾斜。

在傳統管理模式下，面子分、印象分尤為常見。如果缺乏客觀的評估依據和相對私密的評分機制，績效管理很容易流於形式。在這方面，「ZSF」可以借助績效管理系統解決結果數據自動取數、結果評估、保密管理和績效考核進度監督的問題。

PBC 個人績效承諾是一種不錯的績效模式，是一個比較「聰明」的績效管理模式，尤其適用於以銷售營運為核心的開拓性企業，運用得當會對企業發展產生很大的促進作用。

因此，對於「ZSF」而言，目前其在績效考核方面的核心需求主要體現在

以下幾個方面：第一，通過引入全球先進績效考核最佳應用實踐，並結合「ZSF」所處行業現狀以及其管理特性要求，完善現有的績效考核管理體制；第二，通過信息化系統的固化作用，落實績效考核流程，逐步實現組織績效和全員績效。並提高績效與薪酬、員工晉升、培訓等內容的協同能力。

（2）培訓支持管理體系核心需求分析

①緩解擴張階段的培訓壓力。

需求理解：從 2013 年規劃的 50 家店到未來的近 4,000 家店，人員將達到數萬人，傳統的培訓模式幾乎無法應對如此大規模、高速度的擴張。

需求分析：對於客戶來說，「ZSF」門店之所以和其他的修理廠不同，很大程度上是因為人的不同，技術實力的差異，高質量的培訓對「ZSF」的擴張來說很重要。對於「ZSF」來說，需要建立可複製的培訓體系，並且在必要的時候抓大放小，優先保證重要的培訓事項的管理。在培訓模式選擇上，有條件的話首先採用體驗式教學方式，其次是案例式教學，最後才是授課式教學方式。因此，對於「ZSF」而言，在培訓支持體系方面，其核心需求之一就是要通過信息化系統，加強對培訓師資團隊組建、培訓課程開發、培訓工具創新以及培訓的考核；在培訓執行過程中需要結合網點的拓展進度，制訂合理的培訓預算和培訓計劃，並加強實踐反饋的管理。實現從培訓計劃制訂到發布，到參訓人員考勤管理，到考試考核，到結果記錄，到統計分析過程管控。實現對於異常行為（如計劃延期、缺勤）進行預警，並杜絕人工作弊現象。

②提高培訓課程開發深化能力。

需求理解：培訓課程主要分為技術類和營運類，培訓方式主要以集中培訓為主，目前培訓課程的開發責任主要在總部。

需求分析：在現有的思維上再往前走一步，同時從員工發展的維度考慮課程的開發，新員工、老員工對培訓課程的需求是有差別的，所以需要形成培訓課程二維表，橫向是課程分類，縱向是員工類型。因此，對於「ZSF」而言，其培訓支持的核心需求之一就是通過對現有培訓課程體系執行情況的全面分析，並結合各區域中心實際營運需求，實現培訓課程的創新，採用培訓自學課件、在線大學堂、衛星培訓中心、系統自動化培訓、考試系統建立等新型的培訓方式全面拓寬員工能力成長學習渠道。

③實現培訓支持與人力資源管理協同應用。

需求理解：目前已經初步建立了培訓工作和培訓考核的聯繫，培訓的結果影響人員定級和薪酬福利。

需求分析：培訓直接影響「ZSF」門店競爭力，需要高層領導關注，因

此，對於「ZSF」而言，其需求之一就是要建立從上至下的培訓責任組織，搭建總經理—總工—培訓部—區域中心—店長的多級責任體系。

4.2.6.2 「ZSF」人力資源管理系統支撐

通過上一章節對「ZSF」人力資源管理核心需求的分析，我們發現，其需求內容不僅包含諮詢方面的需求，也包含管理信息系統方面的需求。因此，本章節主要從人力資源行政管理和培訓支持管理兩個方面對「ZSF」人力資源管理信息化系統方面的需求進行系統支撐闡述。

（1）人力資源行政管理業務

①建立靈活的機構管理模式。

組織機構管理實現包括「ZSF」總部和各下屬區域營運中心、維修中心以及門店的完整框架，並管理整個企業組織演變的過程；清晰地定義出企業組織結構，包括劃分下屬區域中心、門店、設置部門與崗位、崗位和部門的隸屬關係、崗位與崗位之間的匯報結構、崗位的數量、崗位的性質級別、崗位的職責和要求、有效地管理企業的空缺職位。能實現組織機構樹、圖、表的信息查詢分析。

針對「ZSF」連鎖營運管控平臺項目建設目標我們認為組織機構管理可以應用在「ZSF」總部以及下屬區域營運中心、維修中心等成員單位（包括未來的四級成員單位：維修店）組織架構、崗位設置、編製等的管理，並應用在下屬成員單位中，逐步實現對下屬企業的組織機構信息與業務管控，形成一個「ZSF」本部化的人力資源信息管理體系。

綜合分析，我們總結「ZSF」組織機構管理目前及未來可能的管理流程與管理內容，如圖4.82所示。

對於「ZSF」組織結構管理來講，其典型應用主要體現在以下幾個方面：

人員需求與人員編製之間的關聯：在提交人員需求時，會自動比照人員編製、在崗位人數與需求人數之間的關係，並對因此產生的超編情況進行提醒。

歷史組織架構的記錄：系統將提供對歷次組織架構的變化做記錄，在將來的任何一個時間點都可以查看歷史的組織架構圖。

組織機構複製：對於「ZSF」而言，快速的擴張，其實也是組織機構的複製。對於組織的結構及組織對應的崗位設置也基本是一致的，這需要系統能支持快速的組織複製。

自動生成崗位說明書：對於「ZSF」來說，各個崗位的描述都需要文檔化、電子化。系統支持自動生成崗位說明書。

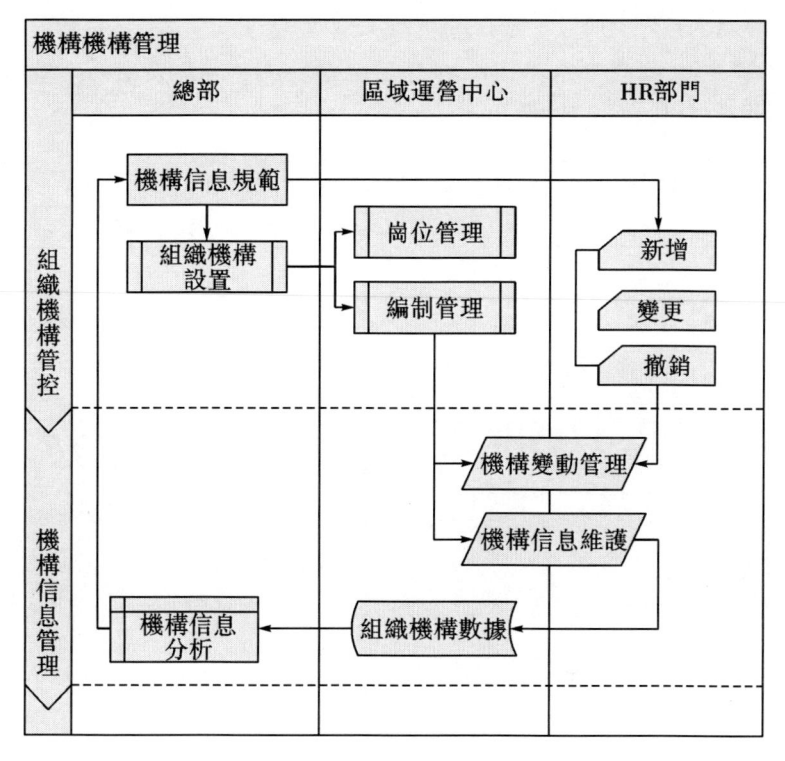

圖 4.82　組織機構管理流程圖

②實現對人事組織關係的動態管理。

人事組織關係管理主要是指可分類或在同一界面查看員工在企業工作期間的所有信息（包括各類基本信息，如姓名、年齡、聯繫方式等，以及記錄員工的教育培訓經歷、獎懲、合同、休假、績效考核、薪資福利、家庭情況等其他信息）；根據企業實際需要自定義員工檔案項目；試用期員工轉正提示；跟蹤管理員工從進入企業到離職全過程的歷史記錄，包括薪資變動、職位變動、獎懲情況等；可掛接與員工相關的各類文檔，如 Word 文件、WPS 文件、Excel 文件、掃描文件等；提供多種不同形式的員工信息報表；系統自動提示員工生日、試用期滿、合同期滿，靈活處理人員的轉正、離職、退休等；強大的定位查詢及模糊查詢功能，能快速、方便地從眾多數據中定位某一員工。

針對「ZSF」項目建設目標，我們認為人事組織關係管理必須是包含「ZSF」總部、區域營運中心以及下屬維修中心，甚至未來維修店的全員信息管理，全員管理的實現可以通過集中或分佈式應用，前提是信息結構的標準統一。不同機構不同角色的用戶分別在自己的職責範圍內，登錄系統實現對所轄

範圍內相關業務的處理，並實現全員信息的報表匯總分析。

綜合分析，我們總結「ZSF」的人事組織關係管理目前及未來可能的管理流程和管理內容如圖 4.83 所示。

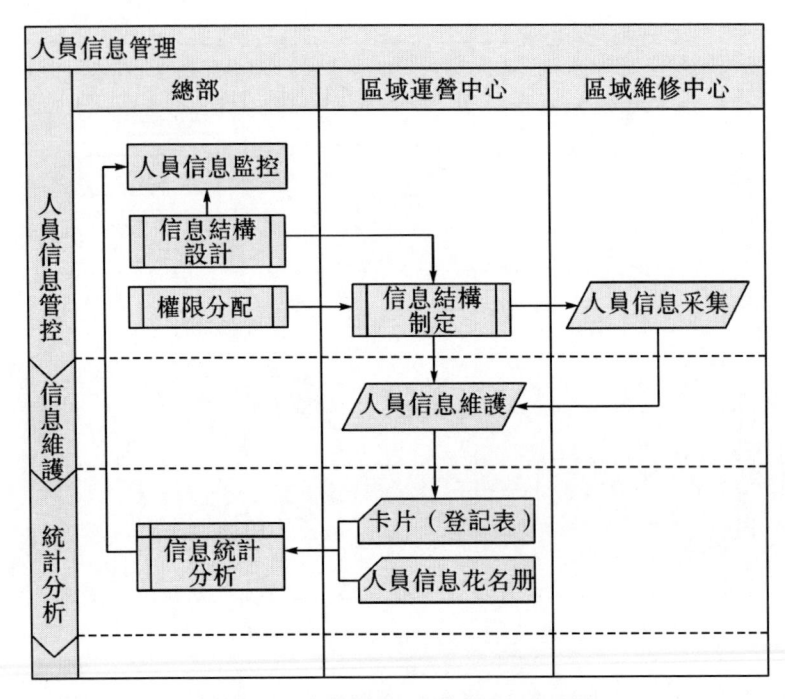

圖 4.83 人事組織關係管理業務流程圖

對於「ZSF」人事組織關係管理來講，其典型應用主要體現在以下幾個方面：

人員的各項信息大集中：通過人員信息管理界面，可全面查閱人員的各項信息，人員的信息內容可增加或減少，各關聯信息也可以增加或減少。

人員可進行分類管理：根據「ZSF」的業務特點，將人員進行分類管理，如專業技術人員、經營管理人員等。

人員信息項可自定義增加：「ZSF」在對人員的信息管理上，有一些個性的要求，但可能系統並不包括這個項目，系統可提供由用戶自行定義項目的功能。如增加「推薦人姓名」字段等。

靈活的報表工具及自動生成圖表：在「ZSF」的人力資源業務中，人事相關的報表是必不可少的部分，系統提供了報表工具，用戶可方便定義信息卡片、花名冊、各種格式的統計表及圖表。

實現多組織企業的內部異動處理：針對「ZSF」的多組織模式，在人力資

源業務中，必將發生企業內部之間的人員調動，這種業務通過系統提供的跨變動業務則可直接進行處理，並使員工工齡保持連續性。

員工的變動流程化處理：針對「ZSF」目前的管理要求，不同級別的員工的異動，如崗位調整、晉升、離職等，需要按預定的業務審批流程自助式處理。在系統的審批流程定義中，用戶可自定義審批流程，而且一個業務可以定義多個審批流程等。

自動生成異動報表：要滿足「ZSF」的應用需求，系統可自動生成員工的異動情況報表，格式可自定義。

提供完整的合同管理業務處理功能：針對「ZSF」對合同管理的要求，系統提供了完善的合同業務處理功能，包括合同簽訂、變更、續簽、終止、續簽意見徵詢等。

對勞動的爭議進行記錄及管理：針對工作中發生的爭議問題，系統可進行記錄，並跟蹤處理進展情況；也可以根據新勞動合同法的要求，結合企業的制度，定義補償或賠償金額計算規則。

快速生成電子合同：「ZSF」所處的行業注定是人員流動量大，辦理員工入職、簽訂勞動合同也必然是一項重要的工作，但數量大、耗時多。不過，系統能提供電子合同管理，員工入職后能快速生成合同，打印出來直接簽名即可完成合同簽訂工作。

自動發送通知：「ZSF」未來可能達到4萬多人，合同的簽訂、續簽、解除、終止等工作如果需要人工通知的話，要花很多時間，還好系統提供了自動批量的通知發送處理功能。

③建立內外供給平衡的招聘管理。

對於「ZSF」來講，人員需求旺盛，人員招聘壓力大。尤其是根據「ZSF」戰略發展規劃，未來的店面將會越來越多，因此，其對於熟悉門店運作業務的人才，尤其是管理人才的渴望將會成為「ZSF」人力資源招聘業務的一個常態。因此，對於「ZSF」招聘業務信息化來講，就是要通過信息化系統的輔助作用，建立起其內外供給平衡的招聘管理體系。

針對「ZSF」項目建設目標，我們認為招聘的業務操作包括招聘需求管理、條件篩選、招聘過程管理、招聘記錄等。系統可以記錄每一次招聘活動的詳細信息和每一名應聘者的詳細信息，以人力資源管理信息系統數據庫為基礎，按照事先設定的條件自動進行基本條件的篩選，輸出符合條件應聘人員名單。可利用系統發送郵件通知應聘人員，被錄用人員信息自動流轉至員工信息中心，也可將未錄入人員轉入人才庫，作為企業后備人才。通過對各項招聘過

程數據的累積，對招聘需求、應聘資源、招聘渠道、招聘方式等進行效果分析。

綜合分析，我們總結「ZSF」的員工招聘管理目前及未來可能的管理流程和管理內容如圖 4.84 所示。

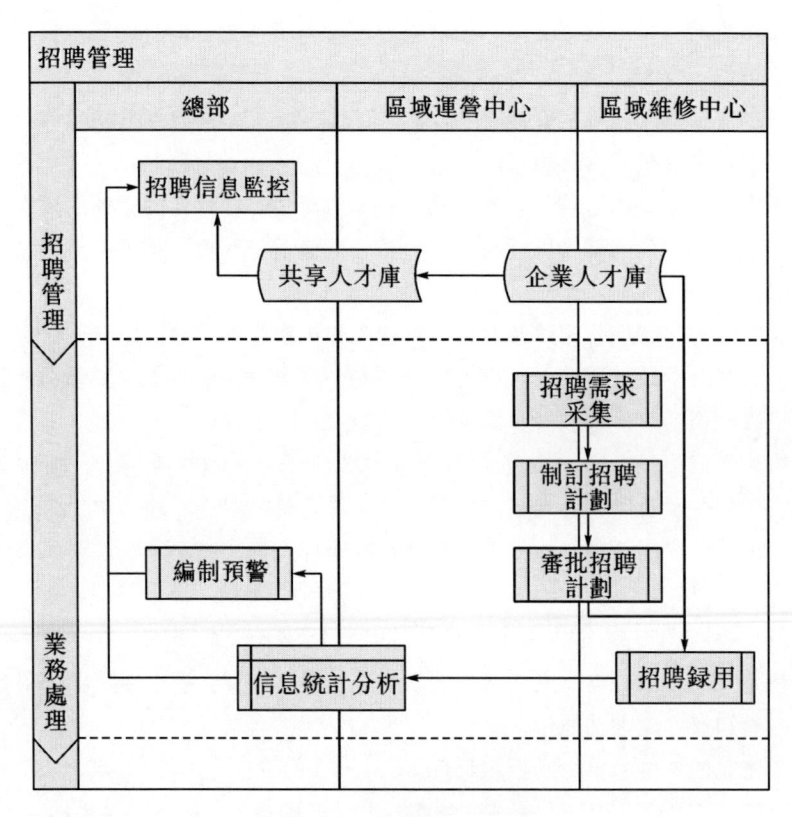

圖 4.84　招聘管理流程圖

對於「ZSF」招聘管理來講，其典型應用主要體現在以下幾個方面：

由缺編信息生成招聘需求：按照「ZSF」人力資源招聘業務的需求，當崗位出現缺編情況時，可自動生成缺編信息表，並根據信息表生成招聘需求，而且生成的招聘需求可修改。

從網站下載應聘者簡歷：企業可以向專業的招聘網站下載簡歷，或企業開發一個專業招聘網頁用於給應聘者提交個人簡歷，這些簡歷信息都可方便地從簡歷傳入系統中。

建立企業人才庫，並自動過濾簡歷：可將應聘者資料放入人才庫，將來要招聘時可從人才庫中直接篩選簡歷等。

直接由簡歷或應聘資料生成人員檔案信息：從應聘人員簡歷收集，到應聘的過程信息記錄，到員工錄取，再到員工入職並最終建立員工的信息資料，全部信息基本不需手工錄入。

④實現科學的員工價值分配管理。

員工價值分配管理主要是依託於各區域營運中心或維修中心業務發展情況，對員工工作價值的分配業務。其主要體現在員工的薪酬、福利等方面。

員工價值分配管理主要是指能靈活設置不同類型員工的薪資項目及其計算方式；可自定義工資計算參數，分別計算每月工資表的每個項目；支持不同地區定義不同的計稅方法，靈活管理上稅方式；薪資調整批處理或指定個別計算員工薪資；能基於上月數據進行下月薪資計算，只需對變化部分進行調整；可對計算有誤的薪資計算進行重算、糾錯，薪資發放有誤的可重新設置並執行相應處理；與考勤系統連結，根據員工考勤情況調整員工的薪資；設置不同的員工和領導查詢功能；員工網上查詢個人當月薪資及薪資歷史情況、個人福利累計情況等；與 Word、Excel、Txt 格式文件實現數據完全互換；生成不同格式的薪資明細報表和統計報表；數據以與銀行自動轉帳系統相容的數據格式輸出，並儲存於磁盤，方便向銀行報盤；提供完善的薪資統計分析功能，為制定薪資制度與調整薪資結構提供依據。系統整體應用設計如下圖 4.85 所示。

構建「ZSF」員工價值分配管理子系統，主要包括工資總額管理、員工工資日常業務處理，與財務系統對接等，同時進行總部對各區域營運中心、各維修中心的工資總額執行情況的計劃監控，人工成本控制，對各單位人工成本情況進行統計、分析、預警等，實現薪酬的全程信息化管理，實現「ZSF」系統統一規範、標準的薪酬管理體系。

對於「ZSF」員工價值分配管理來講，其典型應用主要體現在以下幾個方面：

薪資管控和體系建立：設置集團級薪資體系，包括薪資類別、薪資項目、薪資期間、薪資規則表、稅率表、代發銀行等。在各單位都是相同的薪酬發放方案的前提下，集團級薪資類別可直接分配給下級單位使用，而不必分別設置，從而簡化用戶操作，同時也滿足了集團統一管控的需要。在實現設置公共薪資項目的名稱及各屬性的基礎上，同時實現設置公共薪資項目的取數來源；實現薪資檔案中對當前單位人員及跨單位引用人員的選擇，實現對當前單位人員及跨單位引用人員薪資的發放；實現公司總部或為本單位及下級單位制定年度工資總額及各期間工資總額；在薪資發放時提供工資總額預警提示；實現按用戶對薪資類別的權限分配。提供單位級薪資類別權限分配功能，集團級薪資

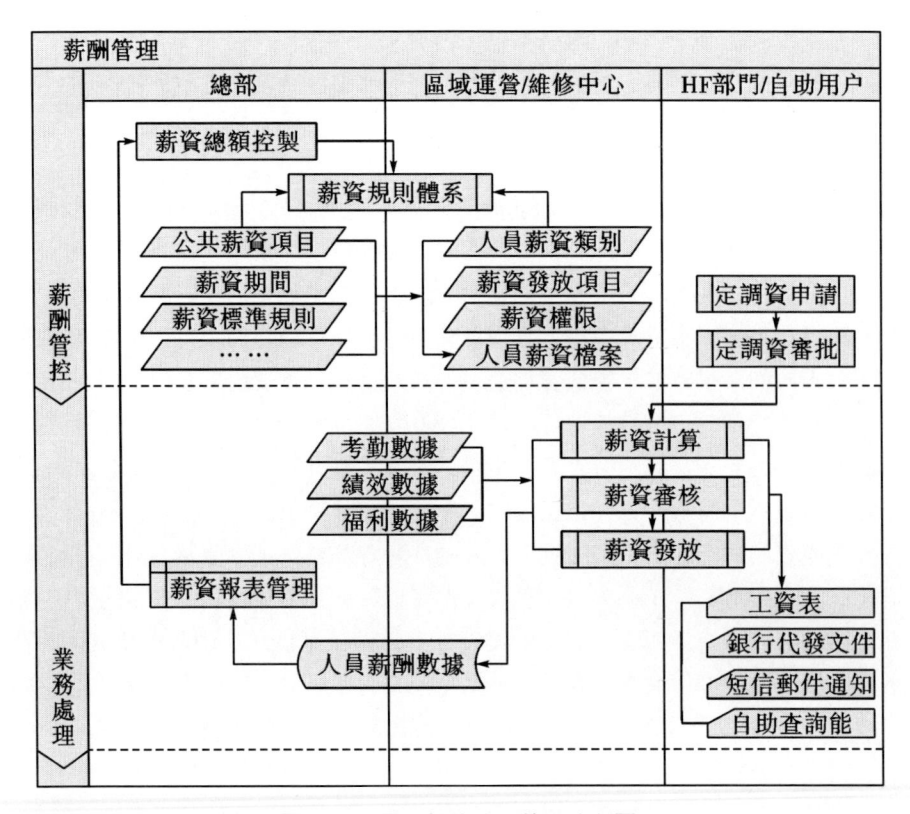

圖 4.85　員工價值分配管理流程圖

類別不必進行權限分配；實現公司內不同單位間多種薪酬體系設計，滿足公司管理的靈活性要求；實現不同地區定義不同的計稅方法。

薪酬總額管理：總部或某個有權限制定工資總額的二級單位為本單位及下級成員單位制定工資總額。年度工資總額要大於等於本年度下各期間的工資總額之和；下屬成員單位可以讀取到已經發布的本公司工資總額，但不能進行編輯處理；當下屬成員單位超過所制定的工資總額標準時，可進行控制。控制的方式包括兩種：強控制和提醒控制。當設置強控制時，超過標準後，將不能進行發放。

日常薪資處理：實現按照國家稅務總局最新出抬的新的年終獎計稅規定和算法，在系統中預置「全年一次性獎金」薪資類別，按照新規定進行納稅計算；實現對薪資發放表、薪資統計報表按部門進行分頁列印；實現為某薪資類別指定其所包含的薪資發放項目；提供對各薪資類別當前最新期間的查詢；實現薪資的定調級管理；可靈活設置不同類型員工的薪資項目及其計算方式；可

自定義薪資計算參數，分別計算各薪資期間薪資類別的每個項目；實現薪資調整批處理或指定個別員工調整薪資；系統進行期末處理，自動將本月數據結轉到下月；可對計算有誤的薪資計算進行重算，薪資發放有誤的可進行重新設置並執行相應處理；提供完善的薪資統計分析功能，系統預制多種薪資查詢、統計、分析工具，為制定薪資制度與調整薪資結構提供依據；實現生成不同格式的薪資明細報表和統計報表；薪資發放表中提供對各薪資項目是否顯示的設置，不發放的期間可設置該項目不顯示。

薪資發放的審批：薪資類別參數調整，增加薪資類別是否需要審批參數，當用戶在需要審批和不需要審批之間進行切換時，應該滿足下列條件：該薪資類別前一薪資期間已經結帳，並且當前薪資期間處於未審核狀態；薪資類別的審批方式切換后，如果用戶反結帳到上個期間則系統須將薪資類別的狀態置回上一期間的狀態；不需要審批的薪資類別不能夠添加到申請單據中，在薪資審核功能節點中只有審核通過的薪資類別才能夠添加到申請單據中，在同一個薪資期間中，審批中或者已經被審批通過的薪資類別（未進行取消發放操作的薪資類別）不允許加入到新的單據中，同一張申請單據中可包含多個薪資類別；在審批流程方式下，薪資類別一旦被加入到申請單據則該單據內包含的薪資類別將不再允許取消復審（或取消審核）；審批過程中可以對單據中的某些薪資類別審批通過，而對其他的類別審批不通過，審批流程結束后，審批未通過的薪資類別可被加入到新的薪資發放申請中再次進行審批，最終審批人審批通過后的單據中包含的薪資類別才能夠進行下一步操作（薪資發放）；一旦對某審批通過的薪資類別進行了取消發放操作后，該薪資類別會被認為未通過審批，此薪資類別必須再次經過審批流程后才能夠進行發放；在薪資發放審批功能節點的界面中增加明細查詢功能；可列出指定薪資類別中的所有薪資項目的詳細數據（當前期間），提供薪資數據變動查詢功能，將本期間數據與前一期間數據進行對比，列出所有發生變化的薪資項目和薪資數據，包括本期值和上期值。

人員變化提示：在薪資檔案界面和福利檔案界面中，業務人員可通過此功能按鈕對本期間內發生變動的人員名單進行簡單的查詢。查詢的時間範圍包括：開始日期缺省為當前期間的起始日期，截止時間為期間結束日期，用戶可以對時間範圍進行調整。人員變化提示中能夠查詢出的人員有：未加入薪資檔案（或福利檔案）中的新進人員、已經加入薪資檔案的離職人員、未加入到薪資檔案（或福利檔案）中並開始兼職的人員（含兼職、借用、交流人員）、已加入到薪資檔案（或福利檔案）中並結束兼職的人員（含兼職、借用、交

流人員)。用戶可在「新進人員」和「兼職開始」頁簽的人員列表中選中需要添加到薪資檔案的人員，批量將人員添加到薪資檔案中；用戶可在「離職人員」和「兼職結束」頁簽的人員列表中選中需要從薪資檔案中刪除的人員，批量將人員從薪資檔案中刪除。

短信適配平臺：利用短信適配平臺，將每筆薪資信息按薪資專員定義好的格式，以手機短信形式傳遞至員工。改變了傳統發放紙質工資條的形式，減少了薪資專員工作量，員工也能及時、方便地獲得薪資信息。短信適配平臺以系統中的業務邏輯為驅動，主動適配薪資等模塊，為各產品提供短信收、發服務。短信適配平臺的主要作用是作為業務系統與短信設備/短信網關/第三方服務提供商/移動、聯通短信網關等連接的橋樑。

⑤實現員工價值的科學評估管理。

員工價值的科學評估指的是對員工工作業務的績效考核管理。對於績效管理而言，其是人力資源管理的重要組成部分，是一個圍繞組織目標的達成而建立的促進組織目標實現的管理體系，包括組織/個人績效計劃的制訂、績效執行過程中的跟蹤/輔導/監控/總結、考評方案的制定、績效考評的組織實施、考評結果的反饋/溝通，考核結果的統計分析和業務運用等方面。

對於「ZSF」員工價值評估管理來講，其典型應用主要體現在以下幾個方面：

由用戶自定義指標庫：從調研來看，「ZSF」目前主要是總部的員工採用的是PBC考核模式，這一考核模式的關鍵在於考核指標的自定義。因此，這就需要系統提供績效考核指標能由員工本人進行自定義。

考核量表自定義：每一個崗位或者每一個職務都會有不同的考核方式，涉及不同的考核指標，系統提供了由用戶自定義的考核量表，量表包括對應的考核對象、每一個考核對象關聯的考核評分人、每一個考核對象需要考核的指標及各指標的權重等內容。

通過互聯網進行考核打分：對於「ZSF」，由於考核的對象分佈在全國各地，所以考核時利用互聯網直接打分。

支持直接維護考核結果：在績效考核的系統中，可直接支持對每個人進行結果評定，並生成每個人的考核分數。

考核結果直接關聯薪資系統：在計算薪資時，可直接提取績效中的成績數據，進行參與薪資的計算。

(2) 培訓支持管理業務

①實現基於員工能力提升路徑的過程管理。

基於員工能力提升路徑的過程管理，主要由培訓部牽頭，各業務組織單元

參與，共同基於業務發展需要，編製員工能力提升需求，制定員工能力培訓課程，完善內外部培訓師資資源，管控培訓實施過程，屬於以落實管理制度和流程規範為核心的全程管理體系。

基於員工能力提升路徑的過程管理主要包括規章制度管理、培訓資源管理、培訓管理、經費管理及學歷教育管理，其中培訓管理又分為培訓計劃管理和培訓實施管理。

規章制度管理能夠將制度分類管理，能夠保存各種格式的制度內容，提供制度檢索功能。員工可以通過自助服務瀏覽和下載各種規章制度。

建立符合企業當前現狀及未來發展的培訓信息，如培訓計劃、培訓渠道、培訓課程、培訓方式、費用項目、培訓機構與講師、培訓能力及能力類型等。建立的信息將在進行培訓管理時調用，保證系統對業務發展的適用與靈活性。

在對培訓實施內容記錄的基礎上，可以對培訓渠道、講師、方式、費用、員工培訓情況等進行分析，員工參加的培訓信息自動更新到員工信息中心，並可對組織或個人的參訓情況進行查詢。

針對「ZSF」培訓業務需求的理解與分析，我們認為基於員工能力提升路徑的過程管理包括培訓需求、計劃管理、培訓實施、培訓臺帳、培訓分析統計與報表以及在線學習等諸多方面內容。培訓管理示意圖詳見圖4.86。

對於「ZSF」員工能力提升過程管理來講，其典型應用主要體現在以下幾個方面：

網上發布培訓需求調查：一般情況而言，每年底的時候，為了正確地對下一年度的培訓工作制訂更有針對性的計劃，需要對各單位或部門進行培訓需求的調查。

各種內部培訓資源的管理：一般需求記錄管理的培訓資源包括培訓機構、培訓教師、培訓資料、培訓課程、培訓設施等，並對各種資源的質量及效果進行評估管理。

培訓計劃可分解多個培訓活動：年度需求調查—形成年度計劃—制訂培訓計劃—培訓資源配置—場地選擇—培訓計劃分按季度分解—動態調整培訓計劃—季度培訓評估報告—生成培訓名錄—提交培訓報告及統計報表。

對培訓進行評估管理並記錄評估結果：系統可對培訓資料及培訓效果進行評估管理。

自動生成員工培訓檔案：在培訓結束後，系統可自動生成員工的個人培訓檔案，並更新員工信息中的教育培訓記錄的內容。

自動生成培訓分析報表：可根據用戶所需定義並生成培訓方面的統計分析

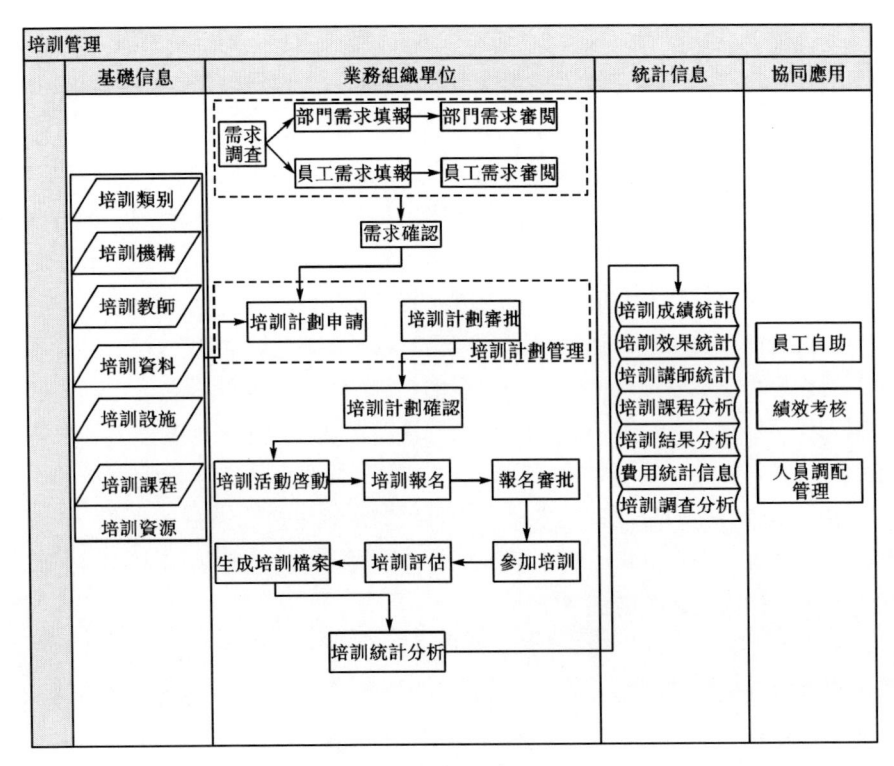

圖 4.86　培訓管理示意圖

報表。

②建立員工自主學習和企業文化傳播中心。

員工自主學習和企業文化傳播中心是以員工學習成長和傳播企業文化為載體的創新信息化系統，通過系統的搭建，它可以幫助「ZSF」實現員工在線學習培訓課程、構建「ZSF」在線學習大講堂，實現員工的自動化培訓和在線模擬考試評估，全面拓寬員工能力成長學習渠道。

根據對「ZSF」培訓部業務現狀及需求的調研交流，我們分析認為，對於「ZSF」的客戶來講，「ZSF」門店之所以和其他的修理廠不同，很大程度上是因為人的不同，技術實力的差異，高質量的培訓對「ZSF」的擴張來說很重要。因此，這就要求「ZSF」建立可複製的培訓體系，將營運過程中的先進經驗和知識能沉澱下來，並能在「ZSF」體系內部實現共享傳播，實現自動的體驗式教學、案例式教學。員工自主學習和企業文化管理流程示意圖詳見圖 4.87。

對於「ZSF」員工自主學習和企業文化傳播中心管理來講，其典型應用主

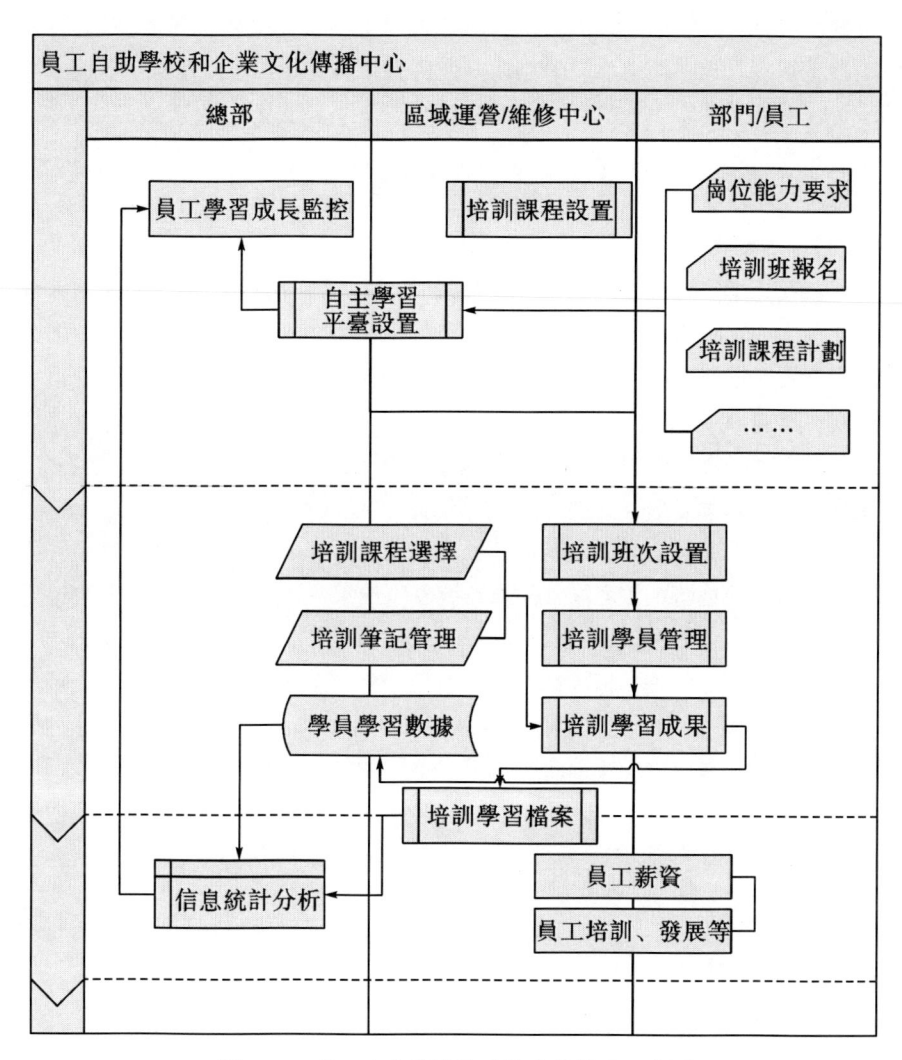

圖 4.87　員工自主學習和企業文化管理示意圖

要體現在以下幾個方面：

　　培訓課程資源管理：對於「ZSF」而言，其業務具有行業特殊性，客戶之所以選在「ZSF」維修店進行維修，更重要的是對「ZSF」人員的技術能力的認可。而要讓員工能力成長能跟上公司發展的步伐，順應客戶對維修人才的技術要求，就必須要在內部培養一大批技術純熟、服務態度好並且技術能力不斷提升的人才隊伍。如果繼續沿用原有的授課式人才培養模式，其人才的成長是完全不可能追上企業發展的步伐的。所以，對於「ZSF」而言，培訓部就需要

將各營運中心、維修中心好的案例、維修經驗進行總結分析，形成知識沉澱，以培訓課程的方式，通過學習中心在全公司體系內進行共享，方便新進員工持續學習。系統支持將課程按照不同業務部門分類：銷售類、管理類、財務類、客戶服務類、人力資源類等；也可按照學員層級分為初級、中級、高級課程，便於不同層級學員按需學習。支持企業自己內部課件上傳，包括 Word、Excel、PPT、Flash、音視頻等多種常用文本格式。

　　學員在線學習過程管理：各區域營運中心或維修中心可以根據人才培養計劃，定制人才培訓班，要求特定員工必須參與培訓班的學習。可以規定培訓必須學習課程和選修課程。同時，員工可以制訂自主學習計劃，選擇合適的培訓課程在線學習。

　　學員在培訓學習過程中，可以隨堂做學習筆記。教師可以進行課堂答疑。系統會即時記錄員工學習進度以及學習成果。

　　學員在學習完畢之後，為了檢驗學習成效，還可以從模擬考試題庫中，選擇模擬考試試卷進行在線考試，測算自我學習成果。同時，培訓部門也可以定期組織員工在線考試，以檢測員工的學習成效。

　　企業文化傳播管理：培訓部門可以將公司企業文化、價值觀、戰略發展目標以及相關重大政策編製成專門的培訓視頻。要求新進員工必須在線進行學習。這樣既能保證企業文化向每一個員工傳達的目標確實落地，又能減少授課式集中培訓所產生的其他成本支出。同時，這一方式，也可以方便員工多次學習，以便於更好理解「ZSF」企業文化，並融入「ZSF」這一大家庭，增強其歸屬感。

4.2.6.3　應用價值總結

對於「ZSF」而言，應用人力資源管理信息化的價值可以總結如下：

（1）全面人力資源管理

建立一種適合於多種人力資源管理解決方案的開放式平臺：由用戶自行定義多種信息數據項目；實現業務流程自定義與重組；管理工具以組件的形式靈活組配；通過戰略模塊控制不同層次的業務活動。

提供人力資源管理的全員參與平臺，使公司人力資源管理工作從高層管理者的戰略設定、方向指導，到人力資源管理部門的規劃完善，再到中層經理的參與實施，最終到基層的員工自主管理，形成一個統一立體的管理體系。

（2）系統開放、轉換靈活

能夠通過客戶化平臺提供各種不同系統接口實現系統的開放和靈活，提供

包括 Excel、XML 等不同格式的數據導入導出接口，方便與不同格式數據的靈活轉換。

（3）強大的查詢、統計和分析功能

能提供查詢模板、查詢引擎、查詢統計、報表工具等不同的查詢、統計、分析工具，同時根據規則進行結構分析、變化趨勢分析等分析工作，實現強大的數據組合分析功能，實現數據的決策支持。

（4）信息共享、靈活對接

可以通過可擴展平臺實現與外部系統的信息共享和無縫對接。從根本上扭轉了相對獨立的各系統之間信息無法共享的弊端，所有的信息由專人進行維護。通過制定相應的信息瀏覽、調用、修改權限，保證了系統相應的子模塊信息只能在權限範圍內被正確使用，從而實現了信息及時、準確、安全地顯示在需求人員的桌面。

（5）縱向管理、高效便捷

通過應用人力資源管理系統，逐步實現公司人力資源管理上下一條主線，充分發揮總部人力資源部門對各分支機構人力資源部門工作的指導、協調和溝通作用。

建立員工自助公共信息平臺，讓人力資源管理向多層次延伸，增加人力資源管理工作的透明度，提高人力資源管理人員的工作效率，使他們從繁瑣的事務中解脫出來，更加專注人力資源戰略性管理工作。

建立了有效的集團管控體系，促進了集團規模效益和協同效應的充分發揮。ZSF 建設了創新的集團管控模式、優化了組織結構、規範了母子公司功能定位、再造了核心業務流程、強化了支撐體系，建立了有效的集團管控體系。一方面，集團應該成為最強有力的指揮中心，充分發揮戰略管控作用，確保集團內各業務單元圍繞共同的經營目標開展工作；另一方面，集團應成為高效率的資源調度中心，充分發揮統籌協同作用，高效配置集團內部資源，以實現各項資源高度地利用和共享；集團管控體系的建設與有效實施，極大地提升了ZSF 的管控能力，激發了集團下屬各業務單元的經營活力，實現了集團上下目標一致、資源共享、優勢互補、行動協調和快速回應，集團資源利用率和管理效率顯著提高，充分發揮了大型企業集團 1+1>2 的規模效益和協同效應。具體表現為：主業進一步做強做大；集團光伏產業集群競爭力明顯增強；集團成本費用大幅降低，企業整體形象穩步提升。

提高了企業的抗風險能力，提升企業的規模和促使效益穩步增長，從而使現有資產價值穩步提升。集團管控體系的建立和實施，有利於提高 ZSF 資源統

籌調控的能力。面對市場風險和重大突發事件時，ZSF 能夠通過集團化運作和高度統一的調度指揮以最大的效率調集大規模的人力、物力和財力，克服困難和圓滿完成任務，從而有效地提升了集團的抗風險能力。

　　隨著中國光伏產業呈現出大規模的整合之勢，ZSF 集團將成為行業發展的一個重要主體。目前來看，集團如何實施對被兼併企業的整合是 ZSF 面臨的嚴峻挑戰，而集團管控正是破解這一難題的有效手段。通過集團管控體系建設，ZSF 集團一方面可以將被兼併企業納入集團的管控體系中，並對其進行有效的管理；另一方面，在新進入企業中植入自身管控模式，實現集團和被兼併企業的有效融合與持續發展。

參考文獻

[1] 王興山. 協同、共享、服務：雲環境下的集團管控新趨勢 [J]. 中國總會計師, 2011 (11).

[2] 孟化. 集團管控——企業擴張的必由之路 [J]. 現代行銷：學苑版, 2011 (9).

[3] 史瑞超. 論全面預算在集團管控的實踐 [J]. 中國總會計師, 2011(8).

[4] 白廣洲. 處於穩定狀態的中國企業集團管控模式 [J]. 企業研究, 2011 (15).

[5] 任瑞清. 淺談企業集團母子公司財務管控 [J]. 財經界：學術版, 2011 (7).

[6] 任國偉, 胡和平, 蘇若葵. 企業集團管控模式探究 [J]. 人力資源管理, 2011 (6).

[7] 余丹丹. 集團企業如何選擇跨地域子公司管控模式 [J]. 中國安防, 2011 (5).

[8] 許丹, 張記朋. 基於集團管控框架的財務管控模式研究 [J]. 現代經濟信息, 2011 (2).

[9] 施建剛, 吳光東. 大型房地產企業集團管控模式研究 [J]. 中國房地產, 2011 (2).

[10] 曹文俠. 企業集團管控體系建設淺析 [J]. 經濟師, 2010 (12).

[11] 丁銘華. 基於協同經濟的企業集團管控路徑研究 [J]. 經濟管理, 2010 (2).

[12] 王吉鵬. 集團管控四重奏 [J]. 中國機電工業, 2009 (10).

[13] 何倫倫, 張瀟蔚. 淺議企業集團管控 [J]. 鐵路採購與物流, 2009(4).

[14] 黃錦泉. 集團管控模式選擇的理論與實證分析 [J]. 廈門科技, 2008 (4).

[15] 張寶偉, 寇小玲, 屠東兵. 企業集團管控模式研究 [J]. 全國商情（經濟理論研究）, 2008 (11).

[16] JI Martinez, JC Jarillo. Coordination demands of international strategies. Journal of International Business Studies, 1990.

[17] Monks, Robert A. G. Corporate Governance in the Twenty-First Century, A Preliminary Outline, 1995, available on-line at www. lensinc. com/Academic/papers/.

[18] Chow, C. W., Shields, M. D. and Wu, A. The importance of national culture in the design of and preference for management controls for multi-national operations [J]. Accounting, Organizations and Society, 1999, 24 (5, 6)：441.

[19] EF Gencturk, PS Aulakh. The use of process and output controls in foreign markets [J]. Journal of International Business Studies, 1995.

[20] WG Ouchi, MA Maguire. Organizational control：Two functions. Administrative Science Quarterly, 1975.

[21] JF Hennart. The transaction costs theory of joint ventures：An empirical study of Japanese subsidiaries in the United States. Management science, 1991.

[22] H Birnberg. ORGANIZATION IS THE BASIS FOR EFFECTIVE PROJECT MANAGEMENT. Civil Engineering News, 1998.

[23] AD Cosh, A Hughes. The Anatomy of Corporate Control：Directors, Shareholders and Executive Remuneration in Giant U. S. and U. K. Corporations. Cambridge Journal of Economics, 2011.

[24] 賈生華, 戚文舉. 多元化集團管理模式選擇 [J]. 浙江經濟, 2008(7).

[25] 吳光東, 蘇振民, 柏樹新. 大型房地產企業集團管控模式研究 [J]. 建築經濟, 2008 (2).

[26] 孫春陽. 國內內部控制研究文獻綜述 [J]. 合作經濟與科技, 2007(20).

[27] 徐春杰. 中國企業集團母子管理控制模式選擇 [J]. 理論前沿, 2007 (1).

[28] 範容慧, 劉二麗, 藍海林. 企業集團管理控制研究綜述 [J]. 科技與管理, 2006 (6).

[29] 楊雄勝. 管理控制實踐發展的透視與思考 [J]. 中國註冊會計師, 2006 (9).

[30] 楊歡, 易凱. 對加強內部管理控制建設的思考 [J]. 中南財經政法大學研究生學報, 2006 (3).

［31］趙世君，湯雲為. 論企業管理控制制度設計與實施中的協調與激勵［J］. 財會通訊，2006（1）.

［32］姚俊，藍海林. 中國企業集團的演進及組建模式研究［J］. 經濟經緯，2006（1）.

［33］陳志軍. 母公司對子公司控制理論探討——理論視角、控制模式與控制手段［J］. 山東大學學報：哲學社會科學版，2006（1）.

［34］陳志軍，胡曉東，王寧. 管理控制理論評述［J］. 山東社會科學，2005（12）.

［35］王吉鵬. 集團管控［M］. 北京：中國發展出版社，2006.

［36］張先治. 內部管理控制論［M］. 北京：中國財政經濟出版社，2004.

［37］柯榮浦. 企業集團管理體制研究［M］. 北京：中國經濟出版社，2004.

［38］張延波. 企業集團財務戰略與財務政策［M］. 北京：經濟管理出版社，2002.

［39］俞惠倩. 集團型企業基於信息化的管控模式研究［D］. 北京：北京林業大學，2011.

［40］何文華. 集團公司不同管控模式下人力資源管理模式研究［D］. 蘇州：蘇州大學，2010.

［41］彭穎霞. 大型企業集團管控模式的選擇和設計［D］. 北京：北京交通大學，2010.

［42］蔣演. 基於管控模式的企業集團 e-HRM 研究［D］. 廣州：暨南大學，2011.

［43］陳冶. 楓華集團財務管控模式設計［D］. 蘭州：蘭州大學，2012.

［44］鄭小燕. 基於戰略導向的企業集團財務管控模式研究［D］. 廣州：暨南大學，2011.

［45］戴娟. T 集團人力資源管控模式與手段研究［D］. 長沙：中南大學，2012.

［46］張穎. XYZ 公司集團化管控模式設計［D］. 成都：西南交通大學，2012.

國家圖書館出版品預行編目(CIP)資料

銷售服務公司集團管控探討：基於信息視角/ 李倩、謝付杰 著.
-- 第一版. -- 臺北市：崧博出版：財經錢線文化發行, 2018.10

面 ； 公分

ISBN 978-957-735-516-4(平裝)

1.企業管理

494　　107015592

書　名：銷售服務公司集團管控探討-基於信息視角
作　者：李倩、謝付杰 著
發行人：黃振庭
出版者：崧博出版事業有限公司
發行者：財經錢線文化事業有限公司
E-mail：sonbookservice@gmail.com
粉絲頁　　　　　　網　址：
地　址：台北市中正區延平南路六十一號五樓一室
8F.-815, No.61, Sec. 1, Chongqing S. Rd., Zhongzheng Dist., Taipei City 100, Taiwan (R.O.C.)
電　話：(02)2370-3310　傳　真：(02) 2370-3210
總經銷：紅螞蟻圖書有限公司
地　址：台北市內湖區舊宗路二段 121 巷 19 號
電　話：02-2795-3656　傳真：02-2795-4100　網址：
印　刷：京峯彩色印刷有限公司（京峰數位）

　　本書版權為西南財經大學出版社所有授權崧博出版事業有限公司獨家發行電子書繁體字版。若有其他相關權利及授權需求請與本公司聯繫。

定價：400元

發行日期：2018 年 10 月第一版

◎ 本書以POD印製發行